焊接工程质量评定方法及检测技术

第 2 版

主　编　龙伟民　刘胜新

副主编　黄智泉　陈　永

参　编　杨　威　李军伟　张海燕　张永生　尼军杰

　　　　苗晋琦　夏　静　鲁科明　孙玉福　卢广玺

　　　　王乐军　李杏瑞　潘继民　杨　晗　马超宁

机械工业出版社

本书系统地介绍了焊接工程质量评定的方法、检测技术及应用。其主要内容包括：焊接工程质量评定、焊接工程质量工艺评定、焊接缺欠的等级评定、焊接工程质量的检测方法、焊接工程质量的理化检验、焊接工程质量的常规检测、焊接工程质量的无损检测。本书全面贯彻了最新相关技术标准，在第1版的基础上，对焊接工程质量的理化检验和无损检测等内容进行充实，使之更符合实际测试过程中的应用程序，实用性和针对性强。

　　本书适合从事焊接工程质量评定及检测的工程技术人员、焊接工人使用，也可供相关专业在校师生参考。

图书在版编目（CIP）数据

焊接工程质量评定方法及检测技术/龙伟民，刘胜新主编.
—2 版. —北京：机械工业出版社，2015.10
ISBN 978 – 7 – 111 – 51464 – 0

Ⅰ. ①焊… Ⅱ. ①龙…②刘… Ⅲ. ①焊接 – 质量检验
Ⅳ. ①TG441.7

中国版本图书馆 CIP 数据核字（2015）第 212759 号

机械工业出版社（北京市百万庄大街 22 号 邮政编码 100037）
策划编辑：陈保华 责任编辑：陈保华
版式设计：赵颖喆 责任校对：刘秀丽
封面设计：马精明 责任印制：乔 宇
北京京丰印刷厂印刷
2015 年 10 月第 2 版·第 1 次印刷
169mm×239mm·18.75 印张·386 千字
0 001—3 000 册
标准书号：ISBN 978 – 7 – 111 – 51464 – 0
定价：48.00 元

第2版前言

《焊接工程质量评定方法及检测技术》出版6年了。在这6年中，焊接工程质量评定及检测技术有了较大的发展，很多技术标准进行了修订，所以第1版的内容已经不能满足读者的需求。为了与时俱进，适应焊接行业发展和读者需求，决定对《焊接工程质量评定方法及检测技术》进行修订，出版第2版。

修订时，全面贯彻了焊接工程质量评定及检测技术相关最新标准，更新了相关内容；修正了第1版中的错误；在第1版的基础上，对焊接工程质量理化检验和无损检测等内容进行了充实，使之更加符合实际测试过程中的应用程序；细化了焊接接头扩散氢的测定方法；删除了焊接接头腐蚀试验和焊接工程质量控制与管理的相关内容。

工业生产上应用最广泛的连接方法是焊接技术，焊接结构在我国经济建设中占有举足轻重的地位。对焊接结构进行理化检验、常规检测和无损检测，以及对焊接工程质量进行综合评定，是保证焊接工程安全运行的重要手段。

本书主要内容包括：焊接工程质量评定、焊接工程质量工艺评定、焊接缺欠的等级评定、焊接工程质量的检测方法、焊接工程质量的理化检验、焊接工程质量的常规检测、焊接工程质量的无损检测。本书适合从事焊接工程质量评定及检测的工程技术人员阅读，也可供焊接工人自检自评使用，还可作为中等职业技术学校、各类培训学校相关专业的教材。

本书由龙伟民、刘胜新任主编，黄智泉、陈永任副主编，具体编写工作为：第1章由龙伟民、陈永编写，第2章由黄智泉、李杏瑞编写，第3章由苗晋琦、夏静、鲁科明编写，第4章由孙玉福、卢广玺、杨威、李军伟编写，第5章由李杏瑞、张海燕、张永生、尼军杰编写，第6章由潘继民、王乐军、杨晗、马超宁编写，第7章及附录由刘胜新编写。全书由陈永统稿，肖树龙对全书进行了认真审阅。

在本书编写过程中，参考了国内外同行的大量文献资料和有关标准，谨向有关人员表示衷心的感谢！

由于我们水平有限，错误和纰漏之处在所难免，敬请广大读者批评指正；同时，我们负责对书中所有内容进行技术咨询、答疑。我们的联系方式如下：

联系人：陈先生；电话：13523499166；电子邮箱：13523499166@163.com；QQ：56773139。

编 者

第1版前言

工业生产上应用最广泛的连接方法是焊接技术，2008年全球焊接结构的总量已占钢铁总产量的50%以上。从三峡水利工程到西气东输，从"神舟"号载人飞船到奥运场馆，焊接结构在我国经济建设中占有举足轻重的地位。对焊接结构进行理化检验和常规检测，以及对焊接工程质量进行综合评定，是保证焊接工程安全运行的重要手段。

目前，社会上对掌握焊接工程质量评定和检测技能的工程技术人员需求量越来越大。各类院校大多设置了质量检测专业，或在相关专业中设置了质量检测课程，同时各种关于工程质量评定及检测技术的培训也日益增多，焊接工人在生产中也需要自评自检。但市场上供使用的此类图书大多是比较单一的内容，与工程实践结合极少，很大程度上限制了各类院校的教学和广大工程技术人员解决实际问题的能力。

为了促进焊接工程质量评定及检测技术的应用和发展，我们综合自身多年的教学、科研和工作实践，广泛收集了焊接工程质量评定及检测技术方面的有关资料，并调查了评定机构的大量实例，编写了这本《焊接工程质量评定方法及检测技术》，全面系统地介绍了焊接工程质量评定的方法、检测技术及应用。内容包括焊接工程质量评定、焊接工程质量工艺评定、焊接缺欠的等级评定、焊接工程质量检测方法、焊接工程质量理化检验、焊接工程质量常规检测、焊接工程质量的无损检测、焊接工程质量控制与管理。全书语言通俗易懂，内容简明扼要，采用了最新国家标准及行业标准中的相关内容，实用性和针对性强。

本书适合从事焊接工程质量评定及检测的工程技术人员阅读，也可供焊接工人自检自评使用，还可作为中等职业技术学校、各类培训学校相关专业的教材。通过本书的学习，读者可以掌握焊接质量评定和检测的基本知识，做到正确选择焊接检测方法，拟定检测工艺，进行焊接缺欠识别和焊接工程质量评定，并有效地进行质量管理及控制。

本书由郑州大学的刘胜新任主编，苗晋琦、潘继民任副主编，参加编写的人员还有卢广玺、夏静、李杏瑞、孙玉福、陈永、龙伟民、王乐军、鲁科明。中国无损检测学会射线委员会副主任、南昌航空大学无损检测技术教育部重点实验室的邬冠华教授对全书进行了认真审阅。

在本书的编写过程中，参考了国内外同行大量的文献和相关标准。另外，邓晶、包瑞辉、孙华为、张冠宇、杨娟、赵丹提供了部分相关资料和试验数据，在此谨向有关人员表示衷心的感谢！

由于我们水平有限，错误之处在所难免，敬请广大读者批评指正。

编　者

目　录

第1章

焊接工程质量评定

1.1 焊接工程质量评定概述

1.1.1 焊接工程质量

所谓工程质量，就是指企业为了保证生产出合格的产品而具备的全部条件和手段的水平。一般包括人、机器、材料、方法、环境五个方面，简称为"4M1E"。人（Man）是指人的素质，包括人的文化技术水平、操作熟练程度、组织管理能力；机器（Machine）是指机器设备和工艺技术装备的精度、适应程度和维护保养质量；材料（Material）是指原材料、辅助材料、燃料动力、毛坯、外购件、标准件的质量；方法（Method）是指工艺方法、试验检测手段、操作规程和组织管理方法；环境（Environment）是指环境的温度、湿度、清洁度、振动、噪声、美化程度等。

焊接是通过适当的手段使两个分离的固态物体产生原子或分子间结合而成为一体的连接方法。所有涉及利用焊接技术实现连接成形的过程都可以称为焊接工程。随着科学技术的发展以及焊接技术在各行业中的广泛应用，焊接工程涉及材料、结构、设计、工艺、生产、质量检测与控制、失效分析、安全卫生和环境保护等众多领域。将焊接工程作为一个系统来研究，可以反映焊接技术综合化发展趋势，推动焊接工程技术的进步。

从近年来我国完成的一些标志性工程可以看出，焊接技术发挥了重要作用。例如：2008 年北京奥运会主会场鸟巢（见图 1-1），就是全部用钢结构焊接而成。三峡水利枢纽的水电装备是一套庞大的焊接系统，包括导水管、蜗壳、转轮、大轴、发电机机座等，其中马氏体型不锈钢转轮直径 10.7m、高 5.4m、重 440t，是目前世界上最大的铸—焊结构转轮。"神舟"号飞船的返回舱和轨道舱都是铝合金的焊接结构，其气密性和变形控制是焊接制造的关键。上海卢浦大桥（见图 1-2）是世界上最长的全焊钢拱桥。国家大剧院的椭球形穹顶是世界最重的钢结构穹顶。这些大型结构都是我国最新且具有代表性的重要焊接工程。由此可见，焊接技术在国民经济建设中具有重要的作用和地位。

直观的焊接工程质量是指焊接产品符合设计技术要求的程度。焊接工程质量不仅影响焊接产品的使用性能和寿命，更重要的是影响人身和财产安全。焊接工程质量通常由产品的设计质量、加工质量、焊后处理和质量检测等环节来保证。

图 1-1 鸟巢

1）设计质量是指焊接产品所选用的接头类型及其计算强度应满足实际应用的承载能力，焊接方法应适合构件的特点。焊接工艺过程应尽量减小焊后变形和应力集中，同时减少生产耗时和材料消耗，接头设计还要考虑焊后检测的方便易行。

图 1-2 上海卢浦大桥

2）加工质量是指所采用的母材、焊丝、焊剂或焊条等焊接材料的性能应符合设计要求，焊机、辅助机具和检测仪器的性能良好。焊前，焊接材料应按规定烘干，工件的焊接坡口要符合要求并清除切割残渣、龟裂和污物。焊接过程中应严格按照工艺规定进行操作。

3）焊后处理包括焊接后工件变形的矫正、余高的打磨处理、接头清洗、构件焊后局部或整体热处理等。

4）质量检测贯穿在产品从设计到成品的整个过程中，应确保所用检测方法的合理性、检测仪器的可靠性和检测人员的技术水平。焊后产品要运用各种检测方法检查接头的外表尺寸、焊接缺欠、致密性、物理性能、力学性能、金相组织、化学成分和耐蚀性。

1.1.2 焊接工程质量评定的目的和意义

影响焊接工程质量的因素很多，一般包括以下几方面：

1）焊接结构的设计因素。

2）金属材料的焊接性。

3）焊前的备料加工质量。

4）填充材料的成分及力学性能。

5）焊接工艺规范选择的合理性。

6）焊工的操作技术水平和焊接设备的状态。

7）焊后热处理。

8）焊后检测人员、检测手段，以及对结果的判断。

这些因素贯穿在整个焊接成形过程中。由于焊接结构自身的特点，在成形过程中容易产生焊接缺欠。焊接缺欠中危害性最大的是裂纹，其次是未焊透、未熔合和夹渣、气孔等缺欠。有的缺欠是允许存在的，其数量、性质依产品的使用条件和质量评定标准确定。如焊缝余高值过大，对受静载荷的产品是允许的，但对受频率较高的循环疲劳载荷的产品则是不允许的。

只有通过正确合理的焊接工艺制定、精确的操作和对焊接前、中、后的每一个工作环节进行细致的检测，才能确保焊接工程质量达到技术标准的量化要求，对焊接工程质量的优劣最终做出准确的评价。

当某分项焊接工程或整个焊接工程完成时，经大量的焊接检测工作后，应准确做出评价，从而确定其焊接工程的质量，决定是否转入下道工序或投入使用，这是焊接工程质量评定的主要内容。焊接工程质量评定是焊接工程检测和工程验收的连接枢纽，是焊接工程质量控制的重要环节，是对焊接工程质量进行最终量化评价的一项重要工作。

焊接工程质量评定工作应结合质量检查与工程验收同时进行。评定时，要坚持实事求是的基本原则，严格按照相应的标准进行评定，最终评出的质量等级应具有可靠性和可比性，可以准确地反映焊接工程的真实质量状况。

1.2　焊接工程质量评定的依据

焊接工程质量评定标准是进行焊接工程质量评定的依据，进行焊接工程质量评定是确保焊接结构安全运行的有效措施。目前应用较多的是根据 GB/T 12467.1 ~ 5—2009《金属材料熔焊质量要求》的相关规定，总结出焊接工程质量评定的总体依据和评定标准。从不同的角度出发，焊接工程质量评定标准分为两类：一类是焊接工程质量控制标准；另一类是适合于焊接产品使用要求的标准。这两类标准的出发点、原理、评定方法以及对检测的具体要求都有较大的差别。

1.2.1　焊接工程质量控制标准

焊接工程质量控制标准是从保证焊接产品的制造质量角度出发，把焊后存在的所有焊接缺欠，看成是对焊缝强度的削弱和对结构安全的隐患，不考虑具体使用情况的差别，而要求把焊接缺欠降到最低限度。以焊接产品制造质量为目的而制定的国家级、行业以及企业内部焊接工程质量验收标准，都属于质量控制标准，例如：GB/T 12467.1 ~ 5—2009《金属材料熔焊质量要求》、GB/T 3323—2005《金属熔化焊焊接接头射线照相》等。建立焊接质量控制标准的目的是确保焊接结构的质量保持在某一水平，标准所包含的条文及控制要素是焊接生产实践中经验的总结。采用这类标准进行工程质量评定后的焊接结构，在使用过程中的安全系数大；但因为安全裕度大、评定结果偏于保守，经济性较差。

1.2.2 焊接工程质量合于使用标准

适合于使用要求的标准简称"合于使用"，这种要求是相对"完美无缺"原则而言的。在焊接结构的发展初期，要求其在制造和使用过程中不能有任何缺欠存在，即结构应完美无缺，否则就要返修或报废。后来英国焊接研究所通过大量试验证明，在有大量气孔存在的铝合金焊接接头中，气孔缺欠并没有对接头强度产生任何不良的影响。如果进行返修反而会造成结构使用性能的降低。基于这一研究，英国焊接研究所首先提出了"合于使用"的概念。现已逐渐发展成为国内外通用的一条原则，其内容也逐步得到充实，并且有了明确的定义、原理和具体要求。

在役压力容器基本上都存在各种各样的焊接缺欠，在对其定期检修中，常发现一些在质量控制标准中不允许存在的缺欠，其中一些缺欠是当前制造标准所不允许的"超标"缺欠。如果将所有的"超标缺欠"一律返修或将容器判为废品，是很不经济的；而且过多的缺欠修复，往往会产生更有害的或不易检测的缺欠。工程实践证明，按质量控制标准检测合格的压力容器，无疑可以投入使用；但按质量控制标准检测不合格的压力容器，仍有不少还在使用且具有一定的安全性，说明质量不合格并不等于使用不合格。

随着断裂力学的发展和应用，科技工作者提出了"合于使用"的原则，用以取代"制造标准"中对在役容器中缺欠的过分要求。在工程实践中从"合于使用"的角度出发，对"超标缺欠"加以区别对待，只返修对安全运行造成威胁的危险性缺欠，而保留对安全运行不构成威胁的缺欠。以合于使用为目的而制定的这一类规定，即所谓的"合于使用"标准。这类规范是指导性文件，并不是强制性标准。

"合于使用"标准的主要作用是对制造和使用中发现的缺欠进行评定，确定它们对容器使用性能的影响，计算许用应力。

1.2.3 焊接工程质量评定标准对比

质量控制是一个努力目标，标准的安全系数大，评定结果偏于保守，经济性差。合于使用的标准，则充分考虑存在缺欠焊接结构的使用条件，以合于使用为目的，以断裂力学为基础，在综合分析影响安全的各种因素后，努力减少过大的安全裕度。这类标准是在大量的试验和理论分析基础上提出的，是一种经济性好而又可靠可信的评定标准。

两类质量评定标准在类别、目的、基础、使用难易程度、检测要求、经济性和保守性方面的对比见表1-1。

表 1-1　两类质量评定标准的对比

对比内容 标准	标准 类别	目的	基础	使用难 易程度	检测 要求	经济性	保守性
质量控 制标准	质量 控制	质量 合格	经验	很容易	常规	差	大
合于使 用标准	合于 使用	使用 合格	断裂 力学	较难	对缺欠定 量要求高	好	小

1.2.4　在役压力容器质量评定标准

众所周知，在锅炉、压力容器、压力管道制造和安装过程中，焊接工程的质量非常重要。焊接部位最容易产生焊裂、未熔合、未焊透、咬边、夹杂物和晶界开裂等缺欠。锅炉、压力容器由于其特殊的工作环境，在设计、制造、安装、使用、检测、改造和维修过程中都要接受 TSG R0002—2005《超高压容器安全技术监察规程》和 TSG R0003—2007《简单压力容器安全技术监察规程》的监察。在役锅炉、压力容器的工程质量评定必须遵循国家相关标准、行业标准和专业标准。

目前对在役压力容器缺欠进行安全评定的标准有质量控制标准和合于使用标准两类。

1. 质量控制标准

质量控制标准是指以控制焊接工程质量为目的的标准，它要求压力容器的质量保持在某一水平上。在役锅炉、压力容器如存在以下任何一种情况，均应采用质量控制标准进行评定：

1）锅炉、压力容器仅存在少量"超标缺欠"。

2）延长检修周期。

3）不具备进行可靠断裂力学计算的数据和能力。

4）缺乏锅炉、压力容器的使用经验。

2. 合于使用标准

以符合使用要求为目的的标准，即合于使用标准。

断裂力学是将缺欠尺寸、应力状态以及材料抵抗破坏能力三者联系起来，综合研究结构件破坏行为的一门新学科。国内外科技工作者以断裂力学为基础，以"合于使用"为原则，制定了《压力容器缺欠评定》等规范，对含"超标"缺欠的在役压力容器进行了综合性评定，在保证安全的前提下，允许含有"超标"缺欠的压力容器继续使用，取得了显著的经济效益。

同时满足以下条件时，可采用适合于使用要求的标准进行评定。

1）按质量控制标准修复锅炉、压力容器难度大，并有返修报废的危险；而采用适合于使用要求的标准评定，则可减少修复工作量，缩短工期。

2）有具备资格认可的断裂安全分析人员，并可在现场对焊接缺欠进行综合判断。

3）具有丰富的锅炉、压力容器使用经验。

1.2.5　在役压力容器质量评定等级

对于某一具体的焊接工程，确定所采用评定标准时，应根据压力容器的寿命、检测周期、安全要求，经制造单位、使用单位和质量监察部门共同确定。无论采用哪类标准进行评定，都必须以保证压力容器使用安全可靠为前提。目前，在役锅炉、压力容器安全状况分为五个等级。

1）一级表示最佳安全状态。

2）二级表示良好安全状态。

3）三级表示安全状况一般，尚在合格范围内。

4）四级表示处于在限制条件下监督运行状态。

5）五级表示应停止使用或判废。

在役锅炉安全状况评定项目主要包括锅炉外部检测、汽包、汽水分离器、省煤器、水冷壁过热器、水循环泵、承重部件和安全附件检测等。在役压力容器安全状况评定项目主要包括外部检测，压力容器结构检查，压力容器腐蚀、减薄、变形检测，焊缝表面及内部质量检测等。

1.3　焊接工程质量评定的条件和时机

1.3.1　焊接工程质量评定的条件

焊接工程质量等级评定前应满足下列条件。

1. 焊工

参加某项工程焊接的焊工，应按《焊工技术考核规程》规定进行技术考核，并取得合格证书或相应的技术证书后方可进行焊接操作。

2. 焊接质量检查人员

从事焊接质量检查的人员应具有一定的实践经验和技术水平，并经过专业考核取得资格证书。焊接检测人员应做到检测及时，结论准确。检测结果的评定工作，必须由Ⅱ级以上人员担任。从事金相、光谱、力学性能检测的人员，应取得相应的资格证书。

3. 焊接设备

先进的焊接设备是提高焊接结构质量的重要保证，要有专人管理和保养，并定期维修。焊接设备及有关热处理设备、无损检测设备应定期检查。

4. 焊接材料

所使用的焊接材料应具有完整的技术资料和质量检测报告，符合设计要求和国家现行相应标准规定。质量检测报告指焊接材料的出厂合格证或补充试验的合格报告，一般应有材料化学成分报告和力学性能试验报告。

5. 焊接工艺评定资料

某项焊接工程必须具有焊接工艺评定资料和焊接工艺指导书，才能进行质量评定。

焊接工艺评定是制定焊接工艺规程的主要依据，也是保证焊接质量的重要措施。对锅炉和压力容器制造企业，要求焊接工艺评定的覆盖率达到100%。除焊接工艺评定规程规定的检测项目外，还应根据产品的特殊性能要求，增加必要的检测项目。焊接工艺评定合格后，编制的焊接工艺规程才能生效。

6. 超标缺欠的返修

焊接接头有超过标准的缺欠时，可采取挖补方式返修。但同一位置上的挖补次数一般不超过3次，耐热钢不得超过2次。

7. 焊接操作

焊接工序的全过程已操作完毕。

8. 检测

各项检查、检测工作已经完成，并有完整的检测记录。

1.3.2 焊接工程质量评定的时机

焊接工程的检测、验收和质量等级评定工作，贯穿于整个焊接施工过程。从焊前备料到焊接施焊，再到焊后的热处理工艺，每一环节均应进行细致的检查，焊后还要作各种规定的检测和性能试验，检测和评定焊接质量是否达到技术标准要求。现代焊接工程质量管理观点特别强调焊接工程质量不是检测或评定出来的，而是通过合理的焊接工艺制造出来的，焊前及焊接过程中的质量检测和评定，远比焊后的质量检测、评定重要得多。对于焊接接头而言，即便返修后无损检测评定合格，但由于重复加热，接头材料组织、力学性能已发生变化，必然影响其使用性。因此，要很好地把握焊接检测的时机，尽量预防焊接缺欠的出现。把握焊接检测的时机有以下两个基本原则。

1. 及时

及时是指按照工作流程严格地进行焊接质量的检测，不能将上道工序的检测工作拖后。例如焊接材料的检测、焊工合格证的检测等，必须在焊接前进行，否则可能会造成严重的质量事故。单项工程初期作的检测，不能到中期或后期去作；焊接接头的割样检测和焊缝金属光谱分析，如不及时进行，等到单项工程结束后再补作，如果检测不合格，则整批的焊接接头将全部报废。

2. 合理

选择焊接检测的时机，必须掌握合理的原则。需要进行热处理的焊接接头，应在热处理后进行无损检测，这样可以发现可能发生的再热裂纹。需要进行无损检测抽检的焊接接头，不能在施工初期将规定检测的总数量一次抽查完，这样检测出来的结果不具有代表性。

1.4 焊接工程质量评定程序

焊接工程质量评定工作，一般应结合质量检查和验收同时进行。参加评定工作的人员应包括施工负责人、技术人员、质检人员。主持焊接质量评定工作的人员必须是专职人员，且具有焊接质量检查资格证书，以确保评定结果的公正、准确、有效和合法。焊接工程质量评定工作，总体分三部分进行，即自检、复验与初评、终评三级。在每一阶段完成后，均应作详细的记录和检测状态标志，以便清楚地了解检测进行程度。

1. 自检

焊工在施焊过程中应对自己所焊焊缝及时清理，按表面质量标准认真进行100%的外观检查，发现不合格的焊接接头要及时修补。逐日作好自检记录，并填写焊工自检记录表。表1-2是一种常见的焊工自检记录表。

表 1-2　焊工自检记录表

分项工程名称				工程类别	
焊件	钢号		焊接材料	焊丝	
	规格			焊条	
焊工钢印代号			焊口（缝）总数		
检查记录	焊口编号	接头清理	焊缝尺寸要求	缺欠及处理情况	检查日期

注："接头已清理"和"焊缝尺寸符合要求"时，以"√"表示，"未清理"和"焊缝尺寸不符合要求"以"×"表示。

班组长：_____　　　　　　焊工：_____

2. 复验与初评

1）工地质检员接到焊工自检报告后，要根据焊工自检记录，按规程要求的复验数量和标准进行复验。一般焊缝进行 50% 的外观复查，并对焊接接头表面质量等级进行初评，最后将结果填入分项工程焊接接头表面质量检测评定表，该表常见的格式如表 1-3 所示。

表 1-3　分项工程焊接接头表面质量检测评定表

分项工程名称											工程类别	
焊件	姓名		焊件	钢号 规格		焊接材料	牌号 规格			应检查数量		
	钢印											
验评结果　检查指标　焊缝号	焊缝成形	焊缝余高	焊缝宽窄差	焊缝尺寸	未焊透	咬边	开口	弯折	裂纹	弧坑	气孔	夹渣	单项检查表面质量评定等级
被检焊点数/个	合格 优良		优良率（%）		分项工程接头表面质量评定等级					备注		

注：验评结果符合合格级标准者，在相应检验指示下记"√"，优良者记"△"，合格级与优良标准相同记"△"。

公司（处）质检代表_____　工地（队）技术负责人_____

工地（队）质检员_____　班（组）长_____　验评日期_____

2）质量部门专职质检员收到工地提交的焊接接头表面质量检测评定表后，进行 25% 的焊缝外观抽查。工地技术负责人和质检员根据焊接接头表面质量等级、致密性试验评定等级和试验部门所提供的各项试验报告的评定等级，填写分项工程焊接综合质量等级评定表（见表 1-4），并初步评定出焊接工程综合质量等级，送质检部门。在质检部门抽查中，如有超过 5% 的焊缝外观不合格，应通知工地重新进行焊缝外观检查。工地质检员收到质检部门合格的外观检查结果通知后，才可填写无损检测或热处理委托书。

表1-4 分项工程焊接综合质量等级评定表

分项工程名称				工程类别		
序 号	验评项目	总焊口数/个	被检焊口数/个	抽检率（%）	无损检测一次合格率（%）	单项质量评定等级
检查项目	合格	优良率（%）		分项工程焊接综合质量评定等级		
	优良					
附注						

建设单位代表_____
公司（处）质检代表_____ 工地（队）技术负责人_____
工地（队）质检员_____ 验评日期

3. 终评

1）质检部门根据工地提供的焊接接头综合质量初评结果，按标准规定进行抽检。

2）终评分项工程的焊接工程综合质量等级，并办理验收和焊接工程质量等级评定结果通知单，见表1-5。

表1-5 焊接工程质量等级评定结果通知单

分项工程名称		工 程 类 别	
焊接质量等级			
严密性试验结果			

公司（处）质检部门（公章） 焊接质检员_____ 签发日期_____

质量评定工作是对焊接工程质量的量化评价，是对工程质量的总结，也是促进焊接工程综合质量提高的一种有力措施。

1.5 焊接工程质量评定的分类和内容

1.5.1 焊接工程质量评定的项目和分类

焊接工程是一个综合概念。不同类型的焊接工程，由于其施焊对象所处的工作条件、性能要求和应力状态的不同，对其焊接质量的要求也不同。在进行焊接工程质量评定时，验评的项目、内容和标准也不同。

焊接工程的验评项目，按焊接接头验评方法分类，通常分为常规检测（非破坏性方法）和理化检验（破坏性方法）两大类。

（1）常规检测　即该类检测完全不破坏焊件，如外观检查、致密性试验、无损检测、光谱分析等方法均属该类检测项目。

（2）理化检验　需要破坏焊接接头，即在焊件上截取焊接接头，制作试样后进行各种检查和试验，如断面检测、力学性能试验、金相检测和化学成分分析等，均属该类检测项目。

1.5.2　焊接工程质量评定方法的选择

焊接工程质量检测及评定的方法较多，但评定方法选择的总体原则主要有以下三点：

1）最大限度地发现该类焊接接头的危险性缺欠。

2）便于检测人员操作。

3）经济性好。

1.5.3　焊接工程质量评定内容

焊接工程质量评定，一般参考《火电施工质量检测及评定标准（焊接篇）》（建质〔1996〕111 号），将焊接工程分为 A、B、C、D、E、F 六个类别，并按不同类别进行各项检测与评定。

一般的评定路线是：外观检查→光谱抽查→热处理→硬度测定→无损检测→单项工程水压试验。

从总体上讲，焊接工程质量评定的内容有以下几个方面。

1. 焊接接头表面质量评定

焊接接头表面质量评定的具体内容有：

1）焊缝成形。

2）焊缝余高。

3）焊缝宽窄差。

4）错口。

5）弯折。

6）焊缝咬边。

7）焊缝的表露缺欠。

外观检查是焊接工程检测的基本项目，适用于验评标准中 A、B、C、D、E、F 六类焊接工程。外观质量在很大程度上反映了焊工的操作水平，通过外观检查可以初步推断焊缝内部的质量状况，因此外观检查是一项重要的质量评定方法。

2. 无损检测结果的评定

采用无损检测的方法可以发现隐藏在焊缝内部的夹渣、气孔、裂纹等缺欠。目前使用最普遍的是 X 射线检测、超声波检测、磁粉检测和渗透检测。这类检测方法准确性高、效果好，适合检查焊缝表面目测无法观察到的内部缺欠。

X 射线检测是利用 X 射线对焊缝进行照相，根据底片影像来判断内部有无缺欠、缺欠的大小和类型，再根据产品技术要求评定焊缝是否合格。

超声波检测比 X 射线检测简便得多，因而得到了广泛应用。但超声波检测往往只能凭操作经验做出判断，而且不能留下检测凭据。

A、B、C 和 D_1（压力容器）类焊接工程的焊接接头均要求做无损检测，但检测比例各不相同。

3. 代（割）样检测

为了验证焊接工艺和评价焊接接头的性能，对锅炉受热面的焊接接头（A_1 类、B_1 类焊接工程）和压力容器的焊接接头（D_1 类焊接工程）还应做代（割）样检测，代（割）样检测是一种破坏性检测。

割样检测是将工程上的焊接接头按 0.5% 的比例切割下来，加工成不同的试样，分别进行力学性能、金相组织和折断等试验。割样试验的结果能真实反映安装施工焊接接头的焊接工艺及性能，但进行恢复时增加了焊接接头的数量及接头区受热程度。工程上通常用代样的方法（也称仿样）替代割样。代样的焊接接头要严格按照实际工程（包括焊件的材质、板厚、焊缝长度、焊接位置、焊接顺序、焊接参数和作业环境）施焊，才能保证检测结果的准确性和一致性。

4. 光谱分析

对焊缝金属进行光谱分析的目的，是为了验证合金焊件所用焊材是否正确。光谱分析复查应根据每个焊工的当日工程量，按比例抽查或普查，这样可以避免因材料使用错误而造成大面积返工的现象。

5. 硬度试验

硬度试验可以测定焊接接头在焊接过程和热处理后，热循环对焊接接头的影响及焊后热处理工艺是否恰当。焊接接头的硬度试验一般采用便携式里氏硬度计在现场进行测定，硬度数值能直接以数字方式显示，简捷直观。

6. 致密性试验

致密性试验对象主要是各种贮存液体或气体的容器及管道系统，重点检查焊接接头处是否发生泄漏及其致密程度。常用方法有渗油试验、气压试验、水压试验和氦泄漏试验等。

7. 焊接综合质量等级评定

焊接工程综合质量等级评定是在焊接接头表面质量评定、力学性能试验、致密性试验结果评定的基础上进行，它是焊接工程质量优劣等级的最终评定，也是焊接综合质量等级评定的最终结果。各类焊接工程的质量评定内容及标准，见表 1-6 ~ 表 1-11。

表 1-6 A 类工程焊接质量检测评定标准表

（单位：mm）

序号	验评项目	检验指标	检验要求					质量指标		部件规格	质量标准	
			A-1	A-2	A-3	A-4	A-5	项目	指标		合格	优良
1	焊接接头表面质量	焊缝成形①	有	有	有	有	有	—	—	—	焊缝过渡圆滑，接头良好	焊缝过渡圆滑，匀直、接头良好
		焊缝余高①	有	有	有	有	有	—	—	δ≤10	0~3	0~2
		焊缝余高①	有	有	有	有	有	—	—	δ>10	0~4	0~3
		焊缝宽容差①	有	有	有	有	有	—	—	δ≤10	≤3	≤2
		焊缝宽容差①	有	有	有	有	有	—	—	δ>10	≤4	≤3
		咬边	有	有	有	有	有	—	主要	—	h≤0.5，∑l≤0.1L，且<40	无
		错口	有	有	有	有	有	—	—	—	外壁≤0.18，且≤40	外壁≤0.18，且≤1
		弯折	有	有	有	有	有	—	—	D<100	≤1/100	≤1/100
		弯折	有	有	有	有	有	—	—	D≥100	≤3/200	≤3/200
		裂纹	有	有	有	有	有	—	主要	—	无	无
		弧坑	有	有	有	有	有	—	—	—	无	无
		气孔	有	有	有	有	有	—	主要	—	无	无
		夹渣	有	有	有	有	有	—	主要	—	无	无
2	无损检测	射线	有	有	有	有	有	—	主要	—	达到 DL/T 821—2002 规定的Ⅱ级	达到 DL/T 820—2002 规定的Ⅰ级
		超声波	有	—	有	有	有	—	主要	—	达到 DL/T 869—2012 中表 A.1 规定的标准	达到 DL/T 869—2012 中表 7.4 规定的标准
3	力学性能	拉力、冷弯	有	—	有	有	有	—	主要	—	没有裂纹和过热组织，在非马氏体钢中，无马氏体组织	
4	金相、断口	宏观、断口	有	有	有	有	有	—	主要	—	无差错，符合要求	
		微观	有	有	有	有	有	—	—	—		
5	光谱	焊缝	有	有	有	有	有	—	—	—		
6	热处理	焊缝硬度	有	有	有	有	有	—	—	—	300HBW；>10%，硬度≤350HBW	合金总的质量分数<3%，硬度≤270HBW；3%~10%，硬度≤300HBW；>10%，硬度≤350HBW
7	严密性	严密性	有	有	有	有	有	—	主要	—	水压试验无渗漏	

注：δ—管子壁厚；h—缺坑深度；L—焊缝长度；l—缺失长度；∑l—缺失总长；D—管子外径。

① 指焊缝全长平均值。

表1-7 B类工程焊接质量检测评定标准表 （单位：mm）

序号	验评项目	检验指标	检验要求				性质		部件规格	质量标准	
			B-1	B-2	B-3	B-4	项目	指标		合格	优良
1	焊接接头表面质量	焊缝成形①	有	有	有	有	—	—	—	焊缝过渡圆滑,接头良好	焊缝过渡圆滑、匀直,接头良好
		焊缝余高①	有	有	有	有	—		δ≤10	0~3	0~2
									δ>10	0~4	0~3
		焊缝宽窄差①	有	有	有	有	—		δ≤10	≤3	≤2
									δ>10	≤4	≤3
		咬边	有	有	有	有	—	主要	—	h≤0.5,∑l≤0.1L且l<40	h≤0.5,∑l≤0.1L,且l≥30
		错口	有	有	有	有	—		—	外壁≤0.1δ+1≤4	外壁≤0.1δ,且≤1
		弯折	有	有	有	有	—		D<100	≤1/100	
									D≥100	≤3/200	
		裂纹	有	有	有	有	主要		—	无	无
		弧坑	有	有	有	有	—	主要	—	无	无
		气孔	有	有	有	有	—	主要	—	无	无
		夹渣	有	有	有	有	—	主要	—	无	无
2	无损检测	射线	有	有	有	有	主要	主要	—	达到DL/T 821—2002规定的Ⅱ级	
		超声波	有	—	有	有	主要	主要	—	达到DL/T 820—2002规定的Ⅰ级	
3	力学性能	拉力、冷弯	有	—	—	有	主要		—	达到DL/T 869—2004中表8.0.3规定的标准	
4	金相、断口	宏观、断口	有	—	—	有	主要		—	达到DL/T 869—2004中表8.0.4规定的标准	
		微观	有	有	有	有	—		—	没有裂纹和过热组织,在非马氏体钢中,无马氏体组织	
5	光谱	焊缝	有	有	有	有	—		—	无差错,符合要求	
6	热处理	焊缝硬度	有	有	有	有	—	主要	—	合金总的质量分数<3%,硬度≤300HBW;3%~10%,硬度≤350HBW;>10%,硬度≤270HBW	
7		严密性	有	有	有	有	—	主要	—	水压试验无渗漏	

注：δ—管子壁厚；h—缺欠深度；L—焊缝长度；l—缺欠长度；∑l—缺欠长总长；D—管子外径。

① 指焊缝全长平均值。

表1-8　C类工程焊接质量检测评定标准表　　　（单位：mm）

序号	验评项目	检验指标	检验要求 C-1	检验要求 C-2	性质 项目	性质 指标	部件规格	质量标准 合格	质量标准 优良
1	焊接接头表面质量	焊缝成形	有	有	—	—	—	一般	焊缝过渡圆滑，接头良好
		焊缝余高①	有	有	—	—	δ≤10	0~3	0~2
							δ>10	0~5	0~4
		焊缝宽窄差①	有	有	—	—	δ≤10	0≤3	0≤3
							δ>10	≤4	≤4
		对接单面焊未焊透②	有	有	—	主要	D>800时	h≤0.15δ，且≤2，Σl≤0.15L	h≤0.15δ，且≤2，Σl≤0.15L
		错口	有	有	—	—	D<800时	外壁≤0.1δ，且≤4	外壁≤0.1δ，且≤4
							D≤800	外壁≤0.25δ，且≤4	外壁≤0.25δ，且≤4
		咬边	有	有	—	—	—	h≤0.5，Σl≤0.2L，且≤40	h≤0.5，Σl≤0.1L且≤30（D≥426，≤100）
		裂纹	有	有	主要	主要	—	无	无
		弧坑	有	有	—	主要	—	无	无
		气孔	有	有	—	—	—	无	无
		夹渣	有	有	—	—	—	无	无
2	无损检测	射线	有	—	主要	主要	—	达到DL/T 821—2002规定的Ⅱ级	达到DL/T 821—2002规定的Ⅱ级
3	严密性	严密性	有	有	主要	主要	—	水压试验无渗漏	水压试验无渗漏

注：δ—管子壁厚；h—缺欠大深度；L—焊缝长度；Σl—缺欠大总长；D—管子外径。
① 指焊缝全长平均值。
② 指焊条电弧焊。

表1-9　D类工程焊接质量检测评定标准表　　　　　（单位：mm）

序号	验评项目	检验指标及要求		检验要求		性质		部件规格	质量标准	
		检验指标		D-1	D-2	项目	指标		合格	优良
1	焊接接头表面质量	焊缝成形		有	有	—	—	—	焊缝过渡圆滑，接头良好	焊缝过渡圆滑，匀直，接头良好
		焊缝尺寸		有	—	—	—	—	符合设计要求	符合设计要求
		咬边		有	—	—	主要	—	h≤0.5,连接长度≤100,∑l≤0.1L	h≤0.5,连续长度≤100,∑l≤0.5L
		根部未焊缝①		有	有	—	—	—	单面焊 h≤0.15δ且≤2,∑l≤0.15L	单面焊 h≤0.1δ且l≤1,∑l≤0.1L
		错口		有	有	—	主要	—	纵缝≤0.1δ且≤2,环缝≤0.2δ且≤3	纵缝≤0.1δ且≤2,环缝≤0.2δ且≤3
		裂纹		有	有	主要	—	—	无	无
		弧坑		有	有	—	—	—	无	无
		气孔		有	有	—	主要	—	无	无
		夹渣		有	有	—	主要	—	无	无
2	无损检测	射线		有	—	主要	主要	—	达到 GB/T 3323—2005 规定的Ⅱ级	达到 GB/T 3323—2005 规定的Ⅱ级，但单面焊未焊缝尺寸未超过外观检查优良标准
		超声波		有	—	主要	主要	—	达到 GB/T 11345—2013 中表3和表4的要求	达到 GB/T 11345—2013 中表3和表4的要求
3	力学性能	拉力,冷弯,冲击		有	—	—	—	—	符合设计要求	符合设计要求
4	严密性		有	有	—	—	—	—	水压试验无渗漏	水压试验无渗漏

注：1. δ—管子壁厚；h—缺大深度；L—焊缝长度；∑l—缺大长度。

2. 严密性试验结果质量等级评定分为优良和合格两级。

3. 焊接综合质量等级评定为分为优良和合格两级。

① 指焊条电弧焊或埋弧焊。

表 1-10　E类工程焊接质量检测评定标准表　　　　（单位：mm）

序号	验评项目	检验指标	检验要求 E-1	E-2	E-3	E-4	质性 项目	指标	部件规格	质量标准 合格	优良
1	焊接接头表面质量	焊缝成形	有	有	有	有	—	主要	—	焊缝过渡圆滑，接头良好	焊缝过渡圆滑，匀直，接头良好
		焊缝尺寸	有	—	有	—	—	主要	—	符合设计要求	
		咬边	有	有	有	—	—		—	$h\leq0.15\delta$，$\Sigma l\leq0.1L$	$h\leq0.5$，$\Sigma l\leq0.1L$
		对接单面焊未焊透①	有	—	有	—				$h\leq0.5$	无
		裂纹	有	有	有	有	—			无	
		弧坑	有	有	有	有	—			无	
		气孔	有	有	有	—	—			无	
		夹渣	有	—	—	—	—			无	
2	无损检测		有	有	—	—	—	主要	—	按设计要求	
3	严密性						主要			无渗漏	

注：δ—管子壁厚；h—缺欠深度；L—焊缝长度；l—缺欠长度；Σl—缺欠总长。
① 指焊条电弧焊或埋弧焊。

表 1-11　F类工程焊接质量检测评定标准表　　　　（单位：mm）

序号	验评项目	检验指标	检验要求 F-1	质性 项目	指标	部件规格	质量标准 一般	优良
1	焊接接头表面质量	焊缝成形	有	—	主要	—	符合设计要求	焊波均匀整齐
		焊缝尺寸	有	—	主要	—	符合设计要求	
		咬边	有	—		—	$h\leq1.0$，$\Sigma l\leq0.2$	$h\leq0.5$，$\Sigma l\leq0.15L$
		裂纹	有	—			无	
		弧坑	有	—			无	
		气孔	有	—			无	
		夹渣	有	—			无	
2	接头性能		有	主要		—	符合设计要求或有关技术规定	

注：h—缺欠深度；L—焊缝长度；l—缺欠长度；Σl—缺欠总长。

1.6   焊接工程质量等级评定

焊接工程质量等级一般分为合格及优良两个级别。不合格不能验收，不能交付下道工序或投入运行。

1.6.1   焊接工程表面质量等级评定

评定焊接接头表面质量等级时，应先评定单个检查点的质量等级，再评定分项工程焊接接头表面质量等级。

1. 单个检查点的表面质量等级

管件焊接时，将每个焊接接头作为一个检查点；容器和板状母线以每条焊缝（不论长短）作为一个检查点；承重钢结构以每个节点作为一个检查点；一般钢结构以 1m 长焊缝为一个检查点，不足 1m 的焊缝，按一个检查点计算。

单个检查点的表面质量等级，根据外观实测结果进行评定。在各项指标全部合格的基础上，当有 80% 及以上的检查指标为优良，且其中主要检查指标（如咬边及各种焊缝表面缺欠）为优良时，该检查点的表面质量即评定为优良。

2. 分项工程的接头表面质量等级

分项工程的接头表面质量等级由所有检查点的表面质量等级决定，在全部合格的基础上，当有 90% 及以上的检查点表面质量为优良时，其质量等级即评为优良。

1.6.2   焊接工程质量理化检验及无损检测等级评定

1）理化检验一般包括力学性能试验、金相组织和断口分析、化学分析试验等。它们的质量等级评定办法及依据，应以试验部门提供的报告为准，以符合使用单位的质量要求为评定依据。检测结果质量评定等级只有合格或不合格两种情况。

2）无损检测一次合格率≥95% 时可评为优良。

1.7   焊接工程综合质量评定

焊接工程总体工作完工后，通常对工程焊接质量做一概括性的评价。一般用数量统计的方法，以焊接工程优良品率、无损检测一次合格率和泄漏焊口数作为焊接工程总体质量优劣的衡量指标。

1. 优良品率

优良品率应以分项工程为统计单位，计算优良品分项工程在总分项工程数中比例，即：优良品率 =（优良品分项工程数/分项工程总数）×100%。优良品率越高，说明工程的焊接质量越好。根据国家有关规定，优良品率必须在 90% 以上。

2. 焊口一次合格率

焊口一次合格率用于质量要求较高的焊接结构，它常以焊口为统计单位，计算一次合格的焊口数在被检测焊口总数中所占的比例，即：焊口一次合格率 =（一次合格焊口数/被检测焊口总数）×100%。

对于焊接工程而言，焊口一次合格率不是工程实际质量状态的指标，而是一种质量特性的象征性反映。它从统计规律的角度，反映了焊接工程的施工质量和施工单位的技术水平。

3. 无损检测一次合格率

焊口处无损检测一次合格率，是指无损检测一次合格的焊接接头数，在被检测的焊口总数中所占的比例，即：无损检测一次合格率 =$[(A-B)/A] \times 100\%$，式中，A是一次被检焊接接头当量数；B是不合格焊接接头当量数。当量数计算规定如下：

1）外径小于或等于 $\phi 76$mm 的管子接头，每个焊接接头当量数为 1。

2）外径大于 $\phi 76$mm 的管子接头，同一焊口的每 300mm 被检焊缝长度计当量数为 1。

3）无损检测中发现的两相邻超标缺欠的实际间隔小于 300mm 时，可计为 1 个当量。

4. 焊口泄漏数

焊口泄漏数反映压力容器及管道焊接接头致密性的程度，一般受检焊口在致密性试验（气密、水压）和热态运行中应无泄漏现象发生。

1.8 焊接工程质量评定示例

刀具摩擦焊接质量要求和评定方法（JB/T 6567—2006）有关规定如下所述。

1. 刀具摩擦焊接宏观质量要求

（1）摩擦焊接头外观 焊缝卷边应沿圆周方向向高速钢一侧卷边且均匀分布，同时要封闭良好。其焊合面积的直径应大于母材直径，去掉卷边后的表面不允许有目视可见的裂纹或未焊合的痕迹。

（2）焊接拉伸或折断断口 拉断或折断的断口，没有摩擦痕迹及亮圈。拉断的断口呈鱼鳞状，并呈暗灰色。

2. 摩擦焊接微观质量要求

（1）塑性层厚度 高速钢与碳素结构钢摩擦焊接塑性层厚度见表 1-12。

表 1-12 高速钢与碳素结构钢摩擦焊接塑性层厚度 （单位：mm）

焊接工件直径	塑性层厚度	
	中心部位	直径的 1/4 处（$D/4$）
12~25	≤0.50	>0.12

（续）

焊接工件直径	塑性层厚度	
	中心部位	直径的1/4处（D/4）
>25~35	≤1.20	>0.24
>35~60	≤1.50	>0.40

（2）塑性层晶粒号　高速钢塑性层晶粒等级见表1-13。

表1-13　高速钢塑性层晶粒等级

焊接工件直径/mm	晶　粒　号	
	中心部位	直径的1/4处（D/4）
12~25	≤11	<10
>25~35	10~10.5	9~9.5
>35~60	9~10	>9

（3）碳化物聚集线　碳化物聚集线的长度不得超过其半径的1/4，在距焊缝5mm范围内，不允许有碳化物聚集线存在。

（4）焊缝两侧脱碳层厚度　摩擦焊接焊缝经退火后，焊缝两侧均有脱碳层、贫碳区。高速钢与碳素结构钢焊缝两侧脱碳层厚度见表1-14。

表1-14　高速钢与碳素结构钢焊缝两侧脱碳层厚度　　（单位：mm）

焊接工件直径	碳素结构钢		高　速　钢
	全脱碳区	贫　碳　区	贫　碳　区
12~25			
>25~35	≤0.03	≤0.02	≤0.05
>35~60			

（5）焊缝两侧热影响区　碳素结构钢热影响区厚度见表1-15。

表1-15　碳素结构钢热影响区厚度　　（单位：mm）

焊接工件直径	碳素结构钢
12~25	≤3.50
>25~35	≤4.50
>35~60	≤5.50

3. 评定方法

1）宏观质量评定均用目视观测。

2）各项微观质量评定均用金相显微镜观测。

3）焊缝外观检测的试样为现场焊接工件，断口试样为室温下折断或压断的断口。摩擦焊接退火前、退火后质量微观评定，以及试样的制取，均以焊缝为中心向两侧各取 10mm，评定面为试样的轴向剖面。

4）各项微观评定的金相试样，均使用质量分数为 4% 的硝酸酒精溶液在室温下进行腐蚀。退火前的试样腐蚀时间为 6 ~ 7min，退火后的腐蚀时间为 3 ~ 8s，试样应能在显微镜下清晰显示出其组织形态。

4. 评定要求

1）高速钢与碳素结构钢焊缝两侧脱碳层、热影响区，在退火后进行评定，评定位置应在试样轴向剖面的中心部位进行。

2）高速钢与碳素结构钢焊接塑性层的形貌及厚度、塑性层晶粒等级，在退火前进行评定。

3）折断断口，碳化物聚集线在退火前进行。

4）拉断断口，碳化物流线在退火后进行。

第 2 章
焊接工程质量工艺评定

采用焊接方法将各种经过轧制的金属材料或铸、锻等坯料，制成能承受一定载荷的金属结构，称为焊接结构。随着焊接技术的进步和发展，焊接结构的应用越来越广泛。对于某些具有特殊用途的设备，如用于核电站的特种部件、开发海洋资源所必需的海上平台、海底作业机械或潜水装置等，为了确保制造质量和后期使用的可靠性，除了采用焊接结构外，难以找到其他更好的制造技术。

2.1　焊接结构制造工艺概述

焊接结构制造工艺过程，是指根据工程的性质、产品图样、技术要求和生产条件，运用现代焊接技术、材料加工技术、常规检测和理化检验技术来完成焊接结构产品的全部生产过程。

焊接结构制造工艺包括工艺流程图、工艺分析的设计原则、工艺方案编制原则、工艺分析方法、工艺分析依据和内容，以及工艺方案设计的程序等数据信息。

2.1.1　焊接结构的特点

焊接结构所用材料的连接主要是通过各种熔焊、压焊和钎焊完成，是简便易行、安全可靠、经济高效的连接方法。其特点如下所述。

1. 接头强度高

焊接结构多用轧材制造，承受冲击载荷能力较强。应用现代焊接技术制造出的焊接接头，其强度甚至高于母材强度。

2. 应用范围广

1）焊接结构特别适用于几何尺寸大而形状复杂的产品，如船体、桁架、球形容器等，可以将复杂的结构分解成多个零部件，对分解后的零部件分别进行加工，然后通过总体装配焊接成一个整体结构。

2）可以制造任意外形的结构，并能实现现场安装。

3）可以实现异种材料的连接，如异种金属的连接、金属与非金属的连接等，从而使焊接结构的材料运用更加合理。

3. 致密性好

水密性或气密性是储罐、压力容器、船壳等结构必备的性能，对铆接结构来说，很难保证其服役过程中完全符合密闭性要求，而焊接结构在这方面具有独到的优势。

4. 接头形式简单

在焊接结构中，被连接件可采用对接、角接、搭接等简单的接头形式，结构的重量小，强度高，产品质量好。

5. 大型结构制造周期短

对大型结构来说，通常的制造方法是工厂模块制造，现场部件组装。焊接是这一制造过程中最理想的工艺方法。一个静载 20 万 t 的焊接储罐，制造周期为 3 个月，而同样形状与尺寸的铆接储罐，其制造周期往往超过 1 年。

6. 经济效益好

焊接结构的生产一般不需要大型、特殊和昂贵的设备，投资少，见效快，容易适应不同批量产品的生产，产品更新换代快速方便，经济效益好。

2.1.2　焊接结构的分类

一般情况下，焊接结构是由一个或若干个不同的基本构件组成，如梁、柱、框架、箱体、容器等。

1）按半成品的制造方法可分为板焊结构、冲焊结构等。

2）按结构的用途可分为车辆结构、船体结构、飞行器结构等。

3）按焊件的材料厚度可分为薄壁结构和厚壁结构。

4）按材料种类可分为钢制结构、铝制结构、钛制结构等。

5）按工作特征可分为梁系结构、柱类结构、桁架结构、壳体结构、骨架结构、运输装备结构、复合结构等。

2.1.3　焊接结构的制造过程

焊接结构制造工艺过程，包括结构的工艺性审查、工艺方案和工艺规程设计、工艺评定、工艺文件和质量控制文件的编制、原材料和辅助材料的订购、焊接设备的外购和自行设计制造等先期工作，还有材料复验入库、备料加工、装配、焊接、质量检测、成品验收等过程。其中还穿插返修、涂饰和喷漆，最后才是合格产品入库。典型焊接结构制造的工艺流程如图 2-1 所示。由该图可以看出，检测工作几乎贯穿全部的生产过程，每一个生产环节都离不开检测，它是保证焊接结构质量的重要方法。

2.1.4　焊接结构工艺过程设计

焊接结构工艺过程设计就是根据产品的图样和技术要求，结合现有条件，运用焊接技术知识和先进生产经验，确定产品的加工方法和程序的过程。设计的质量将直接影响产品的制造质量、劳动生产率和制造成本，同时它还是生产管理、焊接工艺编制的主要依据。

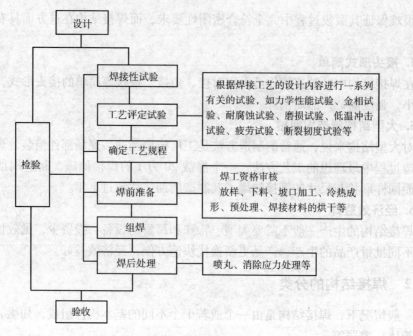

图 2-1　典型焊接结构制造的工艺流程

1. 焊接结构工艺过程设计的内容

焊接结构工艺过程设计一般包括以下内容。

1）确定产品的合理生产过程。

2）确定产品各零部件的加工方法、相应的工艺参数及工艺措施。

3）确定每一工序所用设备和工艺装备的型号规格，对非标准设备提出设计要求。

4）拟定生产工艺流程、运输流向、起重方法，选定起重运输设备。

5）计算产品的工艺定额，包括材料消耗定额（基本材料、辅助材料、填充金属等）和工时消耗定额。决定各工序所需的工人数量以及设备和动力消耗等，为后续设计工作及组织生产提供依据。

2. 焊接结构生产工艺过程设计程序

焊接结构生产工艺过程设计程序一般包括设计准备、分析工艺过程、确定工艺方案、编制工艺文件。

（1）设计准备　汇集设计所需的原始资料，包括产品设计图样、技术要求、生产计划等。

（2）分析工艺过程　通过对产品结构特点的分析，制定出从原材料到成品的整个制造过程的生产方法。

（3）确定工艺方案　综合各种分析的结果，提出制造产品的工艺原则和主要技术措施，对重大问题做出明确规定。工艺过程分析与工艺方案的确定往往是平行且交叉进行的。

（4）编制工艺文件　将通过审批的工艺方案具体化，编制出用于管理和指导生产的工艺文件。

2.2　焊接结构工艺审查

2.2.1　焊接结构工艺性审查的目的

焊接结构工艺性审查是制定工艺文件、设计工艺装备和实施焊接生产的前提。通过工艺性审查可以达到如下目的。

1）保证焊接结构设计的合理性、工艺的可行性、结构使用的可靠性和经济性。

2）及时调整和解决工艺方面的问题，加快工艺规程编制的速度，缩短新产品生产准备周期，减少或避免在生产过程中发生重大技术问题。

3）发现新产品中关键零件或关键工序所需的设备和工艺装备，以便提前安排定货或自行设计制造。

工艺性审查结束后，应填写相应的产品结构工艺性审查记录。

2.2.2　焊接结构工艺性审查的内容

焊接结构工艺性审查的内容包括审查结构图样，了解产品技术要求，基本确定出制造产品的劳动量、材料用量、材料利用系数、结构标准化系数、产品成本、产品的售后维修工作量等。焊接结构工艺性审查的主要内容如表 2-1 所示。

表 2-1　焊接结构工艺性审查的主要内容

设　计　阶　段	审　查　内　容
初步设计阶段和技术设计阶段	从制造角度分析结构方案的合理性 1）主要构件在本企业或外协加工的可能性 2）继承新结构采用的通用件和借用件（从老结构借用）的多少 3）产品组成是否能合理分割为各大构件、部件和零件 4）各大构件、部件和零件是否便于装配—焊接、调整和维修，能否进行平行的装配和检查 5）各大构件、部件等进行总装配的可行性：是否将其装配—焊接工作量减至最小 6）特殊结构或零件本企业或外协加工的可行性 7）主要材料选用是否合理 8）主要技术条件与参数的合理性与可检查性 9）结构标准化和系列化程度等
工作图设计阶段	1）各部件是否具有装配基准，是否便于拆装 2）大部件拆成平行装配的小部件的可行性 3）审查零件的装配、焊接工艺性等

2.2.3 焊接结构工艺性审查的程序

1. 焊接结构图样审查

焊接结构图样主要包括新产品设计图样、继承性设计图样（俗称借用图样）和按照实物测绘的图样。由于它们的工艺性完善程度不同，因此工艺性审查的侧重点也有所区别。

所有的焊接结构图样，均应符合机械制图国家标准中的有关规定。图样应齐全完整，除焊接结构的装配图外，还应有必要的零部件图。根据产品的生产工艺需要，图样上应规定合理的技术要求，包括图形、符号和准确的文字说明。

2. 焊接结构技术要求审查

焊接结构技术要求包括使用要求和工艺要求。使用要求是指结构的强度、刚度、耐久性（抗疲劳性、耐蚀性、耐磨性和抗蠕变性），以及在工作环境条件下焊接结构的几何尺寸、力学性能、物理性能等要求。工艺要求是指组成产品结构材料的焊接性、结构的合理性、生产的经济性和便利性等方面的要求。

2.2.4 焊接结构工艺性审查注意事项

进行工艺性审查时，要考虑是否有利于减少焊接应力集中与变形，是否有利于减少生产劳动量，是否有利于施工方便和改善工人的劳动条件，是否有利于节约材料等。

1. 是否有利于减少焊接应力集中与变形

应力集中不仅降低焊接接头的疲劳强度，也是降低材料塑性、引起结构脆断的主要原因。为了减少应力集中，应尽量使结构中截面变化的地方平缓圆滑。一般应从以下几个方面考虑。

（1）尽量减少焊缝数量　减少结构上的焊缝数量和焊缝的填充金属量，是设计焊接结构最重要的原则。对于图 2-2 所示的框架转角，有两个不同的设计方案。图 2-2a 设计是用许多小筋板，构成放射形状加固转角，多条焊缝集中在一起，应力集中严重。图 2-2b 设计是用少数筋板构成屋顶状加固转角，不仅提高了框架转角处的刚度和强度，而且大大减少了焊缝数量，减小了焊后变形和应力集中程度。

（2）选用对称的构件　尽可能选用截面对称的构件，并使焊缝位置对称，使焊缝位置对称于截面重心，焊后可将弯曲变形控制在很小的范围。

（3）减小焊缝尺寸　在不影响结构的强度及刚度的前提下，尽可能地减小焊缝截面尺寸，或者把连续角焊缝设计成断续角焊缝，减少塑性变形区范围。

（4）优化装配顺序　对于复杂的焊接结构，要合理地划分部件，使各部件的装配焊接易行、总装方便。

（5）避免焊缝相交　相交焊缝会在交点处产生三轴应力，降低材料塑性，并造成严重的应力集中。设计焊接结构时应尽量避免焊缝相交。

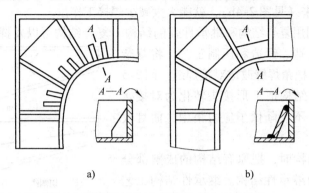

图 2-2　框架转角处加强筋布置方案的比较
a) 放射形结构　b) 屋顶状结构

2. 是否有利于减少生产劳动量

在焊接结构生产中，除了在工艺上采取一定的措施外，还必须从设计上保证结构具有良好的工艺性，有利于减少生产劳动量。

(1) 合理确定焊缝尺寸　通常按强度原则进行计算，求得工作焊缝的尺寸，但必须考虑焊接结构的特点及焊缝布局等因素。焊缝金属占结构总质量的百分比，也是衡量结构工艺性的重要标志。在强度相等的情况下，焊脚小而长度大的角焊缝，比焊脚大而长度小的焊缝省工省料。图 2-3 中焊脚为 K、长度为 $2L$ 与焊脚为 $2K$、长度为 L 的角焊缝强度相等，但前者的焊条消耗量仅为后者的 1/2。

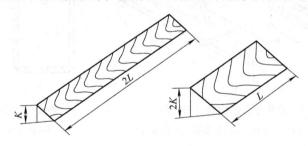

图 2-3　等强度的长、短角焊缝

(2) 减少其他加工方法　设计焊接结构时，要尽量减少铸、锻、车、铣、刨、磨、钻等其他加工方法。

(3) 减少辅助工时　焊接结构中焊缝所在位置，应使焊接设备调整次数最少，焊件翻转次数最少，这样可以将辅助工时降到最低。

(4) 尽量利用型钢和标准件　型钢具有各种形状，经过相互结合可以构成刚性很大的各种焊接结构。同一结构如果用型钢来制造，其焊接工作量会比用钢板制造少得多。图 2-4 所示为一根变截面工字梁结构，图 2-4a 是用三块钢板组成；图

2-4b 是用四块钢板组成；如果用工字钢组成，可将工字钢用气割分开（见图 2-4c），再组装起来（见图 2-4b），就能大大减少焊接工作量。

（5）尽量利用复合结构和继承性强的结构　复合结构可以发挥各种工艺的优点，分别采用铸造、锻造和压制工艺，将复杂的接头简单化，把角焊缝改成对接焊缝。图 2-5 所示为采用复合结构把 T 形接头转化为对接接头的应用实例，不仅降低了应力集中，而且改善了工艺性。

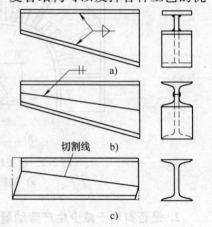

在设计新结构时，把原有结构的成熟部分保留下来，称为继承性结构。继承性结构工艺性成熟，可以利用原有的生产工艺及工装设备，生产率高，经济效益好。

（6）采用合理先进的焊接方法　埋弧焊的熔深比焊条电弧焊大，有时不需要开坡口，工作效率高。采用二氧化碳氧化保护焊，不仅成

图 2-4　变截面工字梁

本低、变形小，而且不需清渣。在设计焊接结构时，应使接头易于使用上述较先进的焊接方法。图 2-6a 所示箱形结构可用焊条电弧焊焊接，若做成图 2-6b 的形式，就可以使用埋弧焊或自动二氧化碳气体保护焊。

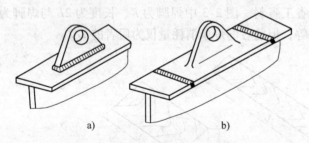

图 2-5　采用复合结构的应用实例

a）原设计的板焊结构　b）改进后的复合结构

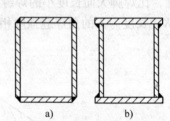

图 2-6　箱形结构对比

a）焊缝在外角　b）焊缝在内角

3. 是否有利于施工方便

（1）尽量使结构具有良好的可焊到性　可焊到性是指结构上每一条焊缝都能很方便地施焊，如厚板对接时，一般应开成 X 形或双 U 形坡口。若在构件不能翻转的情况下，就会造成大量的仰焊焊缝，不但劳动条件差，质量也很难保证。这时就必须采用 V 形或 U 形坡口来改善其工艺性，如图 2-7 所示。

（2）尽量有利于焊接自动化　当产品批量大、数量多的时候，必须考虑制造过程的机械化和自动化。原则上减少短焊缝，增加长焊缝，尽量使焊缝排列规则并采用同一种接头形式。例如，采用焊条电弧焊时，图 2-8a 中的焊缝位置比较合理；

当采用自动焊时，则以图 2-8b 为好。

（3）尽量有利于检测方便　严格检测是保证焊接结构质量的重要措施，设计焊接接头时，必须考虑检测是否方便可行。

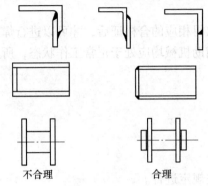
不合理　　　　　合理

图 2-7　焊缝位置

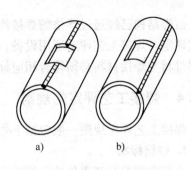
a)　　　　　　b)

图 2-8　焊缝位置与焊接方法的关系
a）焊条电弧焊焊缝　b）自动焊焊缝

2.3　焊接工艺评定

2.3.1　焊接工艺评定的目的

焊接工艺评定是施焊单位技术储备的标志之一，是验证所确定的焊接工艺正确性的必要方法，是评定施焊单位完成符合设计要求的焊接结构能力的依据。

焊接工艺评定是通过对焊接接头的常规检测和理化检验，验证焊接工艺规程的正确性及合理性的一种程序。

重要的焊接结构如压力容器、锅炉、桥梁、电力设备金属结构等，在编制焊接工艺规程之前都要进行焊接工艺评定。通常情况下，企业接受新的焊接结构生产任务，进行工艺分析，初步制定工艺过程之后，要下达焊接工艺评定任务书，编制焊接工艺评定指导书，并进行试焊；然后进行各种检测和试验，测定焊接接头是否达到所要求的性能，做出焊接工艺评定结论，填写焊接工艺评定报告，编制焊接工艺规程。现行国家强制性标准，如 TSG R0002—2005《超高压容器安全技术监察规程》和 TSG R0003—2007《简单压力容器安全技术监察规程》等，对焊接制造的相关结构规定了焊接工艺评定的具体要求。

2.3.2　焊接工艺评定的方式

技术设计阶段的工艺性审查，一般采用设计、工艺、制造部门会审方式。全套图样审查完毕，应填写产品结构工艺性审查记录，并与配套图样一起交予设计部门。

设计者根据工艺性审查记录上的意见和建议进行修改设计，修改后的图样应返回工艺部门复查签字。

2.3.3 焊接工艺评定的条件

被焊结构已经通过严格的焊接性试验并取得相应的合格证后，才可以进行焊接工艺评定。焊接工艺评定所用设备、仪表与辅助机械均应处于正常工作状态，所选被焊母材与焊接材料必须符合相应标准。

2.3.4 焊接工艺评定的规则

焊接工艺评定规则一般包括下列内容。

1. 依据标准

全部常规检测和理化检验按国家标准相关规定进行。

2. 焊接工艺因素的变更

焊接工艺因素分为重要因素、补加因素和次要因素。重要因素是指影响焊接接头拉伸和弯曲性能的焊接工艺因素；补加因素是指有冲击韧性要求时须增加的附加因素；次要因素是指对要求测定的力学性能无明显影响的焊接工艺因素。

1）当变更任何一个重要因素时都需要重新评定焊接工艺。

2）当增加或变更任何一个补加因素时，只按增加或变更的补加因素增加冲击试验。

3）变更次要因素时不需重新评定，但需要重新编制焊接工艺。

3. 重评

凡有下列情况之一者，需要重新进行焊接工艺评定。

1）改变焊接方法。

2）新材料或施焊单位首次焊接的材料。

3）改变焊接材料，如焊丝、焊条、焊剂的牌号和保护气体的种类或成分。

4）改变焊接参数。

5）改变热规范参数，如预热温度、焊后热处理参数等。

6）改变坡口形式，例如从单 V 形改成双 V 形，从直边对接改成开坡口，坡口的截面积的增加或减小，取消背面衬垫以及坡口尺寸的变化等。

7）改变焊接位置，工艺评定的焊接位置只适用于相对应的产品焊接位置，从一种焊接位置改变成另一种焊接位置时，需要重新进行焊接工艺评定。例如，焊条电弧焊和气体保护焊立焊时，焊接方向从向上立焊改成向下立焊，必须重新进行焊接工艺评定。

2.3.5 焊接工艺评定的程序

一般情况下，焊接工艺评定的程序如图 2-9 所示。

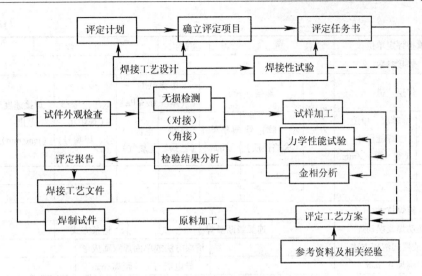

图 2-9　焊接工艺评定程序

2.3.6　焊接工艺评定报告

表 2-2 为一种焊接工艺评定报告的表格形式，可供使用方参考。

表 2-2　焊接工艺评定报告

任务书编号		相应工艺评定方案编号			
评定项目		产品名称			
评定钢材					
钢材牌号		类级别			
钢材厚度		直　径			
焊接方法					
种类		自动化程度			
接头形式及焊接设计					
接头种类		对口简图：		焊道简图：	
坡口形式					
衬垫及其材料					
焊道设计					
焊缝金属厚度					
填充材料和保护气体					
焊接材料	焊丝型号		规格	保护气体	气体种类	流量
	焊条（剂）型号		规格		背面保护	流量
	钨极型号		规格		拖后保护	流量
其他					
焊接位置					
评定单位、主持人及施焊焊工					

（续）

承担评定单位		主持人		焊工	

焊接参数

焊层、道		焊接方法	焊条（丝）		电流范围（气体压力）/MPa		电压范围/V（焊炬型号、焊嘴号）	焊接速度范围/（mm/min）	其他
层、道号	单层、单道焊缝尺寸（宽×厚）/mm		型（牌）号（火焰性质）	规格尺寸/mm	极性（乙炔）	电流/A（氧气）			

施焊技术

无摆动焊或摆动焊		连弧或断弧焊		运条方式	
根层或层间清理方法		清根方法或单面焊双面成形			
焊嘴尺寸/mm		导电嘴与工件距离/mm			
其他					

预热

预热温度		宽度		层间温度	
预热保持方式		环境温度/℃			

后热、焊后热处理

热处理种类		加热温度范围		保持时间	
加热宽度		保温宽度		升温速度	
降温速度		其他			

试件外观检查结论：

试件编号	缺欠情况	评定结果	试验单位	试验报告号

无损检测检验结论：

试验编号	检验方法	灵敏度（%）	黑度	增感方式	焊接缺欠	评定等级	试验单位	报告编号

拉伸试验结论：

试样编号	宽度/mm	厚度/mm	断面积/mm²	负荷/MPa	抗拉强度/MPa	试验单位	报告编号

弯曲试验结论：

试样编号	厚度、宽度/mm	弯轴直径/mm	弯曲角度/（°）			试验单位	报告编号
			面弯	根弯	侧弯		

（续）

冲击试验结论：

试样编号	缺口形状	缺口位置	试样尺寸	试验温度/℃	冲击吸收能量/J	冲击韧度/(J/cm²)	断口情况	试验单位	报告编号

金相检验结论：

名　称	试样编号	检查面缺欠情况	评定结果	试验单位	报告编号
宏　观					
微　观					

硬度检验结论：

试样编号	母　材	焊　缝	试验单位	报告编号

其他检验项目名称及结论：

试样编号	缺欠情况	评定结果	试验单位	报告编号

其他检验项目名称及结论：

试样编号	缺欠情况	评定结果	试验单位	报告编号

综合评定结论：

工艺评定报告编制人员及资质

责　任	姓名	资质（职称）	日期	审批部门盖章
编　制				
审　核				
批　准				

注：试件焊制记录和各项检验（试验）报告应作为本报告的正式附件，合并归档。

第 3 章
焊接缺欠的等级评定

3.1 焊接缺欠的分类和特点

3.1.1 焊接缺欠的概念

在焊接接头中，因焊接产生的金属不连续、不致密或连接不良的现象称为焊接缺欠。

在焊接结构中，要获得无缺欠的焊接接头，技术上是相当困难的，也是不经济和不必要的，焊接工程质量始终与缺欠有联系。在满足使用性能的前提下，可以把缺欠限制在一定范围之内。如果超出了允许范围，偏离了技术要求，就会危害焊接结构的运行，破坏其使用性能，影响焊接工程的质量。

超过规定限值的缺欠的存在，直接影响了焊接接头的性能，降低了焊接工程的总体质量，导致出现结构的失效事故。例如，某汽车左后悬架支撑杆（一端铸件，一端焊接件）如果存在焊接缺欠，在没有超载情况和其他外力作用时也会发生断裂，造成转向失控发生车祸；钢结构件内在缺欠的质量隐患，危害性很大，会造成突发事故。全世界有数十座焊接结构钢桥在低应力下突然脆断倒塌，造成灾难性事故。在造船业中，焊接是保证船舶密封性和强度的关键，是保证船舶安全航行和作业的重要条件。如果焊接工程质量存在着超过规定限值的缺欠，就有可能造成渗漏或结构断裂，甚至引起船舶沉没。根据对船舶脆断事故调查表明，40% 脆断事故是从焊缝质量缺欠处开始的。

3.1.2 焊接缺欠的分类和代号

根据 GB/T 6417.1—2005 和 GB/T 6417.2—2005 的规定，熔焊和压焊的焊接缺欠可根据其性质、特征分为 6 个种类，包括裂纹、孔穴、固体夹杂、未熔合、形状和尺寸不良、其他缺欠。每种缺欠又可根据其位置和状态进行分类，为了便于使用，一般应采用缺欠代号表示各种焊接缺欠。熔焊的各种常见焊接缺欠的代号、分类、说明及示意图见附录 A。压焊的各种常见焊接缺欠的代号、分类、说明及示意图见附录 B。

一般情况下，使用表 3-1 的参照代码，结合附录 A 金属熔焊接头缺欠的代号、分类及说明和附录 B 金属压焊接头缺欠的代号、分类及说明的裂纹代号，可以完整地表示裂纹的具体类别。

表 3-1　焊接裂纹的种类及说明

参照代码	名称及说明
E	焊接裂纹（在焊接过程中或焊后出现的裂纹）
Ea	热裂纹
Eb	凝固裂纹
Ec	液化裂纹
Ed	沉淀硬化裂纹
Ee	时效硬化裂纹
Ef	冷裂纹
Eg	脆性裂纹
Eh	收缩裂纹
Ei	氢致裂纹
Ej	层状撕裂
Ek	焊趾裂纹
El	时效裂纹（氮扩散裂纹）

目前我国还没有钎焊缺欠分类说明的统一标准，一般情况下可根据 ISO 18279：2003（E）的规定，将钎焊缺欠分为 6 个种类，包括裂纹、气孔、固体夹杂物、熔合缺欠、形状和尺寸缺欠、其他缺欠。钎焊的各种常见焊接缺欠的代号、分类、说明及示意图见附录 C。

3.1.3　不同焊接方法易产生的各种焊接缺欠

不同的焊接方法产生焊接缺欠的种类、概率不同，焊接缺欠所处的焊接区域也不相同，掌握不同焊接方法易产生各种焊接缺欠的规律，可以采取有效措施，防止或减少焊接缺欠的产生，提高焊接工程的质量。不同熔焊方法易产生的各种焊接缺欠见表 3-2，不同压焊方法易产生的各种焊接缺欠见表 3-3，不同钎焊方法易产生的各种焊接缺欠见表 3-4。

表 3-2　不同熔焊方法易产生的各种焊接缺欠

焊接方法 焊接缺欠代号	焊条电弧焊	TIG焊	MIG焊	埋弧焊	等离子弧焊	电子束焊	激光焊	电渣焊	水下焊接
100									
1001		×	×	×	×	×	×	×	
101	×	×	×					×	×
1011	×		×					×	×

（续）

焊接方法 焊接缺欠代号	焊条电弧焊	TIG焊	MIG焊	埋弧焊	等离子弧焊	电子束焊	激光焊	电渣焊	水下焊接
1012	×	×	×				×	×	×
1013	×	×	×					×	×
102	×	×	×					×	×
1021	×	×	×					×	×
1023	×	×	×					×	×
1024		×							
103	×		×					×	×
1031	×		×					×	×
1033	×		×					×	×
1034		×	×						
104	×		×	×					×
1045	×	×	×	×					×
1046	×	×	×	×					×
1047	×	×	×	×					×
105	×								×
1051	×						×		×
1053	×								
1054									
106	×	×							×
1061	×	×							×
1063	×	×							×
1064		×							
200									
201	×	×	×	×	×			×	×
2011	×	×	×	×				×	×
2012	×								
2013	×	×	×						
2014	×	×	×		×				
2015	×	×	×					×	×
2016	×		×					×	×
2017	×		×			×		×	
202									
2021									

（续）

焊接方法 焊接缺欠代号	焊条电弧焊	TIG焊	MIG焊	埋弧焊	等离子弧焊	电子束焊	激光焊	电渣焊	水下焊接
2024	×	×						×	
2025	×		×						
203									
2031									
2032									
300									
301	×		×	×				×	
3011	×		×	×				×	
3012	×		×	×				×	
3014	×		×	×				×	
302				×					
3021				×					
3022				×					
3024				×					
303		×							
3031		×							
3032		×							
3033		×							
3034									
304		×							
3041		×							
3042									
3043									
401	×		×	×		×		×	×
4011	×		×	×		×		×	×
4012	×		×	×		×		×	×
4013	×		×	×		×		×	
402	×	×	×	×				×	×
4021	×	×	×	×				×	×
403									
500									
501	×	×			×	×	×		×
5011	×	×			×	×	×		
5012		×			×	×	×		

（续）

焊接方法 焊接缺欠代号	焊条电弧焊	TIG焊	MIG焊	埋弧焊	等离子弧焊	电子束焊	激光焊	电渣焊	水下焊接
5013									
5014	×	×							
5015									
502	×		×					×	×
503	×							×	
504	×								×
5041	×								×
5042	×								×
5043	×								×
505	×								×
506	×		×						×
5061	×		×						×
5062	×		×						×
507	×								
5071	×								
5072	×								
508	×								
509	×								
5091	×								
5092	×								
5093	×								
5094	×								
510			×	×					×
511								×	×
512									×
513	×							×	×
514	×							×	×
515									
516									
517		×							
5171									×
5172		×							×
520									×
521									×

（续）

焊接方法 焊接缺欠代号	焊条电弧焊	TIG焊	MIG焊	埋弧焊	等离子弧焊	电子束焊	激光焊	电渣焊	水下焊接
5211									×
5212									×
5213								×	×
5214									×
600									
601	×	×	×						
602	×		×				×		
6021		×							
603									
604									
605									
606									
607									
6071									
6072									
608									
610									
613									
614				×					
615	×			×					
617									
618									

注："×"表示某种焊接方法易出现的焊接缺欠。

表 3-3　不同压焊方法易产生的各种焊接缺欠

焊接方法 焊接缺欠代号	点焊	搭接缝焊	压平缝焊	薄膜对接缝焊	凸焊	闪光对焊	电阻对焊	高频电阻焊	超声波焊	摩擦焊	锻焊	爆炸焊	扩散焊	气压焊	冷压焊	电弧螺柱焊	电阻螺柱焊	感应焊
P100																		
P1001	×	×	×	×	×	×	×	×	×	×	×	×	×	×	×	×	×	×
P101																		
P1011		×	×	×		×	×	×					×	×				×
P1013		×	×	×		×	×	×					×	×				
P1014			×								×	×	×		×			

（续）

焊接缺欠代号＼焊接方法	点焊	搭接缝焊	压平缝焊	薄膜对接缝焊	凸焊	闪光焊	电阻对焊	高频电阻焊	超声波焊	摩擦焊	锻焊	爆炸焊	扩散焊	气压焊	冷压焊	电弧螺柱焊	电阻螺柱焊	感应焊
P102																		
P1021		×	×	×		×	×	×	×			×	×		×			×
P1023		×	×	×		×	×	×	×			×	×		×			×
P1024			×									×			×			
P1100	×	×			×											×	×	
P1200	×				×												×	
P1300	×				×			×										
P1400	×	×	×	×	×	×	×	×		×	×				×		×	×
P1500	×	×	×	×	×	×	×	×						×				
P1600	×	×	×	×	×	×	×	×		×	×		×		×			
P1700						×	×	×			×		×		×			
P200																		
P201																		
P2011	×	×		×	×			×		×		×	×			×	×	
P2012	×	×		×	×			×		×	×		×			×	×	×
P2013	×	×		×	×			×		×	×		×			×	×	
P2016		×		×									×					×
P202	×	×	×	×	×								×				×	
P203	×	×																
P300																		
P301						×	×	×			×		×			×	×	×
P303	×	×	×	×	×			×		×	×	×	×			×	×	×
P304	×	×	×	×	×	×	×	×	×	×				×	×	×	×	×
P306																		
P400																		
P401	×	×	×	×	×	×	×	×	×	×	×	×	×	×	×	×	×	×
P403	×	×	×	×	×	×	×	×	×	×	×		×	×	×	×	×	×
P404				×														
P500																		
P501	×	×	×			×	×	×								×	×	×
P502						×	×	×		×	×			×	×			×
P503			×															
P507			×			×	×	×		×	×					×	×	×

（续）

焊接缺欠代号＼焊接方法	点焊	搭接缝焊	压平缝焊	薄膜对接缝焊	凸焊	闪光焊	电阻对焊	高频电阻焊	超声波焊	摩擦焊	锻焊	爆炸焊	扩散焊	气压焊	冷压焊	电弧螺柱焊	电阻螺柱焊	感应焊
P508			×			×	×	×		×	×			×	×			×
P520	×	×	×	×		×	×	×	×	×	×			×				
P521																		
P5211	×	×				×	×	×						×	×		×	×
P5212	×				×													
P5213	×				×													
P5214	×				×													
P5215	×	×	×	×	×	×	×	×	×	×	×	×	×	×	×	×	×	×
P5216	×																	
P522	×	×		×		×	×	×										
P523	×	×															×	×
P524	×	×	×	×		×	×	×		×	×							
P525	×	×		×													×	
P526																	×	×
P5261	×	×		×					×									
P5262	×	×	×	×					×									×
P5263	×	×		×					×									
P5264																		
P52641	×	×		×					×									
P52642	×	×							×									
P52643	×	×		×	×				×									
P5265				×														
P5266	×	×	×	×	×	×	×	×								×	×	×
P5267						×	×	×			×			×	×			
P5268	×	×	×	×	×				×									
P527		×																×
P528			×			×	×	×		×	×			×	×			×
P529				×														
P530						×	×	×			×			×				×
P600																		
P602	×	×	×		×	×											×	×
P6011	×	×	×	×	×	×	×	×		×	×			×		×	×	×
P6012	×	×		×	×													

注："×"表示某种焊接方法易出现的焊接缺欠。

表3-4 不同钎焊方法易产生的各种焊接缺欠

焊接方法 焊接缺欠代号	火焰钎焊	感应钎焊	炉中钎焊	电阻钎焊	烙铁钎焊	波峰钎焊	载流钎焊
1AAAA	×		×				
1AAAB	×		×				
1AAAC							
1AAAD	×						
1AAAE			×				
2AAAA	×			×			
2BAAA	×	×	×	×			
2BGAA	×	×		×			
2BGMA	×	×		×			
2BGHA	×	×					
2LIAA	×		×				
2BALF	×			×			
2MGAF	×			×			
3AAAA							
3DAAA	×	×	×	×			
3FAAA	×	×	×	×			
3CAAA		×	×	×			
4BAAA	×	×	×		×	×	×
4JAAA	×	×	×				
4CAAA	×	×	×		×	×	×
6BAAA	×	×					
5AAAA			×				
5EJAA			×				
5BAAA			×				
5FABA	×						
7NABD	×						
7OABP	×		×				
6GAAA							
5HAAA							
6FAAA					×	×	×
5GAAA							
7AAAA							
4VAAA							
7CAAA	×						
7SAAA	×				×	×	×
7UAAC							
9FAAA							
7QAAA	×						
9KAAA							

注:"×"表示某种焊接方法易出现的焊接缺欠。

3.2　焊接缺欠的危害

焊接接头的主要失效形式有疲劳失效、脆性失效、应力腐蚀开裂、泄漏、失稳、过载屈服、腐蚀疲劳等。其中疲劳失效所占比例最大（约为70%），脆性断裂、过载屈服和应力腐蚀开裂都是常见的失效形式。焊接缺欠对接头性能的影响见表3-5。

表 3-5　焊接缺欠对接头性能的影响

焊接缺欠	接头性能	力学				环境		
		静载强度	延性	疲劳强度	脆断	腐蚀	应力腐蚀开裂	腐蚀疲劳
形状缺欠	变形	○	◎	◎	◎	△	◎	◎
	余高过大	△	△	◎	△	○	◎	◎
	焊缝尺寸过小	◎	◎	◎	○	○	○	○
	形状不连续	○	○	◎	◎	○	◎	◎
表面缺欠	气孔	△	△	○	△	△	△	△
	咬边	△	○	◎	○	△	△	△
	焊瘤	△	△	△	△	△	△	△
	裂纹	◎	◎	◎	△	△	◎	◎
内部缺欠	气孔	△	△	○	△	△	△	△
	孤立夹渣	△	△	△	△	△	△	△
	条状夹渣	○	○	○	○	△	△	△
	未熔合	◎	◎	◎	◎	○	◎	◎
	未焊透	◎	◎	◎	◎	○	◎	◎
	裂纹	◎	◎	◎	◎	○	◎	◎
性能缺欠	硬化	△	○	○	◎	○	○	○
	软化	○	◎	○	◎	○	△	△
	脆化	△	◎	△	◎	△	△	△
	剩余应力	○	◎	○	◎	○	◎	○

注：◎—有明显影响；○—在一定条件下有影响；△—关系很小。

1. 焊接缺欠对应力集中的影响

焊缝中的气孔一般呈单个球状或条虫形，因此气孔周围应力集中并不严重。焊接接头中的裂纹常常呈扁平状，如果加载方向垂直于裂纹的平面，则裂纹两端会引起严重的应力集中。焊缝中的夹杂物具有不同的形状和包含不同的材料，但其周围的应力集中并不严重。如果焊缝中存在密集气孔或夹渣时，在负载作用下出现气孔间或夹渣间的连通，则将导致应力区的扩大和应力值的急剧上升。另外，对于焊缝的形状不良、角焊缝的凸度过大及错边、角变形等焊接接头的外部缺欠，也都会引起应力集中或者产生附加应力。

焊接接头形状的不连续（如焊趾区和根部未焊透等）、接头形式不良和焊接缺欠形成的不连续（包括错边和角变形）都会产生应力集中；同时，由于结构设计不当，形成构件形状的突变，也会出现应力集中区。假如两个应力集中相重叠，则该区的应力集中系数大约等于各应力集中系数的乘积。因此，在这些部位极易产生疲劳裂纹，造成疲劳破坏。

几何形状造成的不连续性缺欠，如咬边、焊缝成形不良或烧穿等，不仅降低构件的有效截面积，还会产生应力集中。

改善应力集中的方法一般有 TIG 焊熔修法、机械加工法、砂轮打磨法、局部挤压法、锤击法、局部加热法。

2. 焊接缺欠对脆性断裂的影响

脆性断裂是一种低应力下的破坏，而且具有突发性，事先难以发现和加以预防，危害性较大。焊接结构对脆性断裂的影响如下所述。

1）应变时效引起的局部脆性。

2）对于高强度钢，过小的焊接能量容易产生淬硬组织，过大的焊接能量则会使晶粒长大，增大脆性。

3）裂纹对脆性断裂的影响最大，其影响程度不仅与裂纹的尺寸、形状有关，而且与其所在的位置有关。如果裂纹位于拉应力高值区就容易引起低应力破坏。若位于结构的应力集中区，则更危险。许多焊接结构的脆性断裂都是由微小裂纹引发的，由于小裂纹未达到临界尺寸，运行后结构不会立即断裂，在使用期间可能出现变化，最后达到临界值，发生脆性断裂。

4）角变形和错边会产生弯曲应力，并且角变形越大，越容易发生脆性断裂。

3. 焊接缺欠对疲劳强度的影响

焊接缺欠对疲劳强度的影响要比对静载强度的影响大得多。例如，当气孔引起的承载截面积减小10%时，疲劳强度的下降可达50%。焊接缺欠对接头疲劳强度的影响与缺欠的种类、方向和位置有关。

（1）裂纹对疲劳强度的影响　裂纹、未焊透和未熔合等对疲劳强度的影响较大。带裂纹的接头与缺欠面积比率相同且带有气孔的接头相比，疲劳强度下降较多，前者约为后者的85%。含裂纹的结构与占同样面积的气孔的结构相比，前者的疲劳强度比后者低15%。对未焊透来说，随着其面积的增加，疲劳强度明显下降，而且这类平面缺欠对疲劳强度的影响与负载的方向有关。

（2）气孔对疲劳强度的影响　气孔的存在使疲劳强度下降的原因主要是由于气孔减少了截面积尺寸，它们之间有一定的线性关系。采用机加工方法加工试样表面，当气孔恰好处于工件表面时，或刚好位于表面下方时，气孔的不利影响加大，它将作为应力集中源而成为疲劳裂纹的启裂点。这说明气孔的位置比其尺寸的大小对接头疲劳强度影响更大，表面或表层下气孔具有最不利的影响。

（3）未焊透和未熔合对疲劳强度的影响　未焊透缺欠的主要影响是削弱有效截面积并引起应力集中。以削弱有效截面积 10% 时的疲劳寿命与未含有该类缺欠的试验结果相比，其疲劳强度会降低 25% 左右。

（4）咬边对疲劳强度的影响　咬边多出现在焊趾或接头的表面，对疲劳强度的影响比气孔和夹渣等缺欠大得多。试验证明，带咬边的接头 10^6 次循环的疲劳强度约为致密接头强度的 40%。

（5）夹渣对疲劳强度的影响　夹渣或夹杂物截面积的大小成比例地降低材料的抗拉强度，但对屈服强度的影响较小。这类缺欠的尺寸和形状对强度的影响较大，单个的间断小球状夹渣或夹杂物比同样尺寸和形状的气孔危害小。直线排列、细小且方向垂直于受力方向的连续夹渣最危险。在焊趾部位距离表面 0.5mm 左右处，如果存在尖锐的熔渣等缺欠，相当于疲劳裂纹提前萌生。

（6）外部缺欠对疲劳强度的影响　焊趾区及焊根处的未焊透、错边和角变形等外部缺欠都会引起应力集中，很容易产生疲劳裂纹造成疲劳破坏。

焊接缺欠对接头疲劳强度的影响不但与缺欠尺寸大小有关，而且还取决于许多其他因素。例如，表面缺欠比内部缺欠影响大；与作用力方向垂直的面状缺欠的影响比其他方向的大；位于残余拉应力区内的缺欠，比在残余压应力区缺欠对焊接接头性能的影响大；位于应力集中区的缺欠比在均匀应力场中的缺欠影响大。

4. 焊接缺欠对应力腐蚀开裂的影响

应力腐蚀开裂通常是从表面开始的，如果焊缝表面有缺欠，则裂纹很快在缺欠处形成。因此，焊缝的表面粗糙度，焊接结构上的拐角、缺口、缝隙等都对应力腐蚀有很大的影响。这些表面缺欠使浸入的腐蚀介质局部浓缩，加快了电化学过程的进行和阳极的溶解，为应力腐蚀裂纹的扩展成长提供了条件。

在部分焊接缺欠无法避免的情况下，可从改变应力状态入手减少应力腐蚀开裂。拉应力是产生应力腐蚀开裂的重要条件，如能在接触腐蚀介质的表面形成压应力，则可以很好地解决各类焊接结构应力腐蚀开裂的难题。"逆焊接加热处理"是一种新的消除残余应力技术，它通过喷淋冷却介质使处理表面（包括焊接区）获得比周围和背面相对较低的负温差，在处理表面形成双向的残余压应力层而不影响材料的力学性能，这种方法特别适用于有防止应力腐蚀要求的焊接结构。

3.3　焊接缺欠的等级评定

3.3.1　焊接缺欠的评级依据

对已有产品设计规程或法定验收规则的产品，焊接缺欠应符合设计规程或验收规则的规定,并将焊缝换算成相应的级别。对没有产品设计规程或法定验收规则的产品,焊接缺欠的评定应考虑表3-6所包括的因素。对技术要求较高但又无法实施无损检测的产品,必须对焊工操作及工艺实施产品适应性模拟考核,并明确规定焊接工艺实施全过程的监督制度和责任记录制度。

表3-6 确定焊接缺欠级别应考虑的因素

因 素	内 容
载荷性质	静载荷;动载荷;非强度设计
服役环境	温度;湿度;介质;磨耗
产品失效后的影响	能引起爆炸或因泄漏而引起严重人身伤亡并造成产品报废;造成产品损伤且由于停机造成重大经济损失;造成产品损伤,但仍可运行
选用材料	相对产品要求有良好的强度及韧性裕度;强度裕度不大但韧性裕度充足;高强度低韧性;焊接材料的相配性
制造条件	焊接工艺方法;企业质量管理制度;构件设计中的焊接可行性;检验条件

3.3.2 焊接缺欠的评级标准

对于熔焊,应用最广泛的是各种钢铁材料,钢熔焊接头的缺欠评级见表3-7。

表3-7 钢熔焊接头的缺欠评级

缺 欠	GB/T 6417.1—2005代号	缺欠分级			
		I	II	III	IV
焊缝外形尺寸	—	按选用坡口由焊接工艺确定只需符合产品相关规定要求,本标准不作分级规定			
未焊满	511	不允许		$\leq 0.2 + 0.02\delta$且≤ 1mm,每100mm焊缝内缺欠总长≤ 25mm	$\leq 0.2 + 0.02\delta$且≤ 2mm,每100mm焊缝内缺欠总长≤ 25mm
根部收缩	515 5013	不允许	$\leq 0.2 + 0.02\delta$且≤ 0.5mm	$\leq 0.2 + 0.02\delta$且≤ 1mm	$\leq 0.2 + 0.04\delta$且≤ 2mm
咬边	5011 5012	不允许[①]		$\leq 0.05\delta$且≤ 0.5mm,连续长度≤ 100mm且焊缝两侧咬边总长$\leq 10\%$焊缝全长	$\leq 0.1\delta$且≤ 1mm,长度不限
裂纹	100	不允许			
弧坑裂纹	104	不允许			个别长≤ 5mm的弧坑裂纹允许存在
电弧擦伤	601	不允许			个别电弧擦伤允许存在

（续）

缺　欠	GB/T 6417.1—2005 代号	缺　欠　分　级			
		I	II	III	IV
飞溅	602	清除干净			
接头不良	517	不允许		造成缺口深度≤0.05δ且≤0.5mm，每米焊缝不得超过一处	缺口深度≤0.1δ且≤1mm，每米焊缝不得超过一处
焊瘤	506	不允许			
未焊透（按设计焊缝厚度为准）	402	不允许		不加垫单面焊允许值≤15%δ且≤1.5mm，每100mm焊缝内缺欠总长≤25mm	≤0.1δ且≤2.0mm，每100mm焊缝内缺欠总长≤25mm
表面夹渣	300	不允许		深≤0.1δ 长≤0.3δ 且≤10mm	深≤0.2δ 长≤0.5δ 且≤20mm
表面气孔	2017	不允许		每50mm焊缝长度内允许直径≤0.3δ且≤2mm的气孔两个，孔间距≥6倍孔径	每50mm焊缝长度内允许直径≤0.4δ且≤3mm的气孔两个，孔间距≥6倍孔径
角焊缝厚度不足（按设计焊缝厚度计）	—	不允许		≤0.3+0.05δ且≤1mm，每100mm焊缝内缺欠总长≤25mm	≤0.3+0.05δ且≤2mm，每100mm焊缝内缺欠，总长≤25mm
角焊缝焊脚不对称[2]	512	差值≤1+0.1a	差值≤2+0.15a		差值≤2+0.2a
		a 设计焊缝有效厚度			
内部缺欠	—	GB/T 3323—2005 I级	GB/T 3323—2005 II级	GB/T 3323—2005 III级	不要求

注：除表明角焊缝缺欠外，其余均为对接、角接焊缝通用。δ为板厚。

① 咬边如经修磨并平滑过渡，则只按焊缝最小允许厚度值评定。

② 特定条件下要求平缓过渡时不受本规定限制，如搭接或不等厚板的对接和角接组合焊缝。

对于压焊，目前国内外还没有统一的缺欠评级标准。进行压焊的设计、操作、检验时，可根据焊接工程的实际情况，制定适合具体工程的压焊焊接缺欠评级标准。

对于钎焊，我国没有统一的缺欠评级标准。一般情况下，可根据 ISO 18279：2003（E）的规定，将钎焊接头缺欠分为 B、C、D 三个等级，其中 B 级是严格的质量等级，C 级是中等的质量等级，D 级是适度的质量等级。表 3-8 是钎焊缺欠质量等级限度的建议。

表 3-8 钎焊缺欠质量等级限度的建议

标识	描述	对于缺欠质量等级限度的建议		
		适度的 D	中等的 C	严格的 B
Ⅰ 裂纹				
1AAAA 1AAAB 1AAAC 1AAAD 1AAAE	裂纹	允许（对试件的功能没有不利影响）	不允许	不允许
Ⅱ 气孔				
2AAAA	空穴			
2BAAA	气穴	最大为投影面积的 40%	最大为投影面积的 30%	最大为投影面积的 20%
2BGAA 2BGGA 2BGMA 2BGHA	气孔	最大为投影面积的 40% 对于特殊应用，可以规定最大允许孔径或孔面积	最大为投影面积的 30% 对于特殊应用，可以规定最大允许孔径或孔面积	最大为投影面积的 20% 对于特殊应用，可以规定最大允许孔径或孔面积
2LIAA	大气窝	最大为投影面积的 40% 对于特殊应用，可以规定最大允许孔径或孔面积	最大为投影面积的 30% 对于特殊应用，可以规定最大允许孔径或孔面积	最大为投影面积的 20% 对于特殊应用，可以规定最大允许孔径或孔面积
2BALF	表面气孔	允许（对试件的功能没有不利影响）	允许 最大为投影面积的 20%，对试件的功能没有不利影响	不允许
2MGAF	表面气泡	允许	允许	不允许
Ⅲ 固体夹杂物				
3AAAA 3DAAA 3FAAA 3CAAA	固体夹杂物	最大为投影面积的 40% 对于特殊应用，可以规定最大允许孔径或孔面积	最大为投影面积的 30% 对于特殊应用，可以规定最大允许孔径或孔面积	最大为投影面积的 20% 对于特殊应用，可以规定最大允许孔径或孔面积
Ⅳ 熔合缺欠				
4BAAA	熔合缺欠	最大为名义硬钎焊面积的 25% 当对试件的功能没有不利影响，并且没有切断表面时允许	最大为名义硬钎焊面积的 15% 当对试件的功能没有不利影响，并且没有切断表面时允许	最大为名义硬钎焊面积的 10% 当对试件的功能没有不利影响，并且没有切断表面时允许

（续）

标　识	描　述	对于缺欠质量等级限度的建议		
		适度的 D	中等的 C	严格的 B
4JAAA	填充缺欠	钎焊金属填充投影面积的 60% 或更大　当对试件的功能没有不利影响，并且没有切断表面时允许	钎焊金属填充投影面积的 70% 或更大　当对试件的功能没有不利影响，并且没有切断表面时允许	钎焊金属填充投影面积的 80% 或更大　当对试件的功能没有不利影响，并且没有切断表面时允许
4CAAA	未焊透	当对试件的功能没有不利影响，并且没有切断表面时允许	当对试件的功能没有不利影响，并且没有切断表面时允许	不允许
V 形状缺欠				
6BAAA	钎焊金属过多	允许	允许	不允许
5AAAA	形状缺欠			
5EIAA	错边（水平错位）	当对试件功能没有不利影响时允许	当对试件功能没有不利影响时允许	当对试件功能没有不利影响时允许
5EJAA	角偏移	当对试件功能没有不利影响时允许	当对试件功能没有不利影响时允许	当对试件功能没有不利影响时允许
5BAAA	变形	当对试件功能没有不利影响时允许	当对试件功能没有不利影响时允许	当对试件功能没有不利影响时允许
5FABA	局部熔化（或熔穿）	不允许	不允许	不允许
7NABD	母材表面熔融	当对试件功能没有不利影响时允许	不允许	不允许
7OABP	填充金属浸蚀	名义材料厚度减少不超过 20%	名义材料厚度减少不超过 15%	名义材料厚度减少不超过 10%
6GAAA	硬钎焊金属凹面	当对试件功能没有不利影响时允许	当对试件功能没有不利影响时允许	当对试件功能没有不利影响时允许
5HAAA	表面粗糙	允许	允许	不允许。粗糙区域将通过机加工得到改善
6FAAA	焊角不足	当对试件功能没有不利影响时允许	当对试件功能没有不利影响时允许	不允许
5GAAA	钎角不规则	当对试件功能没有不利影响时允许	当对试件功能没有不利影响时允许	不允许

（续）

标　识	描　述	对于缺欠质量等级限度的建议		
		适度的 D	中等的 C	严格的 B
Ⅵ 其他缺欠				
7AAAA	其他缺欠			
4VAAA	钎剂渗漏	当对试件功能没有不利影响时允许	当对试件功能没有不利影响时允许	不允许
7CAAA	飞溅	允许	当对试件功能没有不利影响时允许	当对试件功能没有不利影响时允许
7SAAA	变色/氧化	允许	允许	允许，去除变色区域
7UAAC	母材和填充金属过合金化	当对试件功能没有不利影响时允许	当对试件功能没有不利影响时允许	当对试件功能没有不利影响时允许
9FAAA	钎剂残余物	当对试件功能没有不利影响时允许	当对试件功能没有不利影响时允许	不允许
7QAAA	过多的钎焊金属流动	允许	允许	当对试件功能没有不利影响时允许
9KAAA	蚀刻	允许	允许	当对试件功能没有不利影响时允许

3.3.3 常用焊接结构类型及其焊缝质量等级评定

由于焊接结构使用环境和条件的不同，对其质量的要求也有区别。常用焊接结构类型及其焊缝质量等级要求见表 3-9。

表 3-9　常用焊接结构类型及其焊缝质量等级

焊接结构（件）类型	实　例				焊缝质量等级
	名　称	工作参数	接头形式	检验方法	
核容器、航空航天器件、化工设备中的重要构件等	核工业用储运六氟化铀、三氟化氯、氟化氢等容器	工作压力：40Pa～1.6MPa 工作温度：-196～200℃	对接	1）外观检查 2）射线检测 3）液压试验 4）气压试验或气密性试验 5）真空密封性试验	Ⅰ级

（续）

焊接结构	实　　例				焊缝质
（件）类型	名　　称	工 作 参 数	接 头 形 式	检 验 方 法	量等级
锅炉、压力容器、球罐、化工机械、采油平台、潜水器、起重机械等	钢制球形储罐	工作压力≤4MPa	对接、角接	1）外观检查 2）射线或超声波检测 3）磁粉或渗透检测 4）液压试验 5）气压试验或气密性试验	Ⅱ级
船体、公路钢桥、游艺机、液化气钢瓶等	海洋船壳体		对接、角接	1）外观检查 2）射线或超声波检测 3）致密性试验	Ⅲ级
一般不重要结构	钢制门、窗		对接、角接、搭接	外观检查	Ⅳ级

3.4　在役压力容器焊接缺欠评定

为了减少事故隐患，防止爆炸事件发生，国家规定对在役压力容器要按一定周期进行检测。压力容器使用过程中最薄弱的环节是焊缝所在位置，其中在焊缝中普遍存在着各种"先天"或"后天"性缺陷，加强对在役压力容器焊缝缺欠检测与评定对安全生产具有重要意义。

在役压力容器经过无损检测发现的缺欠可分两类：一类是制造中遗留的缺欠，称为"先天"性缺欠；另一类是容器在运行中新产生的缺欠，称为"后天"缺欠。GB/T 19624—2004《在用含缺陷压力容器安全评定》中对焊接缺欠的评定作了详细的说明。依据"合于使用"和"最弱环"原则，用来判别各类压力容器在规定的使用工况条件下能否继续安全使用，是一种适合于工程实际的安全评定方法。

3.4.1　平面缺欠的评定

平面缺欠包括裂纹、未焊透、未熔合、深度大于等于1mm的咬边等。对这类缺欠进行评定时，应对实测的平面缺欠进行规则化表征处理，表征后平面缺欠分为表面缺欠、埋藏缺欠和穿透缺欠，其形状分为椭圆形、圆形、半椭圆形和矩形。

应根据具体缺欠情况由缺陷外接矩形的高度和长度来表征缺欠的尺寸。如图 3-1 所示，对于表面缺欠，高为 a，长为 $2c$；对于埋藏缺欠，高为 $2a$，长为 $2c$；对于穿透缺欠，长为 $2a$；对于孔边角缺欠，高为 a，长为 c。

一般情况下平面缺欠的评定包括简化评定和常规评定两种方式，当两者的评定结果发生矛盾时，以常规评定结果为准。

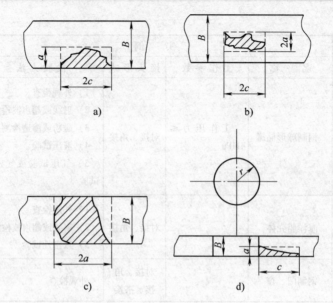

图 3-1 平面缺欠的表征

a）表面缺欠 b）埋藏缺欠 c）穿透缺欠 d）孔边角缺欠

进行缺欠评定时，先按 GB/T 19624—2004 的规定进行各类缺欠的规则化及尺寸表征，再确定等效裂纹尺寸 $\bar{a}$；然后确定总当量应力、材料性能数据；最终计算出 $\sqrt{\psi_\tau}$、S_τ、K_τ、L_τ 和 L_τ^{max}。其中，ψ_τ 是平面缺欠简化评定用断裂比，是指在施加应力作用下的裂纹尖端张开位移与材料的张开位移断裂韧度的比值；$S_\tau = L_\tau / L_\tau^{max}$；$K_\tau$ 是平面缺欠常规评定用断裂比，是指施加载荷作用下的应力强度因子与材料断裂韧度（用应力强度因子）表示的比值；L_τ 是载荷比，指引起一次应力的施加载荷与塑性屈服极限载荷的比值，表示载荷接近于材料塑性屈服极限载荷的程度；L_τ^{max} 是 L_τ 的容许极限，L_τ^{max} 的值取 1.20 与 $(R_{eH} + R_m)/(2R_{eH})$ 两者中的较小值。

1. 平面缺欠的简化评定

平面缺欠的简化评定方法一般采用简化失效评定图（见图3-2）进行，由纵坐标 $\sqrt{\psi_\tau}$、横坐标 S_τ、$\sqrt{\psi_\tau} = 0.7$ 的水平线以及 $S_\tau = 0.8$ 的垂直线所围成的矩形为安全区，该区域之外为非安全区。

2. 平面缺欠的常规评定

平面缺欠的常规评定采用通用失效评定图的方法进行，如图 3-3 所示，图中 FAC 是失效评定曲线

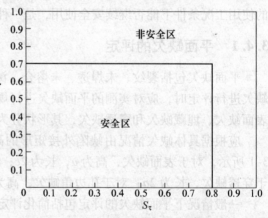

图 3-2 平面缺欠简化评定的失效评定图

的简称。

在图3-3中，由 FAC 曲线、$L_\tau = L_\tau^{max}$、两直角坐标轴所围成的区域之内为安全区，该区域之外为非安全区。

3.4.2　体积缺欠的评定

所谓体积缺欠，是指凹坑、气孔、夹渣和深度小于 1mm 的咬边等。体积缺欠的评定包括凹坑缺欠的评定、气孔缺欠的评定和夹渣缺欠的评定三类。

1. 凹坑缺欠的评定

在进行凹坑缺欠评定前，应将被评定缺欠打磨成表面光滑、过渡平缓的凹坑，并确认凹坑及其周围无其他表面缺欠或埋藏缺欠。

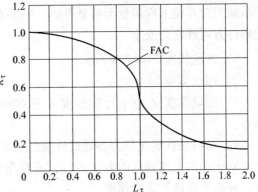

图 3-3　通用失效评定图

表面的不规则凹坑缺欠按其外接矩形将其规则化为长轴长度 $2X$、短轴长度 $2Y$ 及深度 Z 的半椭球形凹坑。其中，长轴 $2X$ 为凹坑边缘任意两点之间的最大距离，短轴 $2Y$ 为平行于长轴与凹坑外边缘相切的两条直线间的距离，深度 Z 取凹坑的最大深度，如图3-4所示。

当存在两个以上的凹坑时，应分别按单个凹坑进行规则化并确定各自的凹坑长轴，或规则化后相邻两凹坑边缘间最小距离 K 大于较小凹坑的长轴 $2X_2$ 时，应将两个凹坑视为互相独立的单个凹坑分别进行评定。否则，应将两个凹坑合并为一个半椭球形凹坑来进行评定。该凹坑的长轴长度为两凹坑外侧边缘之间的最大距离，短轴长度为平行于长轴且与两凹坑外缘相切的任意两条直线之间的最大距离，凹坑的深度为两个凹坑深度的较大值，如图3-5 所示。

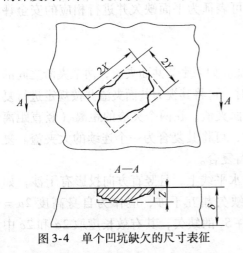

图 3-4　单个凹坑缺欠的尺寸表征

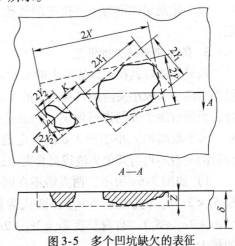

图 3-5　多个凹坑缺欠的表征

经规则化后的凹坑，应计算其厚度 δ 和平均半径 R，并按公式 $G_0 = ZX/(\delta\sqrt{R\delta})$ 计算凹坑缺欠综合描述参数 G_0。如果 $G_0 \leqslant 0.1$，可免于评定，直接认定该凹坑缺欠对焊接工程质量无明显影响。如果 $G_0 > 0.1$，则该凹坑缺欠应同时符合下列条件方可评定为安全。

1) 凹坑长度 $2X \leqslant 2.8\sqrt{R\delta}$。

2) 凹坑宽度 $2Y \geqslant 6Z$。

3) 凹坑深度 Z 小于计算厚度 δ 的 60%，且坑底最小厚度（$\delta - Z$）不小于 2mm。

4) 材料韧性满足压力容器设计规定且未发现劣化现象。

对于超出上述规定的限定条件，或在服役期间表面有可能生成裂纹的凹坑缺欠，应按平面缺欠进行评定。

2. 气孔缺欠的评定

气孔缺欠的检测方法常采用射线检测法，用气孔率表征气孔缺欠的大小、数量等。在射线底片有效长度范围内，气孔投影面积占焊缝投影面积的百分比叫作气孔率。其中射线底片有效长度按 JB/T 4730.2—2005《承压设备无损检测 第 2 部分 射线检测》的规定确定，焊缝投影面积为射线底片有效长度与焊缝平均宽度的乘积。

气孔缺欠应同时符合下列条件可评定为安全。

1) 气孔率不超过 6%。

2) 单个气孔的长径小于 0.5δ 且小于 9mm。

3) 气孔未暴露在器壁表面且无明显扩展的可能。

4) 气孔缺欠附近无其他平面缺欠。

5) 材料未发现劣化。

按上述规定评定为不可接受的气孔，可表征为平面缺欠并进行相应的安全评定。

3. 条形夹渣缺欠的评定

条形夹渣以其在射线底片上的长度表征。如果是非共面夹渣，两个夹渣之间的最小距离小于较小夹渣的自身高度的 1/2 时，可将其视为共面夹渣并按规定进行复合，否则应逐个分别进行评定。如果是共面夹渣，在两个夹渣的距离（竖直距离 S_1、水平距离 S_2）小于图 3-6 的规定值时，可将其复合为一个连续的大夹渣。复合后的夹渣不再与其他夹渣或复合夹渣进行复合。

1) 如图 3-6a 所示，两夹渣不在同一水平线上，且竖直方向投影有干涉，如果 $S_1 < 2.5a_2$（其中 $a_1 > a_2$），则认为两缺欠相互干涉，应作为自身高度 $2a = (2a_1 + 2a_2 + S_1)$、自身长度 $2c = 2c_1 + 2c_2 + S_2$ 的缺欠，其有效长度取 $2a$ 和 $2c$ 中的较大者。

2）如图 3-6b 所示，两夹渣水平排列，如果 $S_2 < c_1 + c_2$，则认为两缺欠相互干涉，应作为自身长度 $2c = 2c_1 + 2c_2 + S_2$ 的缺欠，其有效长度取 $2a$ 和 $2c$ 中的较大者。

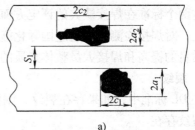

3）如图 3-6c 所示，两夹渣竖直方向和水平方向投影均不干涉，如果 $S_1 \leqslant a_1 + a_2$ 且 $S_2 \leqslant c_1 + c_2$，则认为两缺欠相互干涉，应作为自身长度 $2c = 2c_1 + 2c_2 + S_2$、自身高度 $2a = (2a_1 + 2a_2 + S_1)$ 的缺欠，其有效长度取 $2a$ 和 $2c$ 中的较大者。

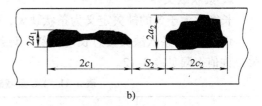

条形夹渣缺欠应同时符合下列条件可评定为安全。

1）容许尺寸满足表 3-10 的规定。

2）条形夹渣缺欠未暴露在器壁表面且无明显扩展的可能。

3）条形夹渣缺欠附近无其他平面缺欠。

4）材料未发现劣化。

按上述规定评定为不可接受的条形夹渣，可表征为平面缺欠进行相应的安全评定。

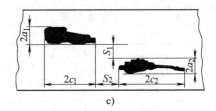

图 3-6　多个夹渣的复合准则
a）竖直投影干涉　b）水平投影干涉
c）竖直和水平投影均不干涉

表 3-10　夹渣的容许尺寸

夹 渣 位 置	夹渣尺寸的容许值	
球壳对接焊缝、圆筒体纵焊缝、与封头连接的环焊缝	总长度≤6δ	自身高度或宽度≤0.25δ，并且≤5mm
	总长度不限	自身高度或宽度≤3mm
圆筒体环焊缝	总长度≤6δ	自身高度或宽度≤0.30δ，并且≤6mm
	总长度不限	自身高度或宽度≤3mm

注：δ 为板厚。

3.5　DL 标准与 BS 标准中焊接缺欠的评定对比

随着我国经济的迅速发展，基础电力建设的重要作用日益突出，电力建设施工及验收规范等标准越来越引起人们的重视。在电力建设过程中经常用到许多引进的国外先进技术和设备，其焊接缺欠的评定方法和验收标准存在着许多不同。

DL/T 821—2002《钢制承压管道对接焊接接头射线检测技术规范》是中国标

准，BS 2633—1987《输送流体用铁素体钢管道工程的一级电弧焊规范》是英国标准，这两个标准在焊接缺欠的评定方面存在许多差异。掌握在不同评定标准下的判定情况，对焊接检测人员适应国际化施工提出了新的要求，同时也有利于确保焊接工程质量的提高和焊接人员整体素质的提高。

1. 裂纹

在 DL 标准中，如果存在裂纹，则将焊缝评定为Ⅳ级，而在 BS 标准中，不允许有裂纹存在。

2. 条状缺欠

长宽比大于 3 的缺欠定义为条状缺欠，包括气孔、夹渣和夹钨。

DL 标准中条状缺欠按总长度分级，评级标准按表 3-11 的规定。BS 标准中缺欠允许值上限见表 3-12。

表 3-11 DL 条状缺欠评级标准 （单位：mm）

质量等级	母材厚度 δ	条状缺欠总长	
		连续长度	断续总长
Ⅰ		0	0
Ⅱ	$\delta \leq 12$	4	在任意直线上，相邻两缺欠间距均不超过 $6L$ 的任何一组缺欠，其累计长度在 12δ 焊缝长度内不超过 δ
	$12 < \delta < 60$	$1/3\delta$	
	$\delta \geq 60$	20	
Ⅲ	$\delta \leq 9$	6	在任意直线上，相邻两缺欠间距均不超过 $3L$ 的任何一组缺欠，其累计长度在 6δ 焊缝长度内不超过 δ
	$9 < \delta < 45$	$2/3\delta$	
	$\delta \geq 45$	30	
Ⅳ		大于Ⅲ级者	

注：表中 L 为该组条状缺欠最长者的长度。

表 3-12 BS 缺欠允许值上限 （单位：mm）

缺欠种类 ＼ 壁厚 δ	$2.9 < \delta \leq 4.5$	$4.5 < \delta \leq 6.3$	$6.3 < \delta \leq 20$	$\delta > 20$
虫孔	长度≤6.0	长度≤10.0	长度≤10.0	长度≤12.0
	深度≤0.2δ	深度≤1.5	深度≤1.5	深度≤2.0

3. 圆形缺欠

DL 标准中评定圆形缺欠时，将平定框尺放置于缺欠严重或集中处，$\delta \leq 25$mm 时评定区为 10mm × 10mm。评定时须把圆形缺欠尺寸换算成点数，缺欠的点数换算表见表 3-13。

表 3-13 DL 缺欠点数换算表 （单位：mm）

缺欠长径	≤1	>1~2	>2~3	>3~4	>4~6	>6~8	>8
点数	1	2	3	6	10	15	25

DL 圆形缺欠分级见表 3-14，不记点数的缺欠尺寸应根据母材厚度 δ 确定，并应符合表 3-15 的规定。

表 3-14　DL 圆形缺欠分级

评定框尺寸/mm	10×10		10×20		10×30	
母材厚度 δ/mm 点数 质量级别	$\delta \leqslant 10$	$10 < \delta \leqslant 15$	$15 < \delta \leqslant 25$	$25 < \delta \leqslant 50$	$50 < \delta \leqslant 100$	$\delta > 100$
I	1	2	3	4	5	6
II	3	6	9	12	15	18
III	6	12	18	24	30	36
IV	缺欠点数大于 III 级者，单个缺欠长径大于 $\delta/2$ 者					

表 3-15　DL 不计点数缺欠尺寸　　　　　（单位：mm）

母材厚度 δ	缺欠长径
$\leqslant 25$	$\leqslant 0.5$
$> 25 \sim 50$	$\leqslant 0.7$
> 50	$\leqslant 14\% \delta$

在 BS 标准中，将长宽比小于或等于 3 的焊接缺欠（气孔、夹渣、夹钨）定义为圆形缺欠，它们可以是圆形、椭圆形或带有尾巴等不规则的形状。BS 标准允许缺欠上限值见表 3-16 和表 3-17。

表 3-16　BS 单个圆形缺欠允许上限值　　　　　（单位：mm）

壁厚 δ 缺欠种类	$2.9 < \delta \leqslant 4.5$	$4.5 < \delta \leqslant 6.3$	$6.3 < \delta \leqslant 20$	$\delta > 20$
气孔	$\leqslant 0.2\delta$	$\leqslant 0.2\delta$	$\leqslant 0.2\delta$	$\leqslant 5.0$
夹渣	长度 $\leqslant 3.0$ 深度 $\leqslant 0.2\delta$	长度 $\leqslant 12.0$ 深度 $\leqslant 0.2\delta$	长度 $\leqslant 15.0$ 深度 $\leqslant 0.2\delta$	长度 $\leqslant 20$ 深度 $\leqslant 0.2\delta$
夹钨	$\leqslant 0.2\delta$	$\leqslant 0.2\delta$	$\leqslant 0.2\delta$	$\leqslant 5.0$

表 3-17　BS 密集圆形缺欠允许上限值　　　　　（单位：mm）

壁厚 δ 缺欠种类	$2.9 < \delta \leqslant 4.5$	$4.5 < \delta \leqslant 6.3$	$6.3 < \delta \leqslant 20$	$\delta > 20$
分散气孔	在 25mm 焊缝长度上			
	累积长度 $\leqslant 5.0$	累积长度 $\leqslant 6.0$	累积长度 $\leqslant 8.0$	累积长度 $\leqslant 12.0$
密集气孔	在 6mm 直径范围内			
	总面积 $\leqslant 2.0\text{mm}^2$	总面积 $\leqslant 2.0\text{mm}^2$	总面积 $\leqslant 3.0\text{mm}^2$	总面积 $\leqslant 6.0\text{mm}^2$
夹钨群	在 25mm 焊缝长度上			
	累积长度 $\leqslant 5.0$	累积长度 $\leqslant 6.0$	累积长度 $\leqslant 8.0$	累积长度 $\leqslant 12.0$

4. 根部内凹

在 DL 标准中，直径≤φ89mm 的管子，其焊缝根部内凹缺欠的质量分级应符合表 3-18 的规定。

表 3-18　DL 焊缝根部内凹分级

质量级别	内凹深度		内凹总长占焊缝总长的百分比（%）
	占壁厚百分比（%）	极限深度/mm	
I	≤10	≤1	≤30
II	≤15	≤2	
III	≤20	≤3	
IV	大于 III 级者		

BS 标准中允许的根部内凹缺欠上限值见表 3-19。

表 3-19　BS 允许的根部内凹缺欠上限值　　　　（单位：mm）

缺欠种类＼壁厚 δ	2.9<δ≤4.5	4.5<δ≤6.3	6.3<δ≤20	δ>20
根部内凹	≤1.5	≤1.5	≤1.5	≤2.0

5. 未熔合与未焊透

未熔合是指在焊缝金属和母材之间或焊道之间未完全融化结合的部分，它分为根部未熔合、坡口未熔合、层间未熔合三类。

在 DL 标准中如果存在着未熔合缺欠，则直接将焊缝评定为 IV 级，BS 标准中未熔合缺欠上限允许值见表 3-20。

表 3-20　BS 未熔合缺欠上限允许值　　　　（单位：mm）

缺欠种类＼壁厚 δ	2.9<δ≤4.5	4.5<δ≤6.3	6.3<δ≤20	δ>20
根部未熔合	长度≤6.0	长度≤10.0	长度≤10.0	长度≤12.0
	深度≤0.2δ	深度≤1.5	深度≤1.5	深度≤2.0
坡口未熔合	长度≤6.0	长度≤10.0	长度≤10.0	长度≤12.0
	深度≤0.2δ	深度≤1.5	深度≤1.5	深度≤2.0
层间未熔合	长度≤6.0	长度≤10.0	长度≤10.0	长度≤12.0
	深度≤0.2δ	深度≤1.5	深度≤1.5	深度≤2.0

DL 标准中外径≤φ89mm 的管子未焊透的焊缝质量分级应符合表 3-21 的规定，BS 标准中未焊透缺欠的上限值见表 3-22。

表 3-21　DL 未焊透焊缝质量分级

质 量 级 别	未焊透深度		连续或一直线断续未焊透总长占焊缝周长的百分比（%）
	占壁厚百分比（%）	极限深度/mm	
Ⅰ	0	0	0
Ⅱ	≤10	≤1.5	≤10
Ⅲ	≤15	≤2.0	≤15
Ⅳ	大于Ⅲ级者		

表 3-22　BS 未焊透缺欠的上限值　　　　　（单位：mm）

壁厚 δ 缺欠种类	2.9 < δ ≤ 4.5	4.5 < δ ≤ 6.3	6.3 < δ ≤ 20	δ > 20
根部未焊透	长度 ≤ 6.0	长度 ≤ 10.0	长度 ≤ 10.0	长度 ≤ 12.0
	深度 ≤ 0.2δ	深度 ≤ 1.5	深度 ≤ 1.5	深度 ≤ 2.0

　　通过对两个标准中关于焊接缺欠评判的对比，可以看出 BS 标准对圆形缺欠的评判比 DL 标准严格，而 DL 标准对未熔合的评判比 BS 标准严格。工程实践中应综合考虑各类因素，吸收 BS 标准在控制圆形焊接缺欠方面的优点，应用到焊接质量管理中，减少圆形缺欠的出现频率。

第4章

焊接工程质量的检测方法

4.1　焊接工程质量检测概述

　　焊接工程的主要制造环节是焊接产品的生产，同其他任何产品的生产一样，都需要全面的质量管理，即要求产品从设计、制造、安装及使用的所有环节都实行质量保证和质量控制。焊接工程质量检测作为焊接产品生产过程中质量保证和控制的重要手段之一，要求贯穿整个生产过程的始终。

4.1.1　焊接工程质量检测的作用和程序

　　焊接工程质量检测的主要内容是焊接检测，是指将通过调查、检查、测量、试验和检测等途径获得焊接工程中具有一种或多种特性的数据，将这些数据与施工图样及有关的标准、规范、合同或第三方的规定相比较，以确定其符合性的活动。

　　随着科学技术的进步，焊接结构向高参数和大型化方向发展，对焊接工程质量的要求也越来越高。从某种意义上讲，焊接的质量决定了工程的质量，而焊接产品质量检测则是保证焊接工程质量的重要环节。

1. 焊接检测的作用

　　焊接检测贯穿于整个生产过程的始终，可对焊接产品的原材料、半成品、成品的质量以及工艺过程进行检查和验证。目的是及时发现生产过程中存在的缺欠，消除隐患，保证产品符合质量要求。焊接检测的主要作用有：

　　1）确保产品质量，防止产生废品。焊接产品在生产之前，要经过产品设计图样和技术要求的审查、焊接工艺评定、焊接工艺指导书编制等几个环节。施焊时应严格按照评定合格的焊接工艺指导书进行焊接，通过对原材料、工序、半成品和成品每个环节的焊接检测，从而保证产品的质量，防止不合格品的产生。

　　2）降低生产成本，提高产品竞争力。焊接检测贯穿于整个生产过程的始终。生产过程中若每一道工序都进行检测，就能及时发现问题，做到不合格的原材料不投产，不合格的工序和半成品不流转到下一道工序，不合格的成品不出厂，从而避免最后发现大量缺欠，难以返修而报废，造成时间、材料和人力浪费，提高了经济效益。焊接检测不仅有助于工程质量的提高，而且可以推动企业的技术进步。

　　3）保证焊接结构的安全运行，提高社会效益。企业通过内部监督，提高了产品质量，为用户提供了适用而安全可靠的产品。产品在使用过程中，通过定期进行焊接检测，可以发现使用过程中产生的缺欠，及时消除隐患，防止事故发生，确保产品在设计寿命内安全运行。

4）推动焊接技术的发展，促进焊接产品的广泛应用。由于焊接检测的预防作用，使焊接产品安全可靠，市场竞争力强，促进焊接工程的广泛应用，推动焊接技术的发展。此外，在焊接检测中得到的各种数据和记录，经过分析整理后，形成一定形式的书面报告存档备查，为改进焊接工艺、提高工程质量、加强管理提供质量信息和依据。

焊接检测对于生产者，是保证产品质量的手段；对于主管部门，是对企业进行质量评定和监督手段；对于用户，则是对产品进行验收的重要手段。

2. 焊接工程质量检测的程序

焊接工程质量检测是一个具体而又复杂的过程，一般包括以下步骤。

（1）明确工程质量要求　根据焊接技术标准和生产工艺的考核指标，确定检测项目的质量标准。

（2）进行项目检测　选用一定方法和手段测试被检测的对象，得到其质量特性值。

（3）评定测试结果　将检测结果同质量要求相比较，确定检测对象的级别。

（4）提供检测报告　不论合格与否，都要用书面或标记的形式做出结论。

4.1.2　焊接工程质量检测方法的分类

焊接检测贯穿于从图样设计到工程完工的整个生产过程，并包括安装和使用阶段。检测内容包括所使用的材料、工具、设备、工艺过程和工程综合质量等。所以，根据检测对象选择相应的检测方法是控制焊接工程质量的重要环节。焊接工程质量检测方法有以下分类。

1. 按检测数量分类

（1）抽检　用抽查方法检测局部焊缝质量的方法称为抽检。在焊接质量比较稳定的情况下，可以对焊接接头质量进行抽查检测；但是不能排除如网路电压、送丝速度、焊丝摆动等偶然因素对焊接质量的影响。因此，抽查检测焊缝的质量，不能完全反映所有焊缝的质量，只能相对比较和评价焊接质量。就压力容器而言，抽检的焊缝中必须包括筒体纵、环焊缝的交叉部位。抽查检测的数量，一般用百分比表示，计算方法如下：

1）按焊缝长度计算，在单条焊缝较长的情况下（例如压力容器的纵缝和环缝），抽检比例 =（抽检焊缝的长度/焊缝总长度）×100%。

2）按焊缝条数计算，在单条焊缝较短且同类型焊缝数量较多的情况下（例如成批生产的小口径钢管对接焊缝），抽检比例 =（抽检焊缝的条数/焊缝总条数）×100%。

（2）全检　对所有的焊缝或者产品进行100%检查称为全检，全检常用于以下场合：

1) 产品价值高，出现一个废品会带来很大的经济损失。

2) 产品质量好坏会给人们生命和财产安全带来很大危害，如压力容器的焊缝常常被规定为全检。

3) 条件允许的检测，如焊接的表面缺欠检测等。

4) 抽检后发现不合格品较多或整批不合格时。

2. 按检测方法分类

焊接检测按检测方法可分为理化检验、常规检测和工艺性检测三类，每类方法中根据检测项目的不同又可分为若干小类，每小类又有若干具体的检测方法，见表4-1。

表 4-1 焊接检测方法分类

类　别	特　点	内　　容	
理化检验	检验过程中须破坏被检对象的结构	力学性能试验	拉伸、弯曲、冲击、硬度、疲劳、韧性等试验
		化学分析与试验	化学成分分析；晶间腐蚀试验；铁素体含量测定
		金相与断口的分析试验	宏观组织分析；微观组织分析；断口检验与分析
常规检测	检验过程中不破坏被检对象的结构和材料	外观检验	母材、焊材、坡口、焊缝等表面质量检验；成品或半成品的外观几何形状和尺寸的检验
		强度试验	水压强度试验；气压强度试验
		致密性试验	气密性试验、吹气试验、载水试验、水冲试验、沉水试验、煤油试验、渗透试验、氨检漏试验
		无损检测试验	射线检测；超声波检测；磁粉检测；渗透检测；涡流检测
工艺性检测	在产品制造过程中为了保证工艺的正确性而进行的检验	材料焊接性试验；焊接工艺评定试验；焊接电源检验；工艺装备检验；辅机及工具检验；结构的装配质量检验；焊接参数检验；预热、后热及焊后热处理检验	

3. 按焊接检测过程分类

按焊接检测进行的过程，焊接检测分为焊前检测、焊接过程检测、焊后质量检测、安装调试质量检测和焊接产品服役期间检测五个环节。

4. 按检测制度分类

按检测制度分，焊接检测分以下三类：

(1) 自行检测　检测由生产操作人员在工序完成后自行的检测。

(2) 专人检测　由质检部门派出专职检测人员进行的检测，通常是检测手段或技术比较复杂的检测。

（3）监督检测　由制造、订货以外的第三方监督部门进行的检测。

4.1.3　焊接工程质量检测的依据

焊接工程制造过程中，科学、完整的检测程序是使产品达到符合性质量要求的保证，为了保证焊接工程的质量，必须制定出合理的检测程序，在确定产品制造过程的检测内容、方式和方法时有法可依。在评定该制造环节是否符合质量要求时，或者制定验收标准时，也需要有据可依。这些检测依据包括产品的施工图样、技术条件、技术标准、产品合同要求或第三方的有关规定等。

1. 施工图样

图样是为产品生产和施工而制定的设计文件。图样规定了产品加工制造后必须达到的材质特性、几何特性（如形状、尺寸等）以及加工精度（如公差等）的要求；同时规定了原材料、焊缝位置、坡口形式和尺寸及焊缝的检测要求等。图样是生产使用的最基本资料，是最简便的检测文件。

2. 技术标准

技术标准包括国家标准、行业标准或企业有关标准和技术法规。焊接技术标准规定了焊接产品的质量要求和质量评定方法，是从事检测工作的指导性文件。

目前，在我国焊接工程质量检测中已经颁布的可作为检测依据的通用标准有：

GB 150.1～4—2011《压力容器》

GB 151—1999《管壳式换热器》

GB/T 11363—2008《钎焊接头强度试验方法》

GB/T 12137—2002《气瓶气密性试验方法》

GB 12337—2004《钢制球形储罐》

GB/T 15823—2009《无损检测　氦泄漏检测方法》

GB/T 15830—2008《无损检测　钢制管道环向焊缝对接接头超声检测方法》

GB/T 2649—1989《焊接接头机械性能试验取样方法》

GB/T 2650～2654—2008《焊接接头力学性能试验方法》

GB/T 3323—2005《金属熔化焊焊接接头射线照相》

GB/T 6417.1—2005《金属熔化焊接头缺欠分类及说明》

GB/T 6417.2—2005《金属压力焊接头缺欠分类及说明》

GB/T 7735—2004《钢管涡流探伤方法》

GB 50094—2010《球形储罐施工规范》

GB 50205—2001《钢结构工程施工质量验收规范》

GB/T 9251—2011《气瓶水压试验方法》

JB/T 10658—2006《无损检测　基于复平面分析的焊缝涡流检测》

JB/T 10764—2007《无损检测　常压金属储罐声发射检测及评价方法》

JB/T 10765—2007《无损检测　常压金属储罐漏磁检测方法》

JB/T 10814—2007《无损检测 超声表面波检测》

JB/T 2636—1994《锅炉受压件焊接接头金相和断口检测方法》

JB/T 4730.1~6—2005《承压设备无损检测》

JB/T 4734—2002《铝制焊接容器》

JB/T 4745—2002《钛制焊接容器》

JB/T 6061—2007《无损检测 焊缝磁粉检测》

JB/T 6062—2007《无损检测 焊缝渗透检测》

JB/T 9218—2007《无损检测 渗透检测》

SC/T 8131—1994《渔船船体焊缝外观质量要求》

SY/T 6423.1~4—2013 和 SY/T 6423.5—2014、SY/T 6423.6—2014《石油天然气工业 承压钢管无损检测方法》

TSG R 0003—2007《简单压力容器安全技术监察规程》

3. 工艺文件和检测文件

焊接产品生产中的工艺文件和检测文件包括工艺规程、检测规程、检测工艺等。它们具体规定了检测方法和检测程序，可指导现场检测人员进行工作。除此之外，还包括检测过程中的原始单据，如检测报告单、不良品处理单、图样更改通知单、工艺更改通知单、材料代用单、追加或改变检测要求等所使用的书面通知单等。这些原始资料，均应作为焊接检测的依据妥善保存。

4. 订货合同

用户对焊接质量的要求在订货合同中明确指出的内容，可作为图样和技术文件的补充规定，同样是制造和验收的依据。

4.2 焊接工程质量检测的实施

焊接工程质量检测贯穿于产品生产制造的全过程，涉及焊接操作的每一个步骤，以及操作前后的准备和处理工作。根据焊接结构制造过程的不同阶段，焊接质量检测的内容主要包括焊前对材料（母材、焊材）、焊接件装配、焊工资格等方面的检测，焊接过程中对工艺参数的调整与控制、对焊接半成品件的质量检测，以及焊后对成品件或整体焊接结构质量的检测等环节。

4.2.1 焊前检测

焊前检测是保证焊接工程质量的前提。焊前检测的目的是以预防为主，做好施焊前的各项准备工作，可最大限度地避免或减少焊接缺欠的产生。焊前检测内容主要包括以下几个方面：

1. 设计图样审查

设计图样的审查是对产品的设计方案和技术条件进行合理性和可行性方面的审

核，是保证焊接产品顺利生产的重要环节。图样的审核内容包括合同审图和工艺审图。

（1）合同审图　合同审图是在签订合同之前要进行的审图工作。审查时，首先根据本企业的技术装备和工艺条件，确定能否承担制造任务。其次是审查设计图样和技术条件是否符合国家现行的有关标准或技术规范的规定。还要审查图样设计单位是否具备相应的设计资格，例如，钢制焊接压力容器的设计单位是否持有相应的《压力容器设计单位批准书》。无相应设计资格的设计单位，其设计经验及技术人员素质水平往往会影响到设计质量。最后是审查图样是否有设计、校对、审核和批准人的签字。标题栏内的主要内容，如设备名称、图号、材料规格表中各零部件的重量及总重量等，是否与合同或协议的内容相同。

（2）工艺审图　工艺审图主要是进行技术分析和产品结构焊接可达到性分析。主要内容有：焊件选材的正确性与合理性；异性材料接头在焊接工艺上的可行性；热处理及焊后热力学性能的匹配性；焊接位置的能见度、焊接性及焊后无损检测的可行性；焊接坡口是否标准化，特殊设计的焊接接头形式和坡口形状及尺寸精度的工艺性、经济性，同时考虑拘束度与形成裂纹的可能性；焊接方法及焊接材料选配的正确性；对焊接接头性能指标要求的合理性及确切性。

2. 原材料检测

原材料检测是指在采购、入库、保管、发放和领料等环节中对材料的检测，是焊接前检测的重要环节。它包括母材检测和焊接材料检测两部分。

（1）母材检测　母材检测是对焊接产品主材及外协加工件的检测。检测的内容有：

1）核查材质证明书或工厂材质复验单，材料入库应有材料质量证明书，材料质量和规格应符合有关标准和技术条件要求，应核对材料质量证明书是否与实物相符。核查内容包括材料牌号、规格和尺寸、炉批号、检测编号、数量、重量、供货状态、力学性能、化学成分和其他特殊要求的内容。若质量证明书内数据不全，则应作理化试验、力学性能试验以及焊接性试验后才能投产使用。

2）核对并确认母材牌号及规格是否符合图样及技术文件的规定。当发现不一致时，应检查是否办理了材料代用或更改手续。

3）核查工件材质的表面质量和移植钢印标记的正确性和齐全性。材料表面不应有裂纹、分层及超出标准允许的凹坑和划伤等缺欠。钢印标记应包括产品编号、入厂检测编号、材料牌号和规格等项目，并有检查员见证的确认标记。

（2）焊接材料检测　焊接材料检测主要是指对焊条、焊丝、焊剂和保护气体等材料的质量、储存过程和领用手续等进行的检查，其内容有：

1）核查所发的焊材质量证明书或工厂对焊材复验合格证及试样编号。

2）监督检查焊材的储存和烘干制度的执行。

3）检查发放的焊材表面质量，焊丝表面应除锈、无油污，焊条表面药皮无开裂、脱落或霉变。

4）监督焊材的领用发放。

3. 焊前准备工作检测

焊前准备工作检测主要包括以下内容：

1）切割下料前，按图样或工艺核对材质，检查标记是否齐全、正确，无标记材料不能下料。下料后检查标记移植及备料尺寸。

2）检查坡口尺寸（深度、角度、钝边等）和精度是否符合技术标准；坡口表面粗糙度及表面缺欠是否符合要求；坡口面每侧至少20mm范围内应清理干净。

3）检查装配位置和尺寸是否符合图样规定；检查焊缝位置和分布是否符合图样规定；复核和检查装配件的材质；检查定位焊和装配焊所用焊材、预热温度、定位焊焊缝质量和尺寸是否达到标准规定；用样板检查组装坡口的形状、尺寸、间隙和错边量是否符合技术标准。

4. 焊接工艺评定和规程审核

审核的目的是确认焊接工艺规程是否经过焊接工艺评定合格和有效，同时核查所使用的焊接工艺规程是否与要进行的焊接工作一致。

5. 焊工资格检查

焊工的技能水平是保证焊接质量的决定因素。从事重要产品焊接施工的焊工，必须经过专门培训和合格考试，并持有有效的合格证书；同时还要检查焊工近期（6个月）内有无从事用预定的焊接工艺焊接的经历，及近期（12个月）内实际焊接的成绩（例如焊缝 X 射线检测的一次合格率及 I、II 级底片占总片数的比例等）。

6. 设备及工具的检测

（1）焊接能源的检查　焊接能源质量的好坏直接影响焊缝的质量。在电弧焊和电阻焊中，焊接时的热能是由电能产生，而气焊的热能是依靠氧气和可燃气体燃烧而产生，因此对能源的检测要根据不同焊接方法和所使用的能源特点来进行。对电源的检测主要是检测焊接电路上电源的波动程度，对气体燃料的检测重点是检测气体的纯度及其压力的大小等。

（2）焊接设备及工具的检查　包括焊条电弧焊设备、自动焊设备、辅助设备及工装卡具的性能检查。焊条电弧焊的工具包括面罩（焊帽）、焊钳（手把）、电缆等。辅助工具有渣锤、钢丝刷、錾子等。这些工具对焊接质量和焊接生产率也有一定的影响。

（3）仪器仪表的检查　检查产品生产及检测所选定的仪器、仪表和工具是否符合有关标准的要求，是否经过有关部门的计量检定。

4.2.2 焊接过程中的检测

焊接施工过程中的质量检测直接影响到焊接工程的质量。在焊接施工过程中，检查员应对施工过程进行监督和检查，重点是监督焊工是否执行焊接工艺规程所规定的内容和要求，以及焊接工艺纪律情况，及时发现焊接缺欠并进行有效的修复，保证焊接工程在制造过程中的质量。

1. 焊接环境监督

焊接环境包括温度、湿度和气候条件。焊接施焊前应检查当天的天气情况及施工场所。当出现下列情况时应采取措施：气温过低，相对湿度大，风速过大，露天施工时有风、雨、雾、雪等。如果要求对焊接结构件进行焊前预热，需要检测加热设备、预热温度及加热均匀性，施焊过程中也要随时检测焊件的表面温度情况，检测预热及层间温度是否符合焊接工艺规程的要求。特殊材料焊接时应保持环境清洁，如钛合金的焊接环境不应有灰尘、烟雾。此外，焊接环境还必须符合安全卫生要求。

2. 工艺纪律检查

在焊接过程中，焊工必须严格遵守焊接工艺规程，并做好相应的焊接记录。在生产过程中，检查人员要检查焊接工艺方法是否与图样及工艺规程规定相符，是否办理了审批手续。焊条电弧焊时，主要检测焊条的直径和焊接电流是否符合要求，监督焊工是否严格执行焊接工艺规定的焊接顺序、焊接道数、电弧长度等。埋弧焊和气体保护焊时，主要检测焊接电流、焊接电压、焊接速度、焊丝直径及焊丝伸出长度、施焊顺序、焊接层数以及焊接道数是否符合焊接工艺规程的要求。电阻焊时，主要检查夹头的输出功率、通电时间、顶锻量、工件伸出长度、工件焊接表面的接触情况、夹头的夹紧力和工件与夹头的导电情况等。

3. 焊接材料复核

在施焊过程中，应根据焊接工艺规程，复核使用的焊接材料牌号与规格是否正确。一般情况下，除通过焊接材料领用单复查外，还可根据焊接材料的牌号标记或外观固有特征（如焊条药皮和焊剂颜色）以及焊缝外观特征加以判别。如果发现焊接材料有疑问时，首先应核查焊接材料是否办理焊接材料代用或焊接工艺规范更改手续；同时查找复核焊接材料的发放记录单，查明原因，防止错用焊接材料，造成焊接质量事故。还要监督和检查焊条保温筒的使用情况，抽验焊条、焊剂是否烘干，药皮是否受潮变质等。

4. 预热与层间温度检测

焊接结构要求母材焊前预热或多层焊时需要保持一定的层间温度，才能保证焊接质量。焊接过程中一定要采用适当的手段对母材的预热进行检测，检测预热方法和加热范围是否符合焊接工艺规程规定，检测预热温度和层间温度是否符合焊接工艺规程所规定的预热温度范围。开始焊接时，焊接检查人员应直接在工件上测量预热温度；在后续焊接过程中，可巡回现场随时抽查测量。

5. 焊缝质量检测

焊接工程的焊缝通常是采用多层焊或多层多道焊的方法焊接而成。因此，在焊接过程中应随时对每一焊道的质量进行检查。检查一般包括下列内容。

1) 第一道焊缝焊完后,主要检查焊道的成形、清渣情况,以及是否存在未熔合、未焊透、夹渣、气孔、裂纹等焊接缺欠。

2) 多层焊或多层多道焊时,主要检查焊道间的清渣情况、焊道衔接情况,以及有无焊接缺欠等。若清根不彻底,焊缝中遗留下夹渣、气孔或未熔合等焊接缺欠,后续焊道就会将其埋在内部,造成焊接工程的严重质量问题。背面焊道施焊前应采用碳弧气刨清理焊根,同时要对清理质量进行检查。

3) 焊缝层间质量的无损检测。对于重要的焊接产品(如高温高压容器等),在焊接焊缝的各层或各道时,一般要进行表面甚至内部质量的无损检测。对要求射线检测的Ⅰ级焊缝,必须对层间质量进行检测。

4) 外观检测。焊缝成形后,要进行焊缝尺寸(如焊缝宽度和焊缝平直度)及表面缺欠的检查。

6. 焊后热处理检测

有些焊接产品要求焊后立即对焊缝进行消氢处理,有的要求焊后进行消除应力热处理。热处理是消除焊接残余应力、改善材料力学性能或增强耐腐蚀性能的重要手段,也是保证工程质量和使用性能的基础。对于焊后要求热处理的产品,操作人员应严格按热处理工艺制度及热处理操作规程的相关规定进行操作。在热处理过程中,应随时观测所显示的各项数据及其变化趋势,保证符合工艺规程要求,并做好记录。热处理后,应及时整理出热处理曲线图,并填写热处理报告。

7. 检测产品焊接试板的设置和焊接

产品焊接试板是用于模拟产品的制造工艺过程而焊制的试验板,在一定程度上反映出产品的焊接质量情况,应严格加以控制和检测。焊接试板检测一般包括下列内容。

1) 检查试板的下料取向,应与产品焊缝的方向平行。

2) 确认试板的钢印标记。包括产品编号、钢材牌号及规格、试板编号、焊工钢印号。

3) 检查试板的数量、材质、规格及尺寸。

4) 监督试板的装配和定位。

5) 监督试板的焊接。纵缝试板作为纵缝的延长部分同时焊接,环缝试板可单独焊接。试板焊接用的焊材、焊接设备和工艺条件等应与所代表的产品焊缝相同。

6) 需要进行热处理的焊接产品,试板必须随同产品一起同炉热处理。

4.2.3 焊后成品的检测

焊接后的检测是对焊接工程质量的综合性检测。应根据产品图样、技术标准和焊接工艺规程所确定的项目和方法进行检查,全面正确地评价焊接工程质量。焊后成品的检测包括表面质量检查、焊缝无损检测、焊接试板质量检测、耐压和致密性检测等。

1. 外观检测

焊接接头的外观检测是一种手续简便而又应用广泛的检测方法，是成品检测的一个重要内容。

2. 无损检测

无损检测是以不损害被检测对象的使用性能为前提，检测焊缝金属不连续性（如裂纹、未熔合、夹渣、气孔等）缺欠的试验。无损检测方法包括射线检测、超声检测、磁粉检测、渗透检测和涡流检测等。其中，超声检测和射线检测适于焊缝内部缺欠的检测，磁粉检测和渗透检测则适于焊缝表面质量检测。

焊接接头的无损检测应安排在焊缝外观检查和硬度检测合格之后，强度试验（如水压试验）和致密性试验（如气密性试验）之前进行。有延迟裂纹倾向的材料应在焊接完成至少 24h 后进行无损检测，有再热裂纹倾向的材料应在热处理后再作一次无损检测。压力容器的对接焊接接头的无损检测比例，一般分为全部（100%）和局部（≥20%）两种。对铁素体钢制低温容器，局部无损检测的比例应≥50%。压力容器对接接头应采用射线检测或采用可记录的超声检测。有时还要求二者互为附加局部检测手段，或用其他无损检测方法作为附加局部检测手段。对有无损检测要求的角接接头、T 形接头，不能进行射线或超声检测时，应作 100%表面检测。铁磁性材料容器的表面检测应优先选用磁粉检测。非铁金属制压力容器对接接头应尽量采用射线检测。

3. 硬度检测

对于某些耐热低合金钢或规定焊后要进行热处理的焊缝，焊后及热处理后应进行硬度检测。硬度检测包括焊接接头中的母材、焊缝和热影响区三部分。

4. 耐压试验

耐压试验是压力容器和管道等工程制造完工后，在一定温度和压力载荷下对其进行的强度和密封性检测，是确保产品安全可靠运行的重要手段。耐压试验分为液压试验和气压试验两种方法。试验一般在产品总体检测合格及热处理后进行。产品组装合格后准备耐压试验前，应复查产品的质量检测资料。通过产品质量复查和制造质量检测资料审查后，报送监督检查部门申请耐压试验，由监督检查部门确认该产品符合要求后，在相关文件上同意试压，并监督检查确认。同时核查试验装置和准备工作及试验的安全措施。

耐压试验时，试验压力、试压使用的介质（水或空气等）、试压时的温度（介质温度和环境温度）、保压时间和试验程序应符合产品图样要求及相关标准的规定。监督检查部门现场监督试验，确认试验结果。试验过程中要监视上述试验参数，确保产品任何部位无泄漏点。卸压以后还要对产品进行一次全面检查，包括几何尺寸检查（以确认产品没有产生较大的永久变形）及焊缝的磁粉或着色渗透检测等。

5. 致密性检测

致密性检测无强度检查的内容，目的是检测容器类产品在服役条件下有无发生泄漏现象。焊接容器常用的致密性检测方法分为气密性检测和密封性检测两大类。前者是将压缩空气压入焊接容器，利用容器内、外气体的压力差检查有无泄漏。后者则是用煤油试验、水冲试验等密封性试验方法，检查容器有无漏水、漏气和渗油、漏油等现象。

致密性试验应安排在耐压试验等焊接检测项目合格后进行。进行致密性检测时，试验的方法、试验压力、工作介质、试验温度等参数以及试验程序应符合产品图样要求和相关标准的规定。

6. 成品检测

成品检测时，主要核查以下内容。

（1）工艺流程卡核查　按产品图样和工艺文件要求，核查制造过程中的全部检测记录，所有检测记录应完整，无缺检项、无超差项，并且各项均有检测员签章。

（2）产品焊接试板检测记录及试验报告核查　检测记录与试验报告应齐全、完整，试验结果满足工程技术文件的有关规定。

（3）主要部件（如受压件）资料检查　按图样技术要求查对材质证明文件，查对材料标记及焊工钢印。材料质量应符合图样技术要求，材质证明文件（包括材料的化学成分及力学性能）应完整，材料标记移植有可追踪性，焊工钢印齐全、位置正确。

（4）无损检测报告核查　检查无损检测报告，所使用的检测方法符合图样要求，检测报告合格。

（5）焊接质量检测记录检查　检测记录应齐全（包括超过两次的返修记录），检测结果应满足图样及焊接工艺要求，焊工标记、检测员签章齐全。

（6）耐压试验报告检查　耐压试验及结果应满足图样技术要求，并有合格的试验报告。

（7）外观质量与内部清洁情况检测　目测检查产品外观质量与内部清洁情况，必要时查对有关检测记录。

（8）产品合格证　填写检测记录，以上项目全部检查合格后，签发合格证。

7. 交付检测

工程完工时，应检测以下内容。

（1）图样　包括全套工程竣工图样。

（2）工程质量证明文件　包括合格证、主要受压部件材质证明书、无损检测报告、热处理报告、压力试验报告等。

（3）铭牌　在产品的明显位置装有金属铭牌，铭牌上标注的项目应符合国家标准和法规对此类产品的要求。

（4）油漆包装检查　按有关规定检查产品运输前的包装情况。检查包装的牢固性，对运输中易破损和变形的部位应给予特别注意，进行重点检测。检查包装箱的标记与包装清单是否齐全。

4.3　焊接工程安装调试质量的检测

安装和调试是工程制造的延续，是影响工程质量的重要环节。安装调试时，既要在安装过程中对现场组装的焊接质量进行检测，又要对产品制造时的焊接质量进行现场复查。因此，安装过程中焊接质量控制及检测是十分重要的。

1. 现场组装焊接质量检测

设备现场组装焊接时，应重点检测如下内容。

（1）施工环境检查　现场施工场地条件与制造厂往往有很大的区别，有时需要露天作业。现场施工时，一定要对环境条件进行检查，采用必要的措施，确保施工条件符合焊接工艺规程的要求。

（2）安装调试人员资格的检查　检查从事工程安装的单位是否已取得相应的制造或安装资格；从事安装监理的人员是否具备相应的资格证；现场施焊人员是否持有与所焊接项目相符的焊工资格证。

（3）组装质量检测　设备安装前应检查基础尺寸和位置，按施工图样清点构件数量，并对柱子、梁、框架等主要构件进行检查。吊装前检查部件的质量是否符合要求，部件安装到位时应检查其位置尺寸，固定质量。

（4）焊接质量检查　检查是否有通过评定的焊接工艺指导书，检查焊工是否按焊接工艺指导书或焊接工艺卡施焊。焊缝外观及内部质量的检查与产品制造时的要求一样，按相应的技术要求和检测标准进行检测。

（5）局部和整体检测　设备的主要部件或整体安装完成后，需要进行相应的检测试验。例如：锅炉的汽、水压力系统及其附属装置安装完毕后，需要进行水压试验；锅炉、烘炉及煮炉安装合格后，还要进行致密性试验，以检测安装调试的质量。

2. 综合验收

现场组装完成后，应对以下项目进行检测验收。

1）核对检测资料是否齐全。

2）核对焊接工程质量证明文件。

3）检查焊接工程实体与质量证明书是否一致。

4）对焊接产品重要部位、易产生质量问题的部位、运输中易破损和变形的部位应给以特别注意，重点检测。

5）试运行检测。

3. 现场焊接质量问题处理

当使用单位进行检查验收时，发现焊接工程质量问题，应根据具体情况进行处理。

1）发现漏检时，应作补充检查并补齐质量证明文件。按图样或有关技术文件要求，核对质量证明文件，发现需要进行检测的焊缝而未作检测或检测项目不齐全时，应该对漏检项目进行补检，并补齐质量证明文件。

2）因检测方法、检测项目或验收标准等不同而引起的质量问题，应尽量采用同样的检测方法和评定标准，确定焊接产品是否合格。

3）可修可不修的焊接缺欠一般不返修。按标准评定的焊接缺欠，处于合格与判废的界线上时，若没有明显超标，尽量不进行返修。

4）焊接缺欠明显超标，应进行返修。其中大型焊接结构应尽量在现场修复，较小焊接结构或修复工艺复杂者应及时返厂修复。

4.4 焊接工程服役质量的检测

焊接工程服役质量的检测是通过对产品的使用运行情况，进行定期或不定期检查，及时发现设计、制造、安装中留下的原始缺欠和使用中新产生的缺欠，消除隐患，有效地防止事故发生；同时还可以及时发现运行管理中的问题，以便改进管理和操作，从而确保设备的安全运行。

焊接工程服役质量的检测通常有运行质量监控、定期检查、质量问题现场处理及结构破坏事故现场调查等方面。

1. 运行质量监控

工程的运行质量监控又称为在线监控，它是通过人工或仪器自动检测的方法对工程的质量进行检查，及时发现问题，保证设备安全运行。

（1）人工检查 人工检查是指巡检人员通过各种检测手段，观察工程的关键部位以及温度、压力等参数的变化情况，判断工程质量的一种方法。这种方法不容易发现工程的早期缺欠，迟滞性较大，可靠性低。

（2）声发射检测 声发射是材料受内力或外力作用而产生变形断裂时以应力的形式释放能量的现象，声发射检测就是利用这种现象来检测材料的缺欠。作为一种成熟的无损检测技术，声发射检测具有简捷、经济、灵敏度高，又能检测"动态"缺欠等特点，已发展成为金属压力容器检测和安全评定的主要检测方法。

声发射检测可用于焊接工程的役前验证试验、在役定期检测和运行过程中的在线监测。其共同的特点都是在加载的情况下进行动态测试，对提高工程安全性具有重要的意义。

2. 定期检查

对苛刻条件（腐蚀介质、交变载荷、热应力）下运行的焊接工程，应有计划地定期检查。定期检查的主要内容有：壁厚测定、内外表面宏观检查（包括几何尺寸、机械损伤、腐蚀等情况）、表面无损检测（包括磁粉检测或渗透检测）、超声波检测或射线检测、硬度检测、安全附件及附属设备的检查、耐压试验和气密性试验等项目。

定期检查检测大纲（包括检查的方法、项目、期限等内容）根据有关规定、工程运行情况和同类型工程故障特点确定，应及时发现并消除重大缺欠或隐患，保证工程的安全运行。

3. 质量问题现场处理

工程设备运行一段时间后，在运行监控和定期检测过程中，往往会发现一些制造时遗留下的"先天"缺欠，以及使用中产生的新生缺欠。依据确保安全、"合乎使用"的原则，检测人员应对缺欠的性质正确地定性、定量分析其产生原因，进而提出科学、可靠的处理方法。

重要工程的修复要制定修复工艺方案并经焊接工艺评定验证，严格按工艺方案修复并做好记录。工程缺欠处理后，要根据不同情况重新进行各种检测并做好记录。

4. 焊接结构破坏事故现场调查

焊接结构在使用过程中发生破坏事故，直接危及人的生命和财产安全，给周围环境带来破坏。因此，必须对破坏事故进行调查分析，确定破坏原因，提出防止措施，为结构设计、制造和运行等提供改进依据。

（1）现场调查　现场调查是为以后的判断提供最直观的资料，包括保护现场，收集所有运行记录，验明操作是否正确，查明断裂位置，检查断口部位的焊接接头表面质量和断口质量，测量破坏结构厚度，核对是否符合图样要求。

（2）取样分析　在焊接接头中截取试样，对焊缝、热影响区、母材金属进行检测。通过金相检测、复查化学成分及力学性能等方法，检查金属组织是否正常及有无微裂纹、气孔、夹渣等焊接缺欠，检测焊缝金属和母材金属的化学成分及强度、塑性、韧性等指标是否符合设计要求。

（3）设计校核　校核结构设计是否正确，焊缝布置是否会造成严重的应力集中等。

（4）复查制造工艺　检查焊接结构的制造工艺，包括原材料下料、坡口加工、预热、焊接、消除应力热处理，以及焊接过程中采用的检测方法、检测项目、验收标准等方面是否符合有关规定。

通过上述几方面分析，基本上可查明焊接结构破坏的原因。实际上，导致焊接结构破坏的因素很多，它们相互影响、相互促进，形成恶性循环。但是，在一定条件下，某一因素起着主导作用。因此，查明并解决这一不利因素，对焊接结构的安全运行起决定性作用。

第 5 章
焊接工程质量的理化检验

5.1 焊接接头的力学性能试验

焊接接头力学性能试验是采用拉伸、弯曲、冲击、硬度等试验方法，测定焊接接头、焊缝及熔敷金属在不同载荷作用下的强度、塑性和韧性等力学性能，以确定这些指标是否满足工程设计和使用要求，同时验证所采用的焊接材料和焊接工艺是否正确。常见的有关焊接工程力学性能试验方法的国家标准如表 5-1 所示。特殊情况下，焊接接头还要进行疲劳试验，目前还没有这方面的统一标准，使用单位可参考已经废止的 GB/T 2656—1981《焊缝金属和焊接接头的疲劳试验方法》和 JB/T 7716—1995《焊接接头四点弯曲疲劳试验》进行疲劳试验，试验结果仅供内部参考，不能作为正式的检测报告，也不能作为生产验收的依据。

表 5-1　焊接接头力学性能试验方法

试 验 名 称	主要内容及适用范围	标 准 代 号
焊接接头冲击试验方法	规定了对接接头冲击试验取样、缺口方向和试验报告的要求,适用于金属材料熔焊和压焊接头的冲击试验	GB/T 2650—2008
焊接接头拉伸试验方法	规定了焊接接头拉伸试验的程序及试样尺寸要求,适用于金属材料熔焊和压焊接头拉伸试验	GB/T 2651—2008
焊缝及熔敷金属拉伸试验方法	规定了焊缝及熔敷金属拉伸试验的程序及试样尺寸要求,适用于金属材料熔焊焊缝及熔敷金属的拉伸试验	GB/T 2652—2008
焊接接头弯曲试验方法	规定了焊接接头弯曲试验方法,适用于金属材料熔焊接头的弯曲试验	GB/T 2653—2008
焊接接头硬度试验方法	规定了焊接接头的硬度试验方法,适用于金属材料的电弧焊接头、压焊接头及堆焊金属的硬度测试,不适用于奥氏体不锈钢焊缝的硬度试验	GB/T 2654—2008

5.1.1 焊接接头拉伸试验

该试验方法适用于金属材料熔焊和压焊接头的拉伸试验。

1. 试样

（1）取样位置　试样应从焊接接头垂直于焊缝轴线方向截取，试样加工完成后，焊缝的轴线应位于试样平行长度部分的中间。对小直径管试样可采用整管，未做特殊规定时，小直径管是指外径不大于18mm的管子。

（2）标记　按以下规定进行：

1）每个试件应做标记以便识别其从产品或接头中取出的位置。

2）如果相关标准有要求，应标记相应加工方向（例如轧制方向或挤压方向）。

3）每个试样应做标记以便识别其在试件中的准确位置。

（3）热处理及/或时效　焊接接头或试样一般不进行热处理，但相关标准规定或允许被试验的焊接接头进行热处理除外，这时应在试验报告中详细记录热处理的参数。对于会产生自然时效的铝合金，应记录焊接至开始试验的间隔时间。钢铁类焊缝金属中有氢存在时，可能会对试验结果带来显著影响，需要采取适当的去氢处理。

（4）取样　取样所采用的机械加工方法或热加工方法不得对试样性能产生影响。

1）对于钢材，厚度超过8mm时，不能采用剪切方法。当采用热切割或可能影响切割面性能的其他切割方法从焊件或试件上截取试样时，应确保所有切割面距离试样的表面至少8mm以上。平行于焊件或试件的原始表面的切割，不应采用热切割方法。

2）对于其他金属材料，不得采用剪切方法和热切割方法，只能采用机械加工方法（如锯或铣、磨等）。

（5）机械加工　试样的厚度t_s一般应与焊接接头处母材的厚度t相等，如图5-1a所示。当相关标准要求进行全厚度（厚度超过30mm）试验时，可从接头截取若干个试样覆盖整个厚度，如图5-1b所示。在这种情况下，试样相对接头厚度的位置应做记录。

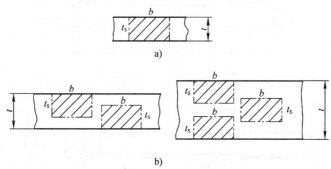

图5-1　试样的位置示例

a）全厚度试验　b）多试样试验

t—焊接接头的厚度（mm）　b—平行长度部分宽度（mm）　t_s—试样厚度（mm）

注：试样可以相互搭接。

1）对于板及管板状试样，试样厚度沿着平行长度L_c对于从管接头截取的试样应均衡一致，其形状和尺寸应符合表5-2及图5-2的规定。对于从管接头截取的试样，可能需要校平夹持端；然而，这种校平及可能产生的厚度的变化不应波及平行长度 L_c。

表 5-2　板及管板状试样的尺寸 （单位：mm）

名　称		符　号	尺　寸
试样总长度		L_t	适合于所使用的试验机
夹持端宽度		b_1	$b + 12$
平行长度部分长度	板	b	$12(t_s \leqslant 2)$ $25(t_s > 2)$
	管子	b	$6(D \leqslant 50)$ $12(50 < D \leqslant 168)$ $25(D > 168)$
平行长度		L_c	$\geqslant L_s + 60$
过渡弧半径		r	$\geqslant 25$

注：1. 对于压焊及高能束焊接头而言，焊缝宽度为零（$L_s = 0$）。

2. 对于某些金属材料（如铝、铜及其合金）可以要求 $L_c \geqslant L_s + 100mm$

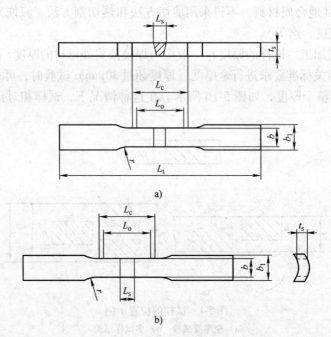

图 5-2　板和管接头板状试样

a）板接头　b）管接头

L_o—原始标距（mm）

2）整管拉伸试样尺寸如图 5-3 所示。

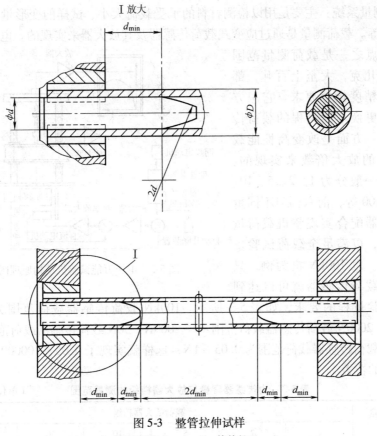

图 5-3　整管拉伸试样

d—管塞直径（mm）　*D*—管外径（mm）

3）实心截面试样尺寸应根据协议要求。当需要机加工成圆柱形试样时，试样尺寸应依据 GB/T 228.1 要求，只是平行长度 L_c 应不小于 L_o +60mm，如图 5-4 所示。

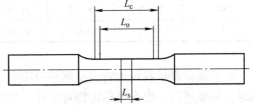

图 5-4　实心圆柱形试样

L_s—加工后焊缝的最大宽度（mm）

试样制备的最后阶段要进行机加工，应采取预防措施避免在表面产生变形硬化或过热。试样表面应没有垂直于试样平行长度 L_o 方向的划痕或切痕，不得除去咬边。超出试样表面的焊缝金属应通过机加工除去，对于有熔透焊道的整管试样应保留管内焊缝。

2. 试验设备

（1）电子万能试验机　电子万能试验机结构原理图如图 5-5 所示，它由测量系统、中横梁驱动系统及载荷机架三个部分组成。

1) 测量系统：主要是用以检测材料的承受载荷大小、试样的变形量及中横梁位移多少等。载荷测量是通过应变式载荷传感器及其放大器来实现的。电子万能试验机的特点之一是载荷测量范围宽，小自几克，大至上百吨，都可以满足精度指标要求。它一方面是通过更换不同量程的载荷传感器，另一方面是改变高性能载荷放大器的放大倍数来实现的。放大倍数一般分为 1、2、5、10、20、50、100 等，前六档与不同量程的传感器配合实现整机载荷量程的覆盖，以满足全载荷试验量程的覆盖。以 100kN 机为例，只选用 4 只载荷传感器就可以达到

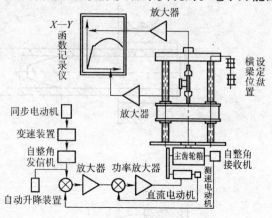

图 5-5 电子万能试验机结构原理图

全载荷试验量程的要求，如表 5-3 所示。100kN 载荷传感器载荷范围为 2000 ~ 100000N；2000N 载荷传感器载荷范围 40 ~ 2000N；50N 载荷传感器载荷范围为 1 ~ 50N；1N 载荷传感器载荷范围为 0.05 ~ 1N，这样就实现了 0.05 ~ 100000N 的全部试验载荷的覆盖。

表 5-3 力传感器容量与放大器档级的测量范围 （单位：N）

传感器容量 /N	载荷放大器档级					
	1	2	5	10	20	50
100000	0 ~ 100000	0 ~ 50000	0 ~ 20000	0 ~ 10000	0 ~ 5000	0 ~ 2000
2000	0 ~ 2000	0 ~ 1000	0 ~ 400	0 ~ 200	0 ~ 100	0 ~ 40
50	0 ~ 50	0 ~ 25	0 ~ 10	0 ~ 5	0 ~ 2.5	0 ~ 1
1	0 ~ 1	0 ~ 0.5	0 ~ 0.2	0 ~ 0.1	0 ~ 0.05	—

电子载荷测量系统的特点是测量范围宽、精度高、响应快和操作方便。每次使用时，只要进行一次电气标定即可工作，传感器每年由计量部门检定一次。

试样变形的测量是通过引伸计及放大器构成应变测量系统实现的。引伸计规格齐全，其夹具有适应圆试样的，有适应板材试样的，还有适应线材、丝材、片材试样的。标距种类也很多，一般分为 100mm、50mm、25mm、12.5mm 等。为了扩大使用范围，通常用改变放大器的放大倍数来实现。一般放大器的放大倍数可分为 1、2、5、10 及 20 等 5 个档级，从而减少了引伸计的规格种类。

2) 中横梁驱动系统：这一系统是由速度设定单元、伺服放大器、功率放大器、速度与位置检测器、直流伺服电动机以及传动机构组成。由直流伺服电动机驱动主齿轮箱，带动丝杠使中横梁上下移动，结果实现了拉伸、压缩和各种循环试

验。速度设定单元主要是给出了与速度相对应的准确模拟电压值或数字量，要求精度高稳定可靠，并且范围宽。通常为 1:10000(0.05~500mm/min)，1100 系列电子拉伸机速度范围最宽 1:20000(0.05~1000mm/min)。伺服放大器的作用实际上是一个将速度给定信号、速度检测信号、位置检测信号以及功率放大器的电流大小汇总在一起，按要求运算后发出指令去驱动功率放大器，进而使直流伺服电动机按预先给定速度转动。这一伺服控制系统有三个环路，即通常所说的速度、位置及电流反馈。采用光电编码器之类的解析器作为检测元件的位置反馈系统是速度控制精度高的基本保证。

3）载荷机架：从图 5-5 中看到，电子万能试验机的载荷机架包括上横梁、中横梁、台面和丝杠副。有的试验机（如 1185 型机），用两根圆柱与上横梁和台面构成框架，这两根圆柱作为中横梁上下运动的导向柱；也有的用槽钢与上横梁和台面构成框架，这样既保证了机架的刚度又使机架结构匀称合理。传动载荷的一对丝杠，有的试验机选用梯形丝杠，有的则为了提高传动效率选用了滚珠丝杠，而且丝杠与中横梁啮合处采用了消隙结构，这样使试验机在做全反复试验时，大大减少了载荷换向间隙，从而提高了传动精度。

（2）试验机的技术要求　试验机的测力系统应按照 GB/T 16825.1 进行校准，并且其准确度应为 1 级或优于 1 级。为了保证试验结果准确可靠，拉力试验机应满足如下要求。

1）加力和卸力应平稳、无冲击和颤动。

2）测力示值误差不大于 ±1%，达到试验机检定的 1 级精度。

3）在更换不同摆锤时，指针的变动不大于 0.1 个分度。

4）试验保持时间不应少于 30s，在 30s 内力的示值变动范围应小于 0.4%。

5）试验机及其夹持装置应保证试样轴向受力。

试验机的技术要求应由政府计量管理部门或本单位的计量管理人员按有关规程检定。凡未经检定或检定不合格的试验机，严禁在生产及科研中使用。

（3）引伸计的结构及选用　引伸计用于测量拉伸试样的微量变形，或者研究构件在外力作用下的线性变形所采用的仪器。引伸计一般由三部分组成。

1）感受变形部分：用来直接与试样表面接触，以感受试样的变形。

2）传递和放大部分：把所感受的变形加以放大的机构。

3）指示部分：指示或记录变形大小的机构，有机械式和光学式的两种。

应变式位移传感器主要由粘贴有应变片的弹性元件组成，在小应变条件下，弹性元件上的应变与所受外力成正比，也与弹性元件的变形成正比。如果在弹性元件的合适部位粘贴上应变片，并接成电桥形式，则可将弹性元件所感受的变形转换成电参量输出，再通过放大、显示或记录仪器就可以把变形量显示或记录下来。这种传感器的特点是精度高、线性好、装卸方便，试样断裂时，弹性元件能自动脱落，可用来测拉伸全曲线。

引伸计的准确度级别应符合 GB/T 12160 的要求。测定上屈服强度、下屈服强度、屈服点延伸率、规定塑性延伸强度、规定总延伸强度、规定残余延伸强度，以及规定残余延伸强度的验证试验，应使用不劣于 1 级准确度的引伸计；测定其他具有较大延伸率的性能，例如抗拉强度、最大力总延伸率和最大力塑性延伸率、断裂总延伸率，以及断后伸长率，应使用不劣于 2 级准确度的引伸计。

3. 试验要求

1）试验开始前，应测量并记录试样尺寸。

2）依据 GB/T 228.1 规定对试样逐渐连续加载。

3）除非另有规定，试验一般应在 23℃ ±5℃ 的温度条件下进行。

4）其他试验要求与室温拉伸试验相同。

4. 设定试验力零点

在试验加载链装配完成后，试样两端被夹持之前，应设定力测量系统的零点。一旦设定了力值零点，在试验期间力测量系统不能再发生变化。

上述方法一方面是为了确保夹持系统的重量在测力时得到补偿，另一方面是为了保证夹持过程中产生的力不影响力值的测量。

5. 试样的夹持方法

应使用例如楔形夹头、螺纹夹头、平推夹头、套环夹具等合适的夹具夹持试样。

应尽最大努力确保夹持的试样受轴向拉力的作用，尽量减小弯曲。这对试验脆性材料或测定规定塑性延伸强度、规定总延伸强度、规定残余延伸强度或屈服强度时尤为重要。

为了得到直的试样和确保试样与夹头对中，可以施加不超过规定强度或预期屈服强度的 5% 相应的预拉力。宜对预拉力的延伸影响进行修正。

6. 应变速率控制的试验速率

（1）一般要求　包含两种不同类型的应变速率控制模式。第一种应变速率 $\dot{e}_{L_e}$ 是基于引伸计的反馈而得到。第二种是根据平行长度估计的应变速率 $\dot{e}_{L_c}$，即通过控制平行长度与需要的应变速率相乘得到的横梁位移速率来实现。

如果材料显示出均匀变形能力，力值能保持名义的恒定，应变速率 $\dot{e}_{L_e}$ 和根据平行长度估计的应变速率 $\dot{e}_{L_c}$ 大致相等。如果材料展示出不连续屈服或锯齿状屈服或发生缩颈时，两种速率之间会存在不同。随着力值的增加，试验机的柔度可能会导致实际的应变速率明显低于应变速率的设定值。

试验速率应满足下列要求：

1）在直至测定 R_{eH}、R_p 或 R_t 的范围，应按照规定的应变速率 $\dot{e}_{Le}$。这一范围需要在试样上装夹引伸计，消除拉伸试验机柔度的影响，以准确控制应变速率（对于不能进行应变速率控制的试验机，根据平行长度部分估计的应变速率 $\dot{e}_{Lc}$ 也可用）。

2）对于不连续屈服的材料，应选用根据平行长度部分估计的应变速率 $\dot{e}_{L_c}$。这种情况下是不可能用装夹在试样上的引伸计来控制应变速率的，因为局部的塑性变形可能发生在引伸计标距以外。在平行长度范围，利用恒定的横梁位移速率 v_c，根据下式计算得到的应变速率具有足够的准确度。

$$v_c = L_c \dot{e}_{L_c}$$

式中　$\dot{e}_{L_c}$——平行长度估计的应变速率，单位为 s^{-1}；

　　　L_c——平行长度，单位为 mm。

3）在测定 R_p、R_t 或屈服结束之后，应该使用 $\dot{e}_{L_e}$ 或 $\dot{e}_{L_c}$。为了避免由于缩颈发生在引伸计标距以外控制出现问题，推荐使用 $\dot{e}_{L_c}$。

在测定相关材料性能时，应保持规定的应变速率，如图 5-6 所示。

在进行应变速率或控制模式转换时，不应在应力-延伸率曲线上引入不连续性，而歪曲 R_m、A_g 或 A_{gt} 值（见图 5-6）。这种不连续效应可以通过降低转换速率得以减轻。

应力-延伸率曲线在加工硬化阶段的形状可能受应变速率的影响。采用的试验速率应通过文件来规定。

（2）上屈服强度 R_{eH} 或规定延伸强度 R_p、R_t 和 R_r 的测定　当测定上屈服强度 R_{eH} 或规定延伸强度 R_p、R_t 和 R_r 时，应变速率 $\dot{e}_{L_e}$ 应保持恒定。在测定这些性能时，$\dot{e}_{L_e}$ 应选用下面两个范围之一。

1）范围1：$\dot{e} = 0.00007 s^{-1}$，相对误差 $\pm 20\%$。

2）范围2：$\dot{e} = 0.00025/s$，相对误差 $\pm 20\%$（如果没有其他规定，推荐选取该速率）。

如果试验机不能直接进行应变速率控制，应该采用通过平行长度估计的应变速率 $\dot{e}_{L_c}$。即恒定的横梁位移速率，该速率应用下式进行计算：

$$v_c = L_c \dot{e}_{L_c}$$

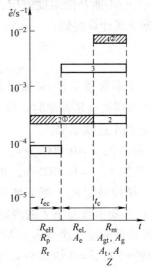

图 5-6　应变速率范围

$\dot{e}$—应变速率

t—拉伸试验时间进程　　t_c—横梁控制时间

t_{ec}—引伸计控制时间或横梁控制时间

1—范围1：$\dot{e} = 0.00007 s^{-1}$，相对误差 $\pm 20\%$

2—范围2：$\dot{e} = 0.00025 s^{-1}$，相对误差 $\pm 20\%$

3—范围3：$\dot{e} = 0.0025 s^{-1}$，相对误差 $\pm 20\%$

4—范围4：$\dot{e} = 0.0067 s^{-1}$，相对误差 $\pm 20\%$

①推荐的。

②如果试验机不能测量或控制应变速率。

上式没有考虑试验装置（机架、力传感器、夹具等）的弹性变形。这意味着应将变形分为试验装置的弹性变形和试样的弹性变形。横梁位移速率只有一部分转移到了试样上。试样上产生的应变速率 e_m 由下式给定：

$$\dot{e}_{\mathrm{m}} = v_{\mathrm{c}} \left/ \left(\frac{mS_{\mathrm{o}}}{C_{\mathrm{M}}} + L_{\mathrm{c}} \right) \right.$$

式中　C_{M}——试验装置的刚度，单位为 mm/N（在试验装置的刚度不是线性的情况下，比如楔形夹头，应取相关参数点例如 $R_{\mathrm{p0.2}}$ 附近的刚度值）；

$\dot{e}_{\mathrm{m}}$——试样上产生的应变速率，单位为 s^{-1}；

L_{c}——试样的平行长度，单位为 mm；

m——给定时刻应力-延伸曲线的斜率（例如 $R_{\mathrm{p0.2}}$ 附近点），单位为 MPa；

S_{o}——原始横截面积，单位为 mm^2；

v_{c}——横梁位移速率，单位为 mm/s。

注：从应力-应变曲线弹性部分得到的 m 和 C_{M} 不能用。

$v_{\mathrm{c}} = L_{\mathrm{c}} \dot{e}_{L_{\mathrm{c}}}$ 不能补偿柔度效应，试样上产生应变速率 e_{m} 所需近似横梁位移速率可以根据下式计算得到：

$$v_{\mathrm{c}} = \dot{e}_{\mathrm{m}} \left(\frac{mS_{\mathrm{o}}}{C_{\mathrm{M}}} + L_{\mathrm{c}} \right)$$

（3）下屈服强度 R_{eL} 和屈服点延伸率 A_{e} 的测定　上屈服强度之后，在测定下屈服强度和屈服点延伸率时，应当保持下列两种范围之一的平行长度估计的应变速率 $\dot{e}_{L_{\mathrm{c}}}$，直到不连续屈服。

1）范围 2：$\dot{e} = 0.00025/\mathrm{s}$，相对误差 ±20%（测定 R_{eL} 时推荐该速率）。

2）范围 3：$\dot{e} = 0.0025/\mathrm{s}$，相对误差 ±20%。

（4）抗拉强度 R_{m}、断后伸长率 A、最大力下的总延伸率 A_{gt}、最大力下的塑性延伸率 A_{g} 和断面收缩率 Z 的测定　在屈服强度或塑性延伸强度测定后，根据试样平行长度估计的应变速率 $\dot{e}_{L_{\mathrm{c}}}$ 应转换成下述规定范围之一的应变速率。

1）范围 2：$\dot{e} = 0.00025/\mathrm{s}$，相对误差 ±20%。

2）范围 3：$\dot{e} = 0.0025/\mathrm{s}$，相对误差 ±20%。

3）范围 4：$\dot{e} = 0.0067/\mathrm{s}$，相对误差 ±20%（如果没有其他规定，推荐选取该速率）。

如果拉伸试验仅仅是为了测定抗拉强度，根据范围 3 或范围 4 得到的平行长度估计的应变速率适用于整个试验。

7. 原始标距的标记

应用小标记、细画线或细墨线标记原始标距，但不得用引起过早断裂的缺口作为标记。

对于比例试样，如果原始标距的计算值与其标记值之差小于 10% L_{o}。可将原始标距的计算值按 GB/T 8170 修约至最接近 5mm 的倍数。原始标距的标记应准确到 ±1%。如平行长度 L_{c} 比原始标距长许多，例如不经机加工的试样，可以标记一系列套叠的原始标距。有时，可以在试样表面划一条平行于试样纵轴的线，并在此线上标记原始标距。

8. 屈服强度的测定

（1）上屈服强度 R_{eH}　上屈服强度 R_{eH} 可以从力-延伸曲线图或峰值力显示器上测得，定义为力首次下降前的最大力值对应的应力。

（2）下屈服强度 R_{eL}　下屈服强度 R_{eL} 可以从力-延伸曲线上测得，定义为不计初始瞬时效应时屈服阶段中的最小力所对应的应力。

（3）位置判定　对于上、下屈服强度位置判定的基本原则如下：

1）屈服前的第 1 个峰值应力（第 1 个极大值应力）判为上屈服强度，不管其后的峰值应力比它大或比它小。

2）屈服阶段中如呈现两个或两个以上的谷值应力，舍去第 1 个谷值应力（第 1 个极小值应力）不计，取其余谷值应力中之最小者判为下屈服强度。如只呈现 1 个下降谷，此谷值应力判为下屈服强度。

3）屈服阶段中呈现屈服平台，平台应力判为下屈服强度。如呈现多个而且后者高于前者的屈服平台，判第 1 个平台应力为下屈服强度。

4）正确的判定结果应是下屈服强度一定低于上屈服强度。

为提高试验效率，可以报告在上屈服强度之后延伸率为 0.25% 范围以内的最低应力为下屈服强度，不考虑任何初始瞬时效应。用此方法测定下屈服强度后，试验速率可以增加。试验报告应注明使用了此简捷方法。此规定仅仅适用于呈现明显屈服的材料和不测定屈服点延伸率情况。

9. 抗拉强度的测定

对于呈现明显屈服（不连续屈服）现象的金属材料，从记录的力-延伸或力-位移曲线图，或从测力度盘读取过了屈服阶段之后的最大力，如图 5-7 所示。对于呈现无明显屈服（连续屈服）现象的金属材料，从记录的力-延伸或力-位移曲线图，或从测力度盘读取试验过程中的最大力 F_m。最大力除以试样原始横截面积（S_o）得到抗拉强度。

对于显示特殊屈服现象的材料，相应于上屈服点的应力可能高于此后任一应力值（第二极大值，见图 5-8）。如遇此种情况，需要选定两个极大值中之一作为抗拉强度。

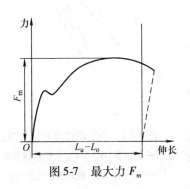

图 5-7　最大力 F_m

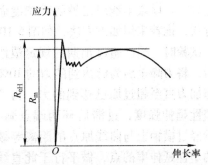

图 5-8　出现特殊屈服现象材料的抗拉强度

从应力-延伸率曲线测定抗拉强度 R_m 的几种不同类型如图 5-9 所示。

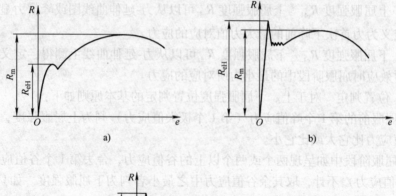

图 5-9　应力-延伸率状态的特殊情况

a) $R_{eH} < R_m$　b) $R_{eH} > R_m$　c) 应力-延伸率状态的特殊情况

10. 规定塑性延伸强度的测定

（1）定义法　根据力-延伸曲线图测定规定塑性延伸强度 R_p。在曲线图上，做一条与曲线的弹性直线段部分平行，且在延伸轴上与此直线段的距离等效于规定塑性延伸率，如 0.2% 的直线。此平行线与曲线的交截点给出相应于所求规定塑性延伸强度的力。此力除以试样原始横截面积 S_o 得到规定塑性延伸强度。

如力 – 延伸曲线图的弹性直线部分不能明确地确定，以致不能以足够的准确度做出这一平行线，推荐采用如下方法，如图 5-10 所示。

试验时，当已超过预期的规定塑性延伸强度后，将力降至约为已达到的力的 10%，然后再施加力直至超过原已达到的力。为了测定规定塑性延伸强度，过滞后环两端点画一直线，然后经过横轴上与曲线原点的距离等效于所规定的塑性延伸率的点，做平行于此直线的平行线。

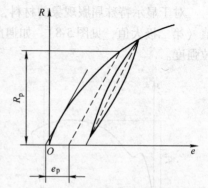

图 5-10　规定塑性延伸强度 R_p

e—延伸率　e_p—规定的塑性延伸率

R—应力　R_p—规定塑性延伸强度

平行线与曲线的交截点给出相应于规定塑性延伸强度的力。此力除以试样原始横截面积得到规定塑性延伸强度，如图 5-10 所示。

1）可以用各种方法修正曲线的原点。做一条平行于滞后环所确定的直线的平行线并使其与力-延伸曲线相切，此平行线与延伸轴的交截点即为曲线的修正原点。

2）在力降低开始点的塑性应变只略微高于规定塑性延伸强度 R_p。较高应变的开始点将会降低通过滞后环获得直线的斜率。

3）如果在产品标准中没有规定或得到客户的同意，在不连续屈服期间或之后测定规定塑性延伸强度是不合适的。

（2）逐步逼近法　逐步逼近方法适用于具有无明显弹性直线段金属材料的规定塑性延伸强度的测定，也适用于力-延伸曲线图具有弹性直线段高度不低于 $0.5F_m$ 的金属材料，其塑性延伸强度的测定亦适用。

试验时，记录力-延伸曲线图，至少直至超过预期的规定塑性延伸强度的范围。在力-延伸曲线上任意估取 A_0 点拟为规定塑性延伸率等于 0.2% 时的力 $F_{p0.2}^0$，在曲线上分别确定力为 $0.1F_{p0.2}^0$ 和 $0.5F_{p0.2}^0$ 的 B_1 和 D_1 两点，做直线 B_1D_1。从曲线原点 O（必要时进行原点修正）起截取 OC 段（$OC = 0.2\% nL_e$，式中 n 为延伸放大倍数），过 C 点做平行于 B_1D_1 的平行线 CA_1 交曲线于 A_1 点。如 A_1 与 A_0 重合，$F_{p0.2}^0$ 即为相应于规定塑性延伸率为 0.2% 时的力。

如果 A_1 点未与 A_0 重合，需要按照上述步骤进行进一步逼近。此时，取 A_1 点的力 $F_{p0.2}^1$，在曲线上分别确定力为 $0.1F_{p0.2}^1$ 和 $0.5F_{p0.2}^1$ 的 B_2 和 D_2 两点，做直线 B_2D_2。过 C 点做平行于 B_2D_2 的平行线 CA_2 交曲线于 A_2 点。如此逐步逼近，直至最后一次得到的交点 A_n 与前一次的交点 A_{n-1} 重合，如图 5-11 所示。A_n 的力即为规定塑性延伸率达 0.2% 时的力。此力除以试样原始横截面积得到测定的规定塑性延伸强度 $R_{p0.2}$。

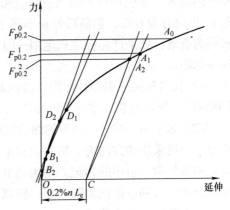

图 5-11　逐步逼近法测定规定非比例延伸强度 $R_{p0.2}$

最终得到的直线 B_nD_n 的斜率，一般可以作为确定其他规定塑性延伸强度的基准斜率。

逐步逼近方法测定软铝等强度很低的材料的塑性延伸强度时显示出不适合性。

11. 断后伸长率的测定

（1）断后伸长率不小于 5% 的测定方法　测定方法如下：

1）为了测定断后伸长率，应将试样断裂的部分仔细地配接在一起使其轴线处于同一直线上，并采取特别措施确保试样断裂部分适当接触后测量试样断后标距。

这对小横截面试样和低伸长率试样尤为重要。按下式计算断后伸长率 A：

$$A = \frac{L_u - L_o}{L_o} \times 100\%$$

式中　A——断后伸长率（%）；

　　　L_o——原始标距，单位为 mm；

　　　L_u——断后标距，单位为 mm。

应使用分辨力足够的量具或测量装置测定断后伸长量（$L_u - L_o$），并准确到 ± 0.25mm。

2）如果规定的最小断后伸长率小于 5%，建议采取特殊方法进行测定。原则上只有断裂处与最接近的标距标记的距离不小于原始标距的 1/3 情况方为有效。但断后伸长率大于或等于规定值，不管断裂位置处于何处测量均为有效。如果断裂处与最接近的标距标记的距离小于原始标距的 1/3 时，可采用移位法测定断后伸长率。

3）能用引伸计测定断裂延伸的试验机，引伸计标距应等于试样原始标距，无须标出试样原始标距的标记。以断裂时的总延伸作为伸长测量时，为了得到断后伸长率，应从总延伸中扣除弹性延伸部分。为了得到与手工方法可比的结果，有一些额外的要求（如引伸计高的动态响应和频带宽度）。原则上，断裂发生在引伸计标距 L_e 以内方为有效，但断后伸长率等于或大于规定值，不管断裂位置处于何处测量均为有效。如果产品标准规定用一固定标距测定断后伸长率，引伸计标距应等于这一标距。

4）仅当标距或引伸计标距、横截面的形状和面积均为相同时，或当比例系数 k 相同时，断后伸长率才具有可比性。

（2）断后伸长率小于 5% 的测定方法　在测定小于 5% 的断后伸长率时应加倍小心。一般采用的方法为：试验前在平行长度的两端处做一很小的标记。使用调节到标距的分规，分别以标记为圆心划一圆弧。拉断后，将断裂的试样置于一装置上，最好借助螺钉施加轴向力，以使其在测量时牢固地对接在一起。以最接近断裂的原圆心为圆心，以相同的半径划第二个圆弧，如图 5-12 所示。用工具显微镜或其他合适的仪器测量两个圆弧之间的距离即为断后伸长率，准确到 ± 0.02mm。为使划线清晰可见，试验前涂上一层染料。

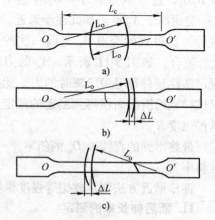

图 5-12　断后伸长率小于 5% 的测定方法
a）扯断前画弧　b）断裂后第 1 次画弧
c）断裂后第 1 次画弧

（3）伸长率的换算　一般采用公式法。

1）由已知比例标距的伸长率换算到另

一个比例标距的伸长率，按下式计算：

$$A_r = \lambda A$$

式中　A_r——另一个比例标距的伸长率（%）；

　　　A——已知比例标距的伸长率（%）；

　　　λ——换算因子（碳素钢与低合金钢见表5-4，奥氏体钢见表5-5）。

表5-4　不同比例标距之间伸长率的换算因子 λ（碳素钢与低合金钢）

实测伸长率试样的原始标距 L_o	换算到下列比例标距的换算因子 λ					
	$4\sqrt{S_o}$	$5.65\sqrt{S_o}$	$8.16\sqrt{S_o}$	$11.3\sqrt{S_o}$	$4d_o$	$8d_o$
$4\sqrt{S_o}$	1.000	0.871	0.752	0.660	0.952	0.722
$5.65\sqrt{S_o}$	1.148	1.000	0.863	0.758	1.093	0.829
$8.16\sqrt{S_o}$	1.330	1.158	1.000	0.878	1.267	0.960
$11.3\sqrt{S_o}$	1.515	1.320	1.139	1.000	1.443	1.093
$4d_o$	1.050	0.915	0.790	0.693	1.000	0.758
$8d_o$	1.386	1.207	1.042	0.915	1.320	1.000

注：原始标距 $5d_o = 5.65\sqrt{S_o}$；$10d_o = 11.3\sqrt{S_o}$。

表5-5　不同比例标距之间伸长率的换算因子 λ（奥氏体钢）

实测伸长率试样的原始标距 L_o	换算到下列比例标距的换算因子 λ					
	$4\sqrt{S_o}$	$5.65\sqrt{S_o}$	$8.16\sqrt{S_o}$	$11.3\sqrt{S_o}$	$4d_o$	$8d_o$
$4\sqrt{S_o}$	1.000	0.957	0.913	0.876	0.985	0.902
$5.65\sqrt{S_o}$	1.045	1.000	0.954	0.916	1.029	0.942
$8.16\sqrt{S_o}$	1.095	1.048	1.000	0.959	1.078	0.987
$11.3\sqrt{S_o}$	1.141	1.092	1.042	1.000	1.124	1.029
$4d_o$	1.015	0.972	0.928	0.890	1.000	0.916
$8d_o$	1.109	1.061	1.013	0.972	1.092	1.000

注：原始标距 $5d_o = 5.65\sqrt{S_o}$；$10d_o = 11.3\sqrt{S_o}$。

　　例：已知碳素钢试样标距 $5.65\sqrt{S_o}$ 的伸长率为25%，换算成标距 $11.3\sqrt{S_o}$ 的伸长率。查表5-4，$\lambda = 0.758$，则 $A_r = 0.758 \times 25\% = 18.95\%$，修约到19%。

　　2）横截面积相等的试样，从一个定标距伸长率换算到另一个定标距的伸长率，按下式计算：

$$A_r = \alpha A$$

式中　A_r——另一个定标距的伸长率（%）；

　　　A——已知定标距的伸长率（%）；

　　　α——换算因子。

12. 断面收缩率的测定

将试样断裂部分仔细地配接在一起，使其轴线处于同一直线上。断裂后最小横截面积的测定应准确到±2%。原始横截面积与断后最小横截面积之差除以原始横截面积的百分率得到断面收缩率，按照下式计算：

$$Z = \frac{S_o - S_u}{S_o} \times 100\%$$

式中 Z——断面收缩率（%）；

　　S_o——平行长度部分的原始横截面积，单位为 mm^2；

　　S_u——断后最小横截面积，单位为 mm^2。

对于小直径的圆试样或其他横截面形状的试样，断后横截面积的测量准确度达到±2%很困难。

5.1.2 焊缝十字接头和搭接接头拉伸试验

1. 试样

（1）一般要求

1）试件的线性错边和角度偏差应保持最低，并记录在试验报告中。

2）焊缝轴线应保持与试样的纵向垂直。

3）每个试样应打标记以便识别其从试件的取样部位。相关标准有要求时，还应标出加工方向（例如轧制方向或挤压方向）。

4）焊剂接头或试样一般不进行热处理，但相关标准规定或允许被试验的焊接接头进行热处理除外，这时应在试验报告中详细记录热处理的参数。对于会产生自然时效的铝合金，应记录焊接至开始试验的间隔时间。

5）取样所采用的机械加工方法或热加工方法不得对试样性能产生影响。

6）应采用锯或铣床加工。

7）如果采用可能影响切割面的热切割（或其他切割）方法将试样从试件中切取下来，那么切口应距离试样边缘至少8mm。

8）试样制备的最后阶段应采用机械加工，应采取预防措施避免在表面产生形变硬化或过热。试样的受试表面应当无横向划痕或缺口，不得除去咬边，除非相关标准另有要求。

（2）十字接头试样

1）十字接头试件应按图 5-13 的规定焊接并制备。

2）十字接头试样的尺寸应符合图 5-14 的规定。

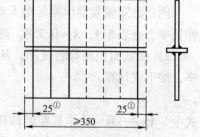

图 5-13 十字接头的取样部位
①舍弃。

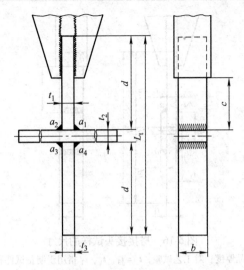

图 5-14　十字接头试样的尺寸

注：1. 对生产试验，t 为产品厚度；对工艺试验，$t_1 = t_2 = t_3$，t_1、t_2、t_3 指用于制备试件和试样的材料厚度。

2. d 为试板长度，c 为试验机夹头之间受试部分的自由长度。$d \geqslant 150$；$30 \leqslant b \leqslant 50$；$3t \leqslant b \leqslant 50$；$c \geqslant 2b$；$L_t = 2d + t_2$，$L_t$ 为试样的总长度。

3. a（角焊缝的有效厚度）对工艺试验，按照应用标准要求。如果应用标准未做规定，则：$a \approx 0.5t$，$a_1 \approx a_2 \approx a_3 \approx a_4$；对生产试验，$a$ 按照供货要求。

（3）搭接接头试样

1）搭接接头试件应按图 5-15 的规定焊接并制备。

2）搭接接头试样的尺寸应符合图 5-16 的规定。

2. 试验设备

焊缝十字接头和搭接接头拉伸试验所用设备及要求，与焊接接头的拉伸试验完全相同。

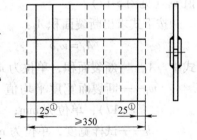

图 5-15　搭接接头的取样部位
①舍弃。

3. 试验内容及结果表示

（1）试验要求

1）试验开始前，应测量并记录试样尺寸。

2）沿焊缝轴线垂直方向对试样连续施加拉伸力直至其破断，加力速度应保持均匀，不得有突变。

3）除非另有规定，试验一般应在 23℃ ±5℃ 的温度条件下进行。

（2）焊缝十字接头和搭接接头拉伸性能测定　按金属材料室温拉伸试验方法进行，试验完后检查断裂面和记录缺欠情况（包括种类、尺寸、数量）。如果发现有白点，应记录其位置，白点的中心部位才可视为缺欠。若试板分层，则试验结果无效。

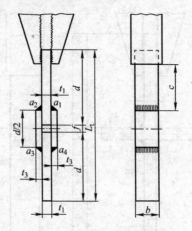

图 5-16　搭接接头试样的尺寸

注：1. 对生产试验，t 为产品厚度；对工艺试验，$t_1 = t_3$，t_1、t_3 指用于制备试件和试样的材料厚度。

2. d 为试板长度，c 为试验机夹头之间受试部分的自由长度。$d \geqslant 150$；$30 \leqslant b \leqslant 50$；$3t \leqslant b \leqslant 50$；$c \geqslant 2b$；$L_t = 2d + f$，$L_t$ 为试样的总长度，f 为搭接试样之间的间隙。

3. a（角焊缝的有效厚度）对工艺试验，按照应用标准要求。如果应用标准未做规定，则：$a \approx 0.5t$；$a_1 \approx a_2 \approx a_3 \approx a_4$；对生产试验，$a$ 按照供货要求。

应在若干个点测量断裂面宽度，每个测量点之间的距离，求出断裂面宽度平均值 w_f（见图 5-17）。

按下式求出断裂面积 A_f：

$$A_f = w_t b$$

式中　　A_f——断裂面积，单位为 mm^2；

　　　　w_f——断裂面宽度平均值（见图 5-17），单位为 mm；

　　　　b——试样宽度，单位为 mm。

按下式求出抗拉强度 R_m：

$$R_m = F_m / A_f$$

式中　　R_m——抗拉强度，单位为 MPa；

　　　　F_m——试验过程中试样承受的最大力，单位为 N；

　　　　A_f——断裂面积，单位为 mm^2。

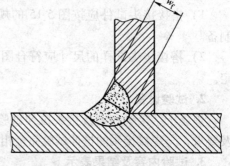

图 5-17　断裂面的宽度定义

5.1.3　焊缝及熔敷金属拉伸试验

该试验方法适用于金属材料熔焊焊缝及熔敷金属的拉伸试验。

1. 试样

（1）取样位置　试样应从试件的焊缝及熔敷金属上纵向截取。加工完成后，试样的平行长度应全部由焊缝金属组成，如图 5-18 和图 5-19 所示。为了确保试样在接头中的正确定位，试样两端的接头横截面可做宏观腐蚀。

（2）标记

1）每个试件都应做标记，以识别其在接头中的准确位置。

2）每个试样都应做标记，以识别其在试件中的准确位置。

（3）热处理及/或时效　焊接接头或试样一般不进行热处理，但相关标准规定或允许被试验的焊接接头进行热处理除外，这时应在试验报告中详细记录热处理的参数。对于会产生自然时效的铝合金，应记录焊接至开始试验的间隔时间。

钢铁类焊缝金属中有氢存在时，可能会对试验结果带来显著影响，需要采取适当的去氢处理。

（4）取样　取样所采用的机械加工方法或热加工方法不得对试样性能产生影响。

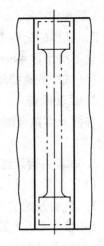

图 5-18　试样的位置
示例（纵向截面）

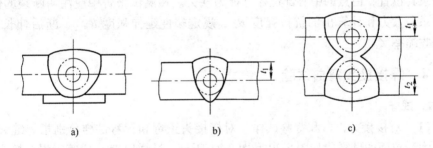

图 5-19　试样的位置示例（横向截面）
a）用于焊接材料分类的熔敷金属试样　b）取自单面焊接头的试样　c）取自双面焊接头的试样
t_1、t_2—试样中心距表面的距离（mm）

1）对于钢材，厚度超过 8mm 时，不能采用剪切方法。当采用热切割或可能影响切割面性能的其他切割方法从焊件或试件上截取试样时，应确保所有切割面距离试样的表面至少 8mm 以上。平行于焊件或试件的原始表面的切割，不应采用热切割方法。

2）对于其他金属材料　不得采用剪切方法和热切割方法，只能采用机械加工方法（如锯或铣、磨等）。

（5）机械加工　除非另有规定，试样应取自焊缝金属的中心，未能在中间厚度位置截取试样时，应记录其中心距表面的距离 t_1，在厚板或双面焊接头情况下，可以在厚度方向不同位置截取若干试样，应记录每个试样中心距表面的距离 t_1 和 t_2。试样表面应避免产生变形硬化或过热。试样尺寸要求如下：

1）每个试样应具有圆形横截面，而且平行长度范围内的直径 d 应符合 GB/T 228.1 的规定。

2）试样的公称直径 d 应为 10mm。如果无法满足这一要求，直径应尽可能大些，且不得小于 4mm。试验报告应记录实际的尺寸。

3）试样的夹持端应满足所使用的拉伸试验机的要求。

2. 试验设备

焊缝及熔敷金属拉伸试验所用设备及要求，与焊接接头拉伸试验拉伸试验完全相同。

3. 试验内容及结果表示

（1）试验要求

1）试验开始前，应测量并记录试样尺寸。

2）依据 GB/T 228.1 规定对试样逐渐连续加载。

3）除非另有规定，试验一般应在 23℃ ±5℃ 的温度条件下进行。

（2）焊缝及熔敷金属拉伸性能测定　按金属材料室温拉伸试验方法进行，试验完后检查断裂面和记录缺欠情况（包括种类、尺寸、数量）。如果发现有白点，应记录其位置，白点的中心部位才可视为缺欠。在测试报告中应注明断裂的位置，并记录最大力和计算出的抗拉强度 R_m、规定塑性延伸强度 $R_{p0.2}$、断后伸长率 A、断面收缩率 Z。

5.1.4　焊接接头弯曲试验

1. 试样

（1）对接接头正弯和背弯试样　对接接头正弯和背弯试样分别指焊缝表面和根部为受拉面的试样，如图 5-20 和图 5-21 所示。试样厚度 t_s 应等于焊接接头处母材的厚度。当要求对整个厚度（30mm 以上）进行试验时，可以截取若干个试样覆盖整个厚度。在这种情况下，试样在焊接接头厚度方向的位置应做标识。

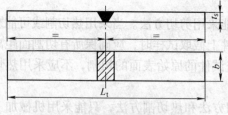

图 5-20　对接接头横向弯曲试样

L_t—试样总长度（mm）　t_s—试样厚度（mm）

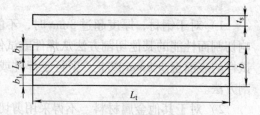

图 5-21　对接接头纵向弯曲试样

L_t——试样总长度（mm）

L_s——加工后试样上焊缝的最大宽度（mm）

b—试样宽度（mm）　b_1—熔合线外宽度（mm）

注：$b_1 = (b - L_s)/2$。

（2）对接接头侧弯试样　对接接头侧弯试样是指焊缝横截面为受拉面的试样，如图 5-22 所示。试样宽度 b 应等于焊接接头处母材的厚度，试样厚度 t_s 至少应为 10mm ± 0.5mm，而且试样宽度应大于或等于试样厚度的 1.5 倍，当接头厚度超过 40mm 时，允许从焊接接头截取几个试样代替一个全厚度试样，试样宽度 b 的范围为 20 ~ 40mm。在这种情况下，试样在焊接接头厚度方向的位置应做标识。

（3）带堆焊层正弯试样　带堆焊层正弯试样是指堆焊层表面为受拉面的试样，如图 5-23 所示。试样厚度 t_s 应等于基材厚度加上堆焊层的厚度，最大为 30mm。当基材厚度加上堆焊层的厚度超过 30mm 时，允许去除部分基材使加工好的试样厚度 t_s 符合相关要求。

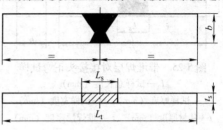

图 5-22　对接接头侧弯试样

L_t—试样总长度（mm）

L_s—加工后试样上焊缝的最大宽度（mm）

b—试样宽度（mm）　t_s—试样厚度（mm）

（4）带堆焊层侧弯试样　带堆焊层侧弯试样是指堆焊层的横截面为受拉面的试样，如图 5-24 所示。试样宽度 b 应等于基材厚度加上堆焊层的厚度，最大为 30mm。试样厚度 t_s 至少应为 10mm ± 0.5mm，而且试样宽度应大于或等于试样厚度的 1.5 倍。当基材厚度加上堆焊层的厚度超过 30mm 时，允许去除部分母材使加工好的试样宽度 b 符合相关要求。

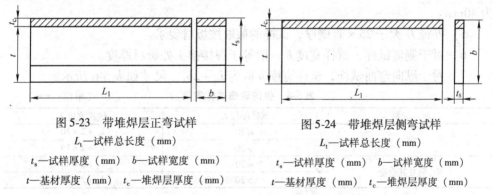

图 5-23　带堆焊层正弯试样

L_t—试样总长度（mm）

t_s—试样厚度（mm）　b—试样宽度（mm）

t—基材厚度（mm）　t_c—堆焊层厚度（mm）

图 5-24　带堆焊层侧弯试样

L_t—试样总长度（mm）

t_s—试样厚度（mm）　b—试样宽度（mm）

t—基材厚度（mm）　t_c—堆焊层厚度（mm）

（5）带堆焊层对接接头正弯试样　带堆焊层对接接头正弯试样是指对接接头堆焊层表面为受拉面的试样，如图 5-25 所示。试样厚度 t_s 应等于基材厚度加上堆焊层的厚度。在这种情况下，焊缝应位于试样的中心或适合于试验的位置。

（6）带堆焊层对接接头侧弯试样　带堆焊层对接接头侧弯试样是指对接接头横截面为受拉面的试样，如图 5-26 所示。试样宽度 b 应等于基材厚度加上堆焊层的厚度。试样厚度 t_s 至少应为 10mm ± 0.5mm，而且试样宽度应大于或等于试样厚度的 1.5 倍。在这种情况下，焊缝应位于试样的中心或适合于试验的位置。

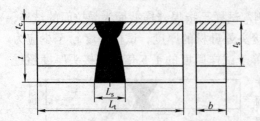

图 5-25　带堆焊层对接接头正弯试样

L_t—试样总长度（mm）

t_s—试样厚度（mm）　b—试样宽度（mm）

t—基材厚度（mm）　t_c—堆焊层厚度（mm）

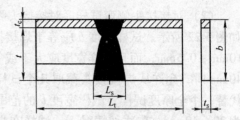

图 5-26　带堆焊层对接接头侧弯试样

L_t—试样总长度（mm）

t_s—试样厚度（mm）　b—试样宽度（mm）

t—基材厚度（mm）　t_c—堆焊层厚度（mm）

注：$b = t + t_c$。

（7）试样的尺寸　试样拉伸面棱角应加工成圆角，其半径 r 不超过 $0.2t_s$，最大为 3mm。

试样加工的最后工序应采用机加工或磨削，其目的是为了避免材料的表面变形硬化或过热。试样表面应没有横向划痕或切痕，不得除去咬边。试样的长度 L_t 应为 $L_t \geqslant 1 + 2R$。对于横向正弯和背弯试样，应满足下列条件。

1）钢板试样宽度 b 应不小于 $1.5t_s$，最小为 20mm。

2）铝、铜及其合金板试样宽度 b 应不小于 $2t_s$，最小为 20mm。

3）管径不小于 50mm 时，管试样宽度 b 最小应为 $t + 0.1D$ 且最小为 8mm。

4）管径大于 50mm 时，管试样宽度 b 最小应为 $t + 0.05D$，最小为 8mm 且最大为 40mm。

5）外径 D 大于 $25 \times$ 管壁厚，试样的截取按板材要求。

6）对于侧弯试样，试样宽度 b 一般等于焊接接头处母材厚度。

7）对于纵向弯曲试样，试样宽度 b 应为 $L_s + 2b_1$，尺寸如表 5-6 所示。

表 5-6　纵向弯曲试样宽度　　　　　　（单位：mm）

材　　料		试样厚度 t_s	试样宽度 b
钢		$\leqslant 20$	$L_s + 2 \times 10$
		> 20	$L_s + 2 \times 15$
铝、铜及其合金		$\leqslant 20$	$L_s + 2 \times 15$
		> 20	$L_s + 2 \times 25$

2. 试验设备

该试验设备包括压头和辊筒等。压头的直径 d 应依据相关标准确定，辊筒的直径至少为 20mm。

3. 试验内容

（1）圆形压头弯曲　圆形压头弯曲如图 5-27 ~ 图 5-29 所示。把试样放在两个平行的辊筒上进行试验，焊缝应在两个辊筒间中心线位置，纵向弯曲除外。在两个辊筒间中点，即焊缝的轴线，垂直于试样表面通过压头施加载荷（三点弯曲），使试样逐渐连续地弯曲。

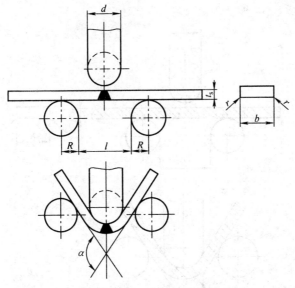

图 5-27　横向正弯或背弯

l—辊筒间距离（mm）　R—辊筒半径（mm）　d—压头直径（mm）b—试样宽度（mm）

r—试样棱角半径（mm）　t_s—试样厚度（mm）　α—弯曲角度（°）

注：$d + 2t_s < t \leqslant d + 3t_s$。

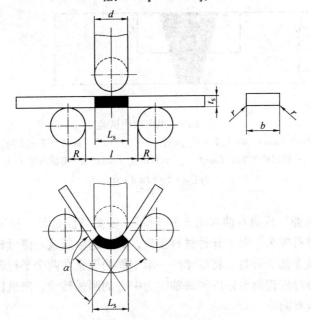

图 5-28　横向侧弯

L_s—加工后试样上焊缝的最大宽度（mm）　l—辊筒间距离（mm）　R—辊筒半径（mm）

d—压头直径（mm）　b—试样宽度（mm）　r—试样棱角半径（mm）

t_s—试样厚度（mm）　α—弯曲角度（°）

注：$d + 2t_s < l \leqslant d + 3t_s$；$d \geqslant 1.3L_s - t_s$。

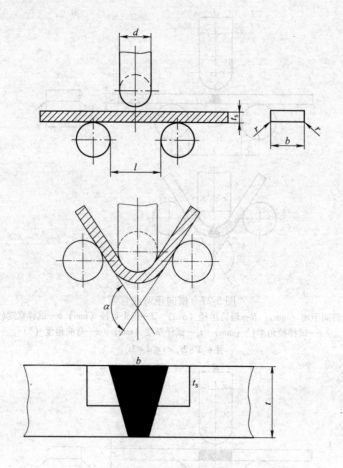

图 5-29   纵向弯曲试验

l—辊筒间距离（mm）   d—压头直径（mm）   t—试样厚度（mm）   b—试样宽度（mm）

r—试样棱角半径（mm） t_s—试样厚度（mm）   α—弯曲角度（°）

注：$d + 2t_s < l \le d + 3t_s$。

（2）辊筒弯曲   辊筒弯曲如图 5-30 所示。辊筒弯曲是另一种试验方法，用于铝合金和异种材料接头。对于异种材料接头，其焊缝金属或一侧母材的屈服强度或规定塑性延伸强度低于母材。将试样的一端牢固的卡紧在两个平行辊筒的试验装置内进行试验，通过外辊筒沿以内辊筒轴线为中心的圆弧转动，向试样施加载荷，使试样逐渐连续地弯曲。

4. 结果表示

1）弯曲结束后，试样的外表面和侧面都应进行检验。

2）依据相关标准对弯曲试样进行评定并记录。

3）除非另有规定，在试样表面上小于 3mm 长的缺欠应判为合格。

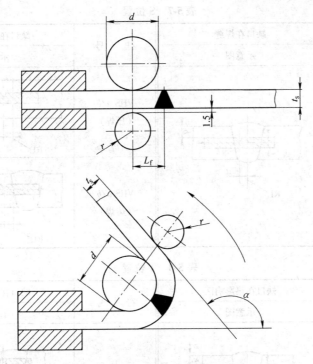

图 5-30 辊筒弯曲试验方法

L_f—焊缝中心线与试样和辊筒接角点间初始距离（mm） d—压头直径（mm）

r—试样棱角半径（mm） t_s—试样厚度（mm） α—弯曲角度（°）

注：$0.7d < L_f \le 0.9d$。

5.1.5 焊接接头冲击试验

1. 试样

焊接接头冲击试验用试样应从焊接接头上截取，试样的纵轴与焊缝长度方向垂直。试样的性质一般用符号表示，符号中的字母说明试样类型、位置和缺口方向，而数字表明缺口距参考线和焊缝表面的距离。符号由下列字母组成。

1）第一个字母：U 为夏比 U 型缺口，V 为夏比 V 型缺口。

2）第二个字母：W 为缺口在焊缝，H 为缺口在热影响区。

3）第三个字母：S 为缺口面平行于焊缝表面，T 为缺口面垂直于焊缝表面。

4）第四个字母：a 为缺口中心线距参考线的距离（如果缺口中心线与参考线重合，则记录 $a = 0$）。

5）第五个字母：b 为试样表面距焊缝表面的距离（如果试样表面在焊缝表面，则记录 $b = 0$）。

焊接接头冲击试验试样的表示方法如表 5-7 和表 5-8 所示，典型符号示例如图 5-31 所示。

表 5-7 S 位置

符　号	缺口在焊缝	符　号	缺口在热影响区
	示意图		示意图
VWS a/b	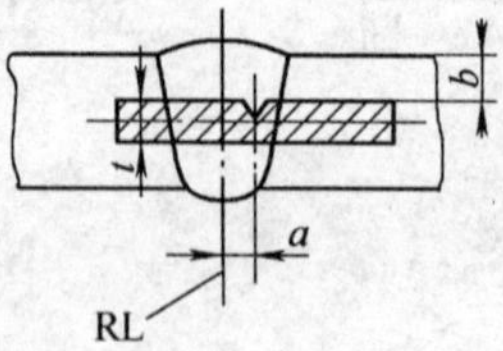	VHS a/b （压焊）	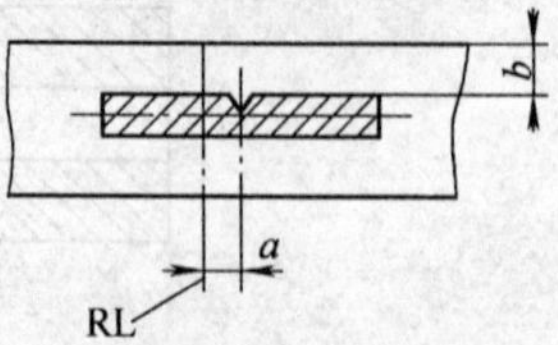
		VHS a/b （熔焊）	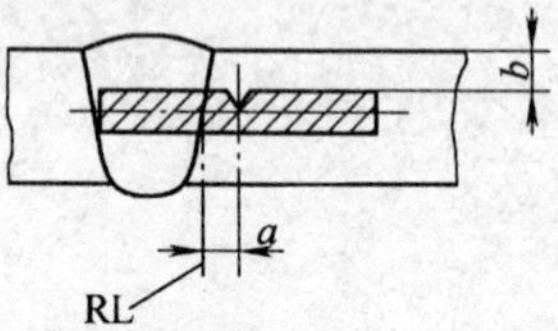

表 5-8 T 位置

符　号	缺口在热影响区	符　号	缺口在热影响区
	示意图		示意图
WVT 0/b	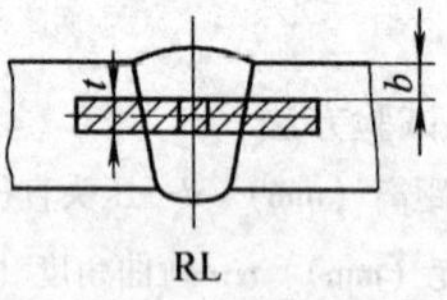	VHT 0/b	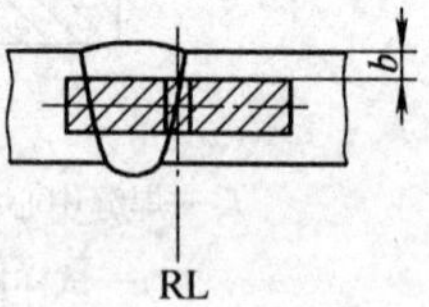
VWT a/b	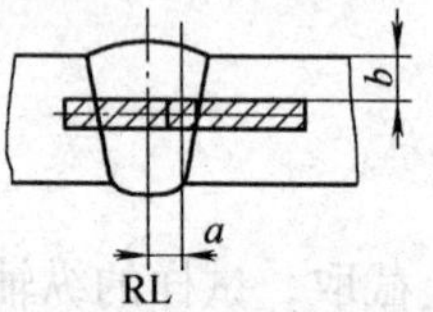	VHT a/b	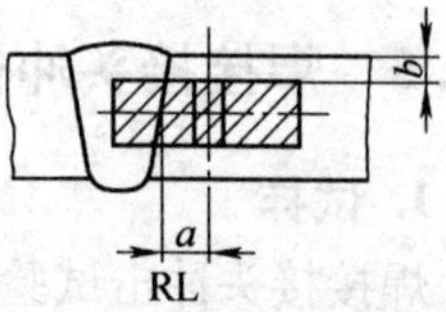
VWT 0/b	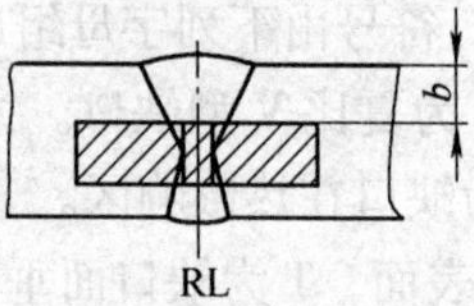	VHT a/b	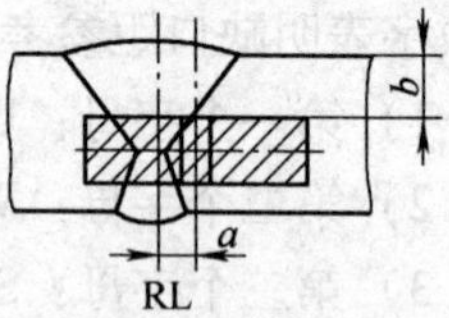
VWT a/b	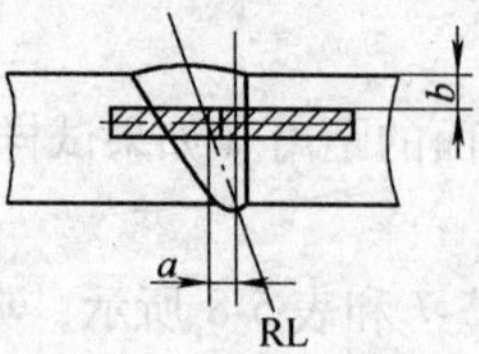	VHT a/b	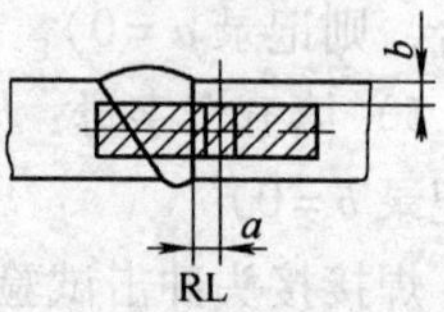

2. 试验设备

（1）试验机的安装及检验　摆锤冲击试验机分为简支梁冲击试验机、悬臂梁冲击试验机、拉伸冲击试验机等类型，主要用于工程塑料、玻璃钢、陶瓷、增强尼龙、电绝缘材料等非金属材料的抗冲击强度的测定。摆锤冲击试验机有指针式和电子式两种类型，具有精度高、稳定性好、操作方便、安全等特点，其中电子式冲击试验机采用液晶显示，微型打印机输出试验结果，并具有能量损失自动修正功能。

试验机应按 GB/T 3808 或 JJG 145 进行安装及检验。摆锤冲击试验机主要由五部分组成，包括基础、机架、摆锤、砧座和支座、指示装置，如图 5-32 所示。

（2）摆锤刀刃　摆锤刀刃半径应为 2mm 和 8mm 两种，用符号的下

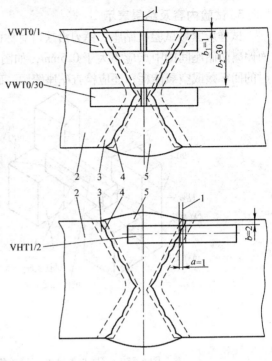

图 5-31　典型符号示例
1—缺口轴线　2—母材　3—热影响区
4—熔合线　5—焊缝金属

角标数字表示：KV_2、KU_2、KV_8 或 KU_8。摆锤刀刃半径的选择应参考相关产品标准。对于低能量的冲击试验，一些材料用 2mm 和 8mm 摆锤刀刃试验测定的结果有明显不同，2mm 摆锤刀刃的结果可能高于 8mm 摆锤刀刃的结果。

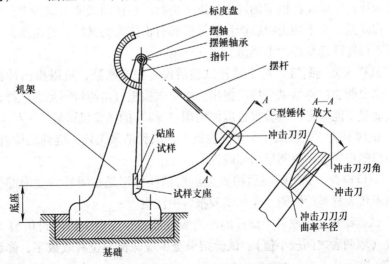

图 5-32　摆锤冲击试验机的组成部分

3. 试验内容及结果表示

试样应紧贴试验机砧座，锤刃沿缺口对称面打击试样缺口的背面，试样缺口对称面偏离两砧座间的中点应不大于 0.5mm，如图 5-33 所示。试验前，应检查摆锤空打时的回零差或空载能耗；还应检查砧座跨距，砧座跨距应保证在 $40_{0}^{+0.2}$ mm 以内。

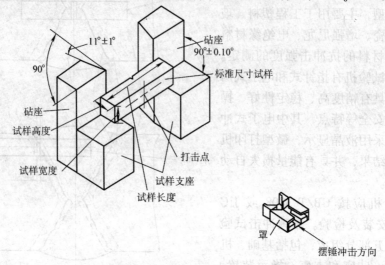

图 5-33 试样与摆锤冲击试验机支座及砧座相对位置

（1）试验温度 对于试验温度有规定的，应在规定温度 ±2℃ 范围内进行。如果没有规定，室温冲击试验应在 23℃ ±5℃ 范围内进行。

（2）试验机能力范围 试样吸收能量 K 不应超过实际初始势能 K_p 的 80%。如果试样吸收能超过此值，在试验报告中应报告为近似值，并注明超过试验机能力的 80%。建议试样吸收能量 K 的下限应不低于试验机最小分辨力的 25 倍。

理想的冲击试验应在恒定的冲击速度下进行。在摆锤式冲击试验中，冲击速度随断裂进程降低，对于冲击吸收能量接近摆锤打击能力的试样，打击期间摆锤速度已下降至不再能准确获得冲击能量。

（3）试样未完全断裂 对于试样试验后没有完全断裂，可以报出冲击吸收能量，或与完全断裂试样结果平均后报出。由于试验机打击能量不足，试样未完全断开，吸收能量不能确定，试验报告应注明用"×J"的试验机试验，试样未断开。

（4）试样卡锤 如果试样卡在试验机上，试验结果无效，应彻底检查试验机，否则试验机的损伤会影响测量的准确性。

（5）断口检查 如果断裂后检查显示出试样标记是在明显的变形部位，试验结果可能不代表材料的性能，应在试验报告中注明。

（6）试验结果 读取每个试样的冲击吸收能量，应至少估读到 0.5J 或 0.5 个标度单位（取两者之间较小值）。试验结果至少应保留两位有效数字，修约方法按 GB/T 8170 执行。

5.1.6　焊接接头硬度试验

1. 试样

1）试件横截面应通过机械切割获取，通常垂直于焊接接头。

2）试样表面的制备过程应正确进行以保证硬度测量没有受到冶金因素的影响。

3）被检测表面制备完成后最好进行适当的腐蚀，以便准确确定焊接接头不同区域的硬度测量位置。

2. 试验设备

使用布氏硬度测试和维氏硬度测试所用的设备。

3. 试验内容及结果表示

（1）标线测定（R）

1）图 5-34 ~ 图 5-40 给出了标线测定测点位置示例图，包括标线距表面的距离，通过这些测点可以对接头进行评定。必要时，可以增加标线数量和（或）在其他位置测定。测点位置应在试验报告中说明。

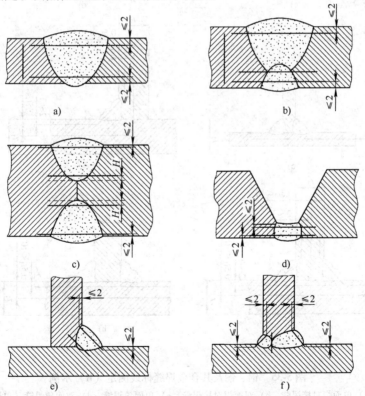

图 5-34　钢焊缝标线测定（R）示例

a）单面焊对接焊缝　b）双面焊对接焊缝　c）双面焊部分熔透对接焊缝
d）用于对单道根部焊缝硬化程度的评估　e）角焊缝　f）T 形接头
H—标线测定时测点中心距表面或熔合线的距离（mm）

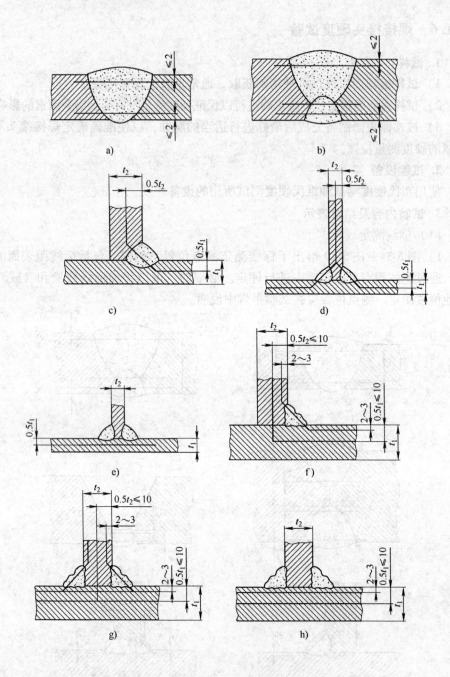

图 5-35　铝、铜及其合金焊缝标线测定（R）示例

a）单面焊对接焊缝　b）双面焊对接焊缝　c）单面角焊缝　d）双面角焊缝（单道）

e）双面角焊缝（单道，肋板不承载）　f）单面角焊缝（多道）

g）双面角焊缝（多道）　h）双面角焊缝（多道，肋板不承载）

t_1—横板试样的厚度（mm）　t_2—立板试样的厚度（mm）

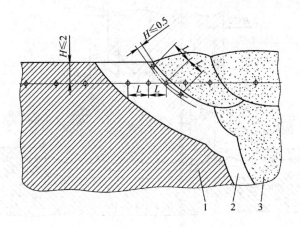

图 5-36　钢（奥氏体钢除外）对接焊缝的测点位置

1—母材　2—热影响区　3—焊缝金属

H—标线测定时测点中心距表面或熔合线的距离（mm）

L—在热影响区两个相邻测点中心的距离（mm）

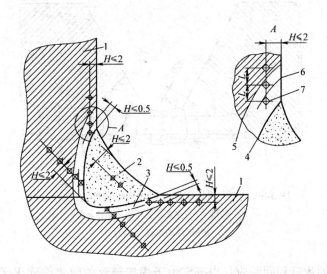

图 5-37　钢（奥氏体钢除外）角焊缝的测点位置

1—母材　2—热影响区　3—热影响区靠近母材侧区域　4—焊缝金属

5—熔合线　6—热影响区靠近熔合线侧区域　7—第一个检测点位置

H—标线测定时测点中心距表面或熔合线的距离（mm）

L—在热影响区两个相邻测点中心的距离（mm）

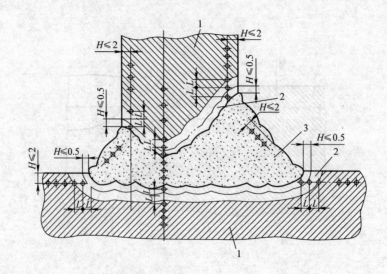

图 5-38 钢（奥氏体钢除外）T 形接头的测点位置
1—母材 2—热影响区 3—焊缝金属
H—标线测定时测点中心距表面或熔合线的距离（mm）
L—在热影响区两个相邻测点中心的距离（mm）

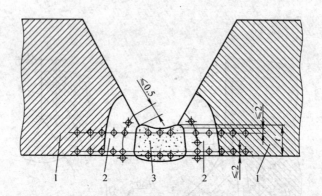

图 5-39 钢根部单道焊缝评估硬化程度的测点位置
1—母材 2—热影响区 3—焊缝金属
t—试样的厚度（mm）

2）测点的数量和间距应足以确定由于焊接导致的硬化或软化区域。在热影响区相邻测点中心的距离如表 5-9 所示。

3）在母材上检测时应有足够的检测点以保证检测的准确。在焊缝金属上检测时，测点间距离的选择应确保对其做出准确评定。

4）热影响区中由于焊接引起硬化的区域应增加两个测点，测点中心与熔合线之间的距离小于或等于 0.5mm。

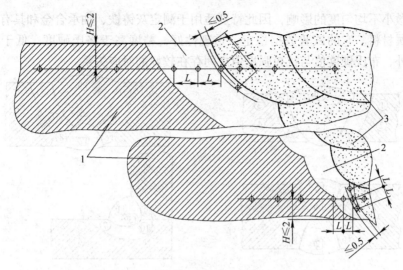

图 5-40　钢根部多道焊焊缝评估硬化程度的测点位置示意图

1—母材　2—热影响区　3—焊缝金属

H—标线测定时测点中心距表面或熔合线的距离（mm）

L—在热影响区两个相邻测点中心的距离（mm）

表 5-9　在热影响区两个测点中心之间的距离

硬度符号	两个测点中心间的推荐距离①L/mm	
	钢铁材料②	铝、铜及其合金
HV5	0.7	2.5 ~ 5
HV10	1	3 ~ 5
HBW1/2.5	不使用	2.5 ~ 5
HBW2.5/15.625	不使用	3 ~ 5

①　任何测点中心距已检测点中心的距离应不小于 GB/T 4340.1 允许值。

②　奥氏体钢除外。

（2）单点测定（E）

1）图 5-41 给出了测点位置的典型区域。此外，还可根据金相检验确定测点位置。

2）为了防止由测点压痕变形引起的影响，在任何测点中心间的最小距离不得小于最近测点压痕的对角线或直径的平均值的 2.5 倍。

3）热影响区中由于焊接引起硬化的区域，至少有一个测点，测点中心与熔合线之间的距离不大于 0.5mm，对于单点测定，测定区域应按图 5-41 所示予以编号。

（3）试验要求　一般采用布氏硬度试验的方法。布氏硬度试验的优点是硬度代表性好，由于通常采用的是 10mm 直径球压头，29.42kN（3000kgf）试验力，其压痕面积较大，能反映较大范围内金属各组成相综合影响的平均值，而不受个别组成相及微小不均匀度的影响，因此特别适用于测定灰铸铁、轴承合金和具有粗大晶粒的金属材料。它的试验数据稳定，重现性好，精度高于洛氏硬度，低于维氏硬度。此外，布氏硬度值与抗拉强度值之间存在较好的对应关系。

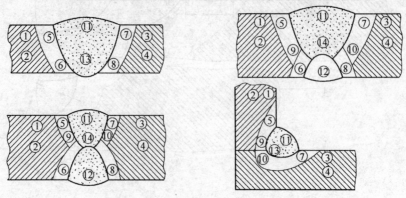

图 5-41　单点测定（E）区域示例
①~④—母材　⑤~⑩—热影响区　⑪~⑭—焊缝金属

1）试验一般在 10~35℃ 的温度下进行。对于温度要求严格的试验，应控制在 23℃±5℃。

2）试样应平稳地放在刚性支承物上，并使压头轴线与试样表面垂直，以避免试样产生位移。

3）试验过程中，硬度计应避免受到冲击和振动。

4）每个试样上的试验点数不少于 4 点，第 1 点不计。

5）在大量试验前或距前一试验超过 24h，以及压头或支承台移动或重新安装后，均应进行检定，上述调整后的第一次试验结果不作为正式数据。

6）使用表 5-10 中所示的各级试验力，如果有特殊协议，其他试验力-球直径平方的比率也可以用。

表 5-10　不同条件下的试验力

硬度符号	硬质合金球直径 D/mm	试验力-球直径平方的比率 $0.102F/D^2/MPa$	试验力的标称值 F
HBW10/3000	10	30	29.42kN
HBW10/1500	10	15	14.71kN
HBW10/100	10	10	9.807kN
HBW10/500	10	5	4.903kN
HBW10/250	10	2.5	2.452kN
HBW10/100	10	1	980.7N
HBW5/750	5	30	7.355kN

（续）

硬度符号	硬质合金球直径 D/mm	试验力-球直径平方的比率 $0.102F/D^2/MPa$	试验力的标称值 F
HBW5/250	5	10	2.452kN
HBW5/125	5	5	1.226kN
HBW5/62.5	5	2.5	612.9N
HBW5/25	5	1	245.2N
HBW2.5/187.5	2.5	30	1.839kN
HBW2.5/62.5	2.5	10	612.9N
HBW2.5/31.5	2.5	5	306.5N
HBW2.5/15.625	2.5	2.5	153.2N
HBW2.5/6.25	2.5	1	61.29N
HBW1/30	1	30	294.2N
HBW1/10	1	10	98.07N
HBW1/5	1	5	49.03N
HBW1/2.5	1	2.5	24.52N
HBW1/1	1	1	9.807N

7）试验力的选择应保证压痕直径为 $0.24D \sim 0.26D$。试验力-压头球直径平方的比率（$0.102F/D^2$ 比值）应根据材料和硬度值选择。为了保证在尽可能大的有代表性的试样区域试验，应尽可能地选取大直径压头。

（4）布氏硬度的表示 布氏硬度用符号 HBW 表示。符号 HBW 前面为硬度值，符号后面的数字依次表示球直径（单位为 mm）、试验力数字、与规定时间（10~15s）不同的试验力保持时间。如 350HAW5/750 表示用直径 5mm 的硬质合金球在 7.355kN 试验下保持 10~15s 测定的布氏硬度值为 350；600HBW1/30/20 表示用直径 1mm 的硬质合金球在 294.2 N 试验力下保持 20s 测定的布氏硬度值为 600。

（5）试验程序

1）试验一般在 10~35℃室温下进行。对于要求高的产品，温度为 23℃±5℃。

2）当试样尺寸允许时，应优先选用直径 10mm 的球压头进行试验。

3）试样应平稳地放在刚性支承物上，并使压头轴线与试样表面垂直，避免试样产生位移。

4）使压头与试样表面接触，无冲击和振动地垂直于试验面施加试验力，直至达到规定试验力值。从加力开始至全部试验力施加完毕的时间应为 2~8s。试验力保持时间为 10~15s。对于要求试验力保持时间较长的材料，试验力保持时间允许误差应在 ±2s 以内。

5) 在整个试验期间,硬度计不应受到影响试验结果的冲击和振动。

6) 任一压痕中心距试样边缘距离至少应为压痕平均直径的 2.5 倍,两相邻压痕中心间距离至少应为压痕平均直径的 3 倍。

7) 应在两相互垂直方向测量压痕直径。用两个读数的平均值计算布氏硬度。布氏硬度的计算公式为

$$布氏硬度 = \frac{0.102F}{A_凹} = \frac{0.204F}{\pi D(D - \sqrt{D^2 - d^2})}$$

式中　0.102——试验力单位由 kgf 更换为 N 后需要乘以的系数,即 $1/g = 1/9.80665 = 0.102$(g 为标准重力加速度);

　　　　F——试验力,单位为 N;

　　　　$A_凹$——表面压痕的凹陷面积(mm²);

　　　　D——球直径,单位为 mm;

　　　　d——压痕平均直径,单位为 mm;$d = (d_1 + d_2)/2$,d_1、d_2 为在两个相互垂直方向上测量的压痕直径(见图 5-42)。

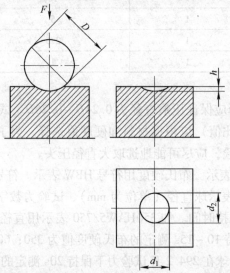

图 5-42　布氏硬度试验

5.2　焊接接头的金相试验

焊接接头金相检测是为了显现焊接接头中组织状态和确定其内部缺欠。通过对焊接接头金相组织的观察可以判定焊接材料和焊接工艺的正确性、焊接参数的影响、热处理的影响,以及确定焊接缺欠产生的原因。焊接接头金相试验是保证和改善焊接接头质量的一门重要的实验学科,是为了获得最佳焊接工艺和优良的焊接质量,也是对焊接接头进行检查和试验的测试手段。金相分析借助于光学显微镜和电

子显微镜等仪器，包括宏观分析和显微分析两种。

5.2.1　焊接接头金相试样的制备

金相试样的制备过程通常包括取样及编号、镶嵌、研磨、抛光和显示等工序。焊接接头金相检测的目的是研究接头不同区域组织性能及焊接缺欠，其内容主要有：焊接接头宏观、微观的焊接缺欠分析，各区域金相组织分析，微区分析，定量分析，各种焊接裂纹产生原因分析，焊接工程运行中失效原因分析等。有时为了提高焊接工程质量，延长产品工作寿命和引进新材料、新焊料等焊接工艺研究，也需要进行焊接金相分析。由于焊接检测的目的和对象不同，焊接金相试样制备的方法和工序也不完全相同。

1. 取样

试样截取的部位、数量和试验状态，应按有关标准、技术条件进行。焊接金相试样的取样要求取决于焊件的材质以及焊接结构的特点、焊接参数和使用情况等，一般有系统取样和指定取样。

（1）系统取样　系统取样是指选取的金相试样必须能够表征焊接接头的特性，即具有一定的代表性。尽管焊接接头中不同区域的金相组织存在差别，而采用统计的方法截取一系列试样有助于试验结果的准确性。常规金相观察所切取试样的部位、形状、数量及尺寸，可以根据焊接接头不同的检测要求以及金相显微镜的类型进行选择。

（2）指定取样　指定取样是根据所研究的焊接接头的某一特殊性能，有针对性地进行取样，焊接接头失效分析的试样截取就属于这种类型。指定取样必须根据焊接接头的使用部位、受力情况、出现裂纹的部位和形态等具体情况，在焊接接头区域的关键部位进行取样。

金相检测的试样可以从焊接构件上或专制的试板上切取。切取的方法可采用手工锯割、机械加工、砂轮切割、专用金相切割和线切割等方法。金相试样不论是在试板上还是直接在焊接结构件上取样，都要保证取样过程不能有任何变形、受热、使接头内部缺欠扩展和失真的情况。用热切割时，必须留有足够的余量能保证使用机械方法除去其热影响区。从样坯上切取金相试样时，应使焊缝金属、热影响区和母材金属均包括在试样内。试样的形状尺寸要充分考虑金相分析的可行性和保持试样上储存尽可能多的信息，一般根据焊接结构件的特点和焊接接头的形式确定。

如果试样是从大块样品上用火焰切割或用电锯切割下来的，必须通过粗磨去除由加热和机械形变造成的严重损坏。对于周边有尖角的试样应该倒角，使它们不至于在抛光时刮坏抛光布。粗磨可以在带式粗磨机或高速磨盘上进行。带式粗磨机比较简便，容易使用；高速磨盘效率高，试样磨得较平。

2. 试样的镶嵌

对于很小、很薄或形状特殊的焊接件，截取金相试样后难以进行磨制，可以采用机械工具夹持或对试样进行镶嵌。试样镶嵌无论对于手动或自动抛光都是一种安全、方便的方法。镶样的方法有很多，如低熔点合金镶嵌、电木粉或塑料镶嵌等。目前一般是采用塑料镶嵌，常用的有热固性塑料、热塑性塑料和化学聚合塑料三种。

（1）热固性塑料　这种塑料在热压下成型，通常用的是胶木粉，成粉粒状，褐色，耐蚀能力较强，耐稀酸、稀碱浸蚀。成型温度为 135~150℃，压力为 17.6~21MPa。

（2）热塑性塑料　常用的有聚乙烯聚合树脂、醋酸纤维树脂等。耐蚀能力强，耐强酸、强碱浸蚀，溶于丙酮、苯和二甲苯中。加热变成黏稠状液态，可采用冷却法成型。成型温度为 140~165℃，压力为 17.6~24.6MPa。

（3）化学聚合塑料　热塑性或热固性塑料镶嵌都要加热加压成型，对于淬火钢或较软的金属材料仍不适合，这时可采用不加热加压成型的化学聚合塑料。将其适当混合调匀，呈糊状，然后注入模内。几分钟可成型，经十几小时硬化后才能磨光。其优点是不用加热加压，不用镶嵌机，硬度高，被镶试样边缘不倒角。

对于很小、很薄或形状特殊的焊接件，可以采用机械工具夹持，装夹时选择合适的填片，使试样与填片间紧密接触。

3. 试样的磨制和抛光

（1）试样的磨制　磨制试样是为了得到一个金相检测用的平面，减少由取样引起的表面形变层，使粗抛和细抛能顺利进行。一般采用砂纸对试样进行磨制，根据砂纸磨料的粗细，分为粗磨和细磨。粗磨主要是在砂布或粗砂纸上进行，细磨最好使用细磨机，也可直接在金相细砂纸上磨制。

（2）试样的抛光　抛光是试样制备的最后一道工序，其目的是除去试样磨面上的细磨痕，以获得光滑无痕的镜面。金相试样的抛光方法有机械抛光、电解抛光、化学抛光三种。

1）机械抛光是将试样轻轻放在蒙有抛光织物的转盘上，并定时在抛光织物上洒上悬浮的抛光液，靠抛光液的磨削、滚压作用把磨面抛光。

2）电解抛光是以金属与电解液之间通过直流电流时发生的电解化学过程为基础的。试样为阳极，当一定密度电流通过电路时，表面发生选择性溶解，原来的粗糙表面被逐渐整平，达到与机械抛光相同的结果。

3）化学抛光如化学浸蚀一样，只需将试样浸在化学抛光液中，在一定温度下经过一定时间以后，即能得到光亮的表面。

4. 试样的显示

常用的焊接接头金相试样组织显示方法有化学试剂法、电解浸蚀法和彩色金相法三种。

（1）化学浸蚀法　化学浸蚀法的主要原理，就是利用浸蚀剂对试样表面所引起的化学溶解作用或电化学作用（即局部电池原理）来显示金相组织。它们的浸蚀方式则取决于组织中组成相的性质和数量。

对于纯金属或单相合金来说，浸蚀是一个纯化学溶解过程。焊接接头试样经过化学试剂腐蚀作用后，首先溶去了抛光时造成的表面变形层，显示出晶界及各晶粒的位向。

两相合金的浸蚀主要是一个电化腐蚀过程。两个组成相具有不同的电位，在浸蚀剂（即电解液）中，形成很多微小的局部电池。较高负电位的一相成为阳极，被迅速溶入电解液中，逐渐凹下去，而较高正电位的另一相成为阴极，保持原光滑平面，在显微镜下可清楚显示出两相组织形态。

多相合金的浸蚀，也是一个电化溶解过程，通过选择适当的浸蚀剂使各相均被显示出来。

（2）电解浸蚀法　电解浸蚀法是将抛光试样浸入合适的化学试剂溶液中（电解浸蚀剂），通过较小的直流电进行浸蚀。在直流电的作用下，试样作为阳极，当一定电流密度通过时，试样表面与电解液发生选择性溶解，达到显示金相组织的目的。

电解浸蚀法主要用于化学稳定性较高的合金，如不锈钢、耐热钢和镍基合金等。这些合金用化学浸蚀很难得到清晰的组织，用电解浸蚀效果好，设备简单，只要用简易的电解抛光设备，按有关手册所给试剂和操作规范进行即可。或者在电解抛光以后，随即降低电压也可以进行电解浸蚀。

（3）彩色金相法　彩色金相法属于干涉膜金相学，是通过化学或物理的方法，在焊接试样的表面形成一层干涉膜，通过薄膜干涉将合金的显微组织显示出来。由于薄膜干涉效应，不同的相将呈现不同的干涉色，通过彩色衬度对组织进行显示，则形成彩色金相。

彩色金相法的特点是提高了光学金相即黑白金相的鉴别能力，能够观察到一般黑白显示方法无法分辨的组织。它使试样色彩丰富、衬度鲜明，增加了试样表面可提供的信息量，可靠性及重现性好。

5.2.2　焊接接头金相组织检测的内容

焊接接头的金相检测包括宏观金相检测和微观金相检测两部分。一般先进行宏观金相检测，然后再进行有针对性的微观金相检测。

1. 焊接接头的宏观金相检测

宏观金相检测是采用肉眼或用 30 倍左右的放大镜，对金属截面直接进行观察。宏观检测包括低倍组织分析、低倍缺欠分析和断口分析等内容。

（1）低倍组织分析　低倍组织分析的内容有焊接接头试样熔池形状及尺寸（熔宽、熔深）、一次结晶形态和尺寸及方向、结晶偏析及缺欠、热影响区的形状及尺寸、各特征区域大小等，低倍组织分析可以确定焊接接头的组织结构及各区域的界线。

（2）低倍缺欠分析　低倍缺欠分析是在焊接接头试样通过磨抛或宏观浸蚀后，

进行各种缺欠及各种偏析（中心线偏析、层状偏析、焊道偏析、熔合线偏析、柱状晶间偏析、树枝偏析等）的检查分析。

（3）断口分析 断口分析是对试样或构件断裂后的断口形貌进行研究，了解材料断裂时呈现的各种断裂形态特征，探讨其断裂机理和材料性能的关系。断口分析的目的有：

1）判定断裂性质，寻找破断原因。

2）研究断裂机理。

3）提出防止断裂的措施。

断口分析是事故或失效分析中的重要手段。在焊接检测中主要是了解断口的组成、断裂的性质（塑性或脆性）及断裂的类型（晶间、穿晶或复合），还有断口组织与缺欠及其对断裂的影响等。宏观断口分析主要是看金属断口上纤维区、放射区和剪切唇三者的形貌、特征、分布以及各自所占的面积比例，从中判断出断裂的性质和类型。如果是裂纹，就可以确定裂纹源的位置和裂纹扩展方向。

2. 焊接接头的微观金相检测

微观金相检测是利用光学显微镜（放大倍数为 50 ~ 2000）检查焊接接头各区域的微观组织、偏析和分布。通过微观组织分析，研究母材、焊接材料及焊接工艺存在的问题。显微分析是焊接金相分析中工作量最大、内容最丰富的分析项目，主要包括焊缝和焊接热影响区的组织形态、尺寸、分布等内容。

（1）焊缝显微组织分析 显微组织分析的内容包括焊缝铸态一次结晶组织和二次固态相变组织。

一次结晶组织分析是针对熔池液态金属经形核、长大及结晶后的高温组织进行分析。一次结晶常表现为各种形态的柱状晶组织，它的形态、粗细程度以及宏观偏析情况对焊缝金属的力学性能、裂纹倾向影响很大。一般情况下，柱状晶越粗大，杂质偏析越严重，焊缝金属的力学性能越差，裂纹倾向越大。

对于钢铁材料，二次固态相变组织分析是针对高温奥氏体经连续冷却相变后，在室温的固态相变组织进行分析。焊缝凝固所形成的奥氏体相变后的组织主要是铁素体和珠光体，有时受冷却条件的限制，还会有不同形态的贝氏体和马氏体组织。二次组织与一次组织有承袭关系，它对焊缝力学性能、裂纹倾向有直接影响。

（2）热影响区显微组织分析 焊接热影响区的组织情况非常复杂，尤其是靠近焊缝的熔合区和过热区，常存在一些粗大组织，使接头的韧性和塑性大大降低，同时也是产生脆性破坏裂纹的发源地。接头热影响区的性能有时决定了整个接头的质量和寿命，所以应着重分析靠近焊缝的熔合区和过热区的部位。

3. 金相定量分析

显微组织分析除定性研究外，有时需要进行定量研究。定量分析可对焊接接头试样进行晶粒度评级、夹杂物评级、铁素体含量测量，还可以测定各种组织比例、热影响区尺寸、裂纹尺寸及裂纹率，也包括熔池尺寸、增碳层与脱碳层尺寸、晶间脆性层厚度、过渡层的尺寸、异种钢接头中的熔合区尺寸等。定量分析的常用方法有比较法、计点法、截线法、截面法及联合测量法等。

1）比较法是将被测对象与标准图进行比较，从而确定其级别，如晶粒度、夹杂物及偏析等都可以用比较法判定其级别。比较法简便易行，但误差较大。

2）计点法是制备一套有不同间距（常用 3mm × 3mm、4mm × 4mm 或 5mm × 5mm）的网格，在试样或照片上选一定网格的区域，求出某个相的测试点数和测量总点数之比。

3）截线法是采用有一定长度的刻度尺，测量单位长度测试线上的点数、物体个数及第二相所占的线长等。

4）截面法是用带刻度的网格来测量单位面积上的交点数或物体个数，也可以用来测量单位测试面积上被测相所占的面积百分比。

5）联合测量法是指将计点法和截线法联合起来进行测量。

近年来开发的金相自动图像分析仪，是结合光学、电子学和计算机技术对金属显微组织图像进行计算机智能化分析的自动图像分析系统。其成像系统主要是将试样的光学显微组织转变成电子图像，以便于利用计算机进行图像处理和数据分析。采用计算机智能化金相分析，可实现晶粒度的测量与分析（包括晶粒平均直径、平均面积、晶界平均长度和晶粒度等级等）、第二相粒子的测量与分析（包括体积分数、平均直径、质点间的平均距离等）、非金属夹杂物的测量与显微评定（包括等效圆直径、面积百分数、形状参数及分布状态等）。

4. 微区分析

微区分析是利用电子显微镜分析研究基体组织结构、第二相结构、相成分及其与母材的结晶学关系，同时研究夹杂物成分与结构、微区成分、晶间成分及结晶构造、表面的成分与结构、各相之间结晶学位向关系等。当利用光学显微镜难以分辨细小的组织、析出相、缺欠、夹杂物等时，需要采用适当的电子显微分析方法做进一步的分析。常用的电子显微分析方法有扫描电镜、透射电镜、X 射线衍射、微区电子衍射、电子探针等。这些分析方法的性能和用途见表 5-11。

表 5-11　电子显微分析方法的性能和用途

方 法	最小分析的线性范围/μm	放大倍数范围	主 要 用 途
扫描电镜	0.06 ~ 0.1	20000	断口、组织、缺陷
透射电镜	$(1 \sim 3) \times 10^{-4}$	300 ~ 100000	组织、相结构、点阵缺陷（空位、位错等）
X 射线衍射	100	—	相结构
微区电子衍射	0.1 ~ 1	50 ~ 400000	相结构
电子探针	0.1 ~ 1	—	微区成分、表面形貌
激光探针	10	—	微区成分（灵敏度高）
离子探针	10 或表面 0.01	—	微量元素（10^{-5} 数量级）、H、B、C 的分布
俄歇电子能谱分析	表面 0.01	—	2 ~ 3 个原子层的成分和组织

5.3 焊接接头的化学分析试验

焊接工程质量检测中的化学分析试验，包括焊接材料及焊缝金属化学成分分析，焊缝金属中氢、氧、氮含量的测定及焊缝和焊接接头的腐蚀试验等。

5.3.1 焊接接头化学成分分析

焊接生产中化学成分分析包括对焊接材料、焊缝金属和熔敷金属的化学成分分析，其目的是检查被检材料是否符合规定的化学成分要求。

1. 化学成分分析的选用原则

焊缝金属化学成分是保证焊缝综合性能的基础。一般焊接产品，只要求焊接接头的力学性能及无损检测合格，不需要进行焊缝金属化学成分分析。但在某些特定条件下（如特殊材料的焊接、制定和采用新的焊接工艺等），则需要对焊接材料、焊缝金属和熔敷金属进行化学成分分析。化学成分分析的选用原则如下：

（1）原材料及焊接材料的复检　对于高压压力容器，国家规定金属材料的化学成分是必须复检的项目。当制造单位对材料化学成分有怀疑时也应该复检。

（2）特种材料焊接和耐蚀堆焊层的工艺评定　耐热型低合金钢的焊缝金属，在保证力学性能的前提下，还应保证化学成分。某些在高温、高压、强腐蚀条件下工作的石油化工设备，内表面要采用堆焊的方法衬上一层耐腐蚀材料。耐腐蚀堆焊工艺评定的检测项目之一就是用化学分析的方法确定堆焊层的组成。

（3）估测奥氏体不锈钢焊缝中的铁素体含量　在某些奥氏体不锈钢的焊接中，要求焊缝具有奥氏体加少量铁素体的双相组织，其中铁素体的体积分数在3%～8%较为适宜。由于在奥氏体不锈钢中，镍是促进形成奥氏体的元素，铬是促进形成铁素体的元素，其他元素或者形成奥氏体，或者形成铁素体，将其含量换算成相当于镍或铬含量的百分数，最后可确定出镍当量和铬当量，利用舍夫勒图，即可通过奥氏体不锈钢及其焊缝中的成分，确定出焊缝中铁素体含量。

（4）用于缺欠原因分析　焊接结构的力学性能和无损检测不合格时，如发生一些不允许存在或超过质量要求的缺欠，则可能是焊接材料本身（包括母材和填充金属）存在某种问题，也可以从化学成分分析入手，查找原因。

2. 化学成分分析方法

化学成分可以通过化学、物理多种方法来分析鉴定，目前应用最广的是化学分析法和光谱分析法。此外，设备简单、鉴定速度快的火花鉴定法，也是鉴定钢铁化学成分的一种实用简易方法。

（1）化学分析法　根据化学反应确定金属的组成成分，这种方法统称为化学分析法。化学分析法分为定性分析和定量分析两种。通过定性分析，可以鉴定出材料含有哪些元素，但不能确定它们的含量。定量分析，可用来准确测定各种元素的含量。实际生产中主要采用定量分析。定量分析的方法有重量分析法和滴定分析法。重量分析法是采用适当的分离手段，使金属中被测定元素与其他成分分离，然后用称重法来测元素含量。滴定分析法是用标准溶液（已知浓度的溶液）与金属中被测元素完全反应，然后根据所消耗标准溶液的体积计算出被测定元素的含量。

（2）光谱分析法　各种元素在高温、高能量的激发下都会产生自己特有的光谱，根据元素被激发后所产生的特征光谱来确定金属的化学成分及大致含量的方法，称光谱分析法。通常借助于电弧、电火花、激光等外界能源激发试样，使被测元素发出特征光谱，经分光后与化学元素光谱表对照，进行分析。

（3）火花鉴别法　主要用于钢铁材料成分的鉴定。钢铁在砂轮磨削下由于摩擦、高温作用，各种元素、微粒氧化时产生的火花数量、形状、分叉、颜色等不同，以此来鉴别材料化学成分（组成元素）及其大致含量。

3. 试样的取样与制备

试样的取样和制备是化学分析工作的重要环节。测定焊缝的化学成分用的试样取样和制样，应按相应的现行国家标准、行业标准规定的方法进行，一般可参照 GB/T 222—2006《钢的成品化学成分允许偏差》的规定取样。

熔敷金属化学分析是测定熔敷金属化学成分的试验方法，我国的焊接标准中对此做出了明确的规定。化学分析试块应在与熔敷金属化学成分相当的母材上进行多层堆焊，每一焊道宽度约为焊芯直径的 1.5~2.5 倍，每层焊完后试块应在水中浸泡约 30s，在后一道焊接前进行干燥处理，清除表面异物。堆焊金属最小尺寸及取样部位应符合标准的规定。化学分析试样从上述堆焊金属上制取。

焊缝金属的化学分析试样，应从焊缝中截取，取样部分的焊缝中应避免有熔渣和氧化物存在。试样的制取可用钻、刨或铣加工等方法取得，取样时还应注意取样部位在焊缝中所处的位置和层次。为了更好地确定焊缝界限，可在焊缝的截面进行腐蚀，找出熔合线。一般以多层焊或多层堆焊的第三层以上的成分作为熔敷金属的成分。试样的样屑粒度应适当，太厚和太长的样屑应粉碎并混合均匀，样屑量应根据分析元素的类型和多少而定。焊缝金属化学成分方法见表 5-12。

表 5-12　焊缝金属化学成分分析方法

试样取样	取样区应远离起弧或终弧处 15mm，与基本金属距离 5mm 以上；试样的制取可用钻、刨或铣加工方法取得；试样所用的细屑厚度不应超过 1.5mm；取出的试样要用乙醚清洗
试样用量	在做碳、硅、锰、磷、硫等元素分析时，取细金属屑 30g；若要对镍、铬、钼、钛、钒、铜等做补充分析，细屑应不少于 50g；如果要分析其他元素时，则依分析元素的多少，增加细金属屑量
标准	GB/T 222《钢的成品化学成分允许偏差》、GB/T 223《钢铁及合金化学分析方法》
试验结果	按标准分析计算。任何一项试验的结果不符合要求，则该试验应重复两次，所重复的两次试验结果都应符合要求
试验结果评定	原材料、焊接材料、工艺评定等分析，均按有关国家标准进行评定
新技术	如光谱法、磁法、热电法等，可提高检测效率和化学分析的准确性

5.3.2 焊接接头扩散氢的测定

焊接接头扩散氢的测定是评定焊接工艺性能的重要试验。甘油法作为测定焊缝金属扩散氢的方法已经应用多年。虽然使用甘油收集氢操作简单且成本低廉，但精度不够高，主要原因是扩散出来的氢在甘油中的弥散和溶解，以及一些较细的气泡不好收集。对于超低氢焊缝金属，使用甘油收集氢可能显示读数为零。随着低氢、超低氢焊接材料的广泛应用，对于扩散氢的测定精度要求也越来越高，甘油法已被精度较高的水银法和热导法等替代。可参考 GB/T 3965 – 2012《熔敷金属中扩散氢测定方法》进行。

1. 水银法

（1）测定原理及装置

1）使用置换法把扩散氢收集到一个真空、充满水银的毛细管内进行测量。适用于 B 型和 C 型试块。

2）使用的收集器见图 5-43 的 Y 型收集量管示例，也可使用原理相同的其他类型收集装置，如图 5-44 的 U 型收集量管示例。收集量管应填充洁净水银，约需 110mL，既保证平放抽真空时毛细管可以与外界连通，又保证竖直时粗臂管的水银面处于刻度范围内。

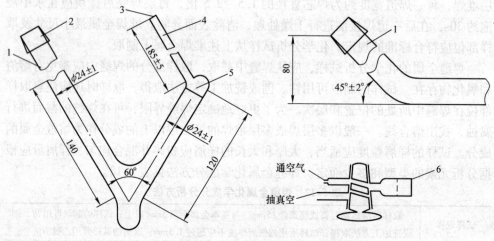

图 5-43　Y 型收集量管
1—45°曲臂　2—29/32 锥形管口　3——密闭（内端平）　4—精密内径管
5—试样放置处　6—29/32 锥形管帽

（2）测试程序

1）将填装水银的气体收集量管缓缓放平，旋转三通阀连通收集量管与真空泵，抽取整个管腔内的空气。抽气时间依真空泵情况而定。然后将收集量管缓缓竖起，旋转三通阀让空气缓缓进入粗臂管，使水银充满毛细管。应确保毛细管顶端没有空气气泡，否则应重复上述过程。

2）将试样送入收集量管的粗臂管，用磁铁在管外吸住试样，盖上三通阀连通真空泵抽气，将收集量管稍稍放低，用磁铁小心将试样带入水银中并转动试样使附着的气泡排出，再移动到毛细管下端的位置，使试样刚好浮在水银面上。移开磁铁，竖起收集量管，停止抽气，旋转三通阀将空气放入粗臂管后再关闭管阀，应确保毛细管顶端没有空气气泡。从开始清洗到试样就位应不超过 2min。

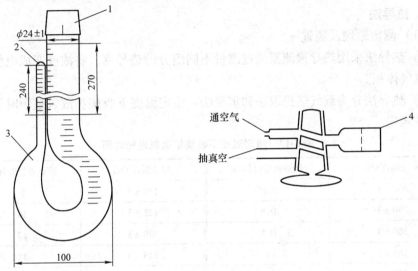

图 5-44　U 型收集量管

1—29/32 锥形管口（粗臂管标注 mm，最小刻度为 1）　2—密闭（内端平，毛细管标注 mL，
最小刻度为 0.01）　3—试样放置处　4—29/32 锥形管帽

3）将试样在室温下释放扩散氢并收集在毛细管中，直到扩散氢体积不再增加，即 24h 里增加的扩散氢体积（换算成标准状况）不大于 1% 时，结束收集。一般需要十余天。或者在 45℃ 收集 72h，加热过程中应保持收集量管的管阀处于良好密封状态。

4）测量氢气柱长度 C 或氢气体积 V 以及收集量管的粗细两管中水银液面高度差 H，并记录当时的大气压力和毛细管中氢气柱附近的环境温度 T。

5）取出试样清理后称重并记为 m_2。

（3）数据处理　将测量的氢气体积换算成标准状况（0℃、101.325kPa，即 273K、760mmHg），按下式计算：

$$V_D = \frac{273\ (p - H)\ (\pi r^2 C)}{760\ (273 + T)\ \times 100} = \frac{273\ (p - H)\ V}{760\ (273 + T)}$$

式中　V_D——测量的扩散氢换算成标准状况下的体积，单位 mL；

p——收集结束时的大气压，单位为 mmHg（1mmHg = 133.322Pa）；

H——收集量管的粗细两管中水银液面高度差，单位为 mmHg（1mmHg = 133.322Pa）；

r——毛细管内半径，单位为 mm；

C——氢气柱长度，单位为 mm；

T——氢气柱附近的环境温度，单位为℃；

V——测量的氢气柱体积，单位为 mL。

2. 热导法

（1）测定原理及装置

1）热导法采用热导检测器通过测量不同组分的热导率，将浓度变成电信号来测定氢气体积。

2）热导法分为载气热提取法和集氢法。给定温度下收集扩散氢最短时间按表 5-13 的规定。

表 5-13 给定温度下收集扩散氢最短时间

释放温度/℃	最短收集时间/h	释放温度/℃	最短收集时间/h
400 ± 3	0.35	140 ± 3	8
390 ± 3	0.4	125 ± 3	10
360 ± 3	0.5	120 ± 3	12
285 ± 3	1	115 ± 3	14
225 ± 3	2	110 ± 3	15
195 ± 3	3	100 ± 3	18
175 ± 3	4	70 ± 3	36
160 ± 3	5	50 ± 3	64
150 ± 3	6	45 ± 3	75

3）载气热提取法是将试样加热到较高温度释放扩散氢，通过惰性载气热提取，持续收集和分析扩散氢。当加热温度为 300 ~ 400℃时，最短可在几十分钟内快速测定扩散氢含量，但应控制不超过 400℃，以免释放残余氢。载气热提取/热导检测设备可能采用气相色谱装置。

4）集氢法是将收集器中试样先加热（一般为 45 ~ 150℃）使氢气释放，收集结束后通常采用气相色谱仪分析。

5）任何一种采用热导检测器系统（气相色谱或载气热提取）的其他方法作为测定金属中氢含量的可替代方法，其准确度和再现性都必须与水银法基本相当。

（2）测试程序

1）载气热提取法：按制造商的说明操作仪器，将试样放入适宜的收集器加热最高至 400℃，持续进行扩散氢的收集和测定。

2）集氢法：将试样放入适宜的收集器，用氢气这样的惰性气体清洗、填充，密封后放入炉中或其他适用装置中加热。完成加热/收集过程后，收集器应冷却到室温，按制造商的说明操作仪器进行分析。

3）记录测量时的大气压 p 和环境温度 T。

4）取出试样称重并记为 m_2。

（3）数据处理　将测量的氢气体积换算成标准状况（0℃、101.325kPa，即273K、760mmHg），按下式计算：

$$V_D = \frac{273pV}{760(273 + T)}$$

式中　V_D——测量的扩散氢换算成标准状况下的体积，单位 mL；

$\quad$ p——收集结束时的大气压，单位为 mmHg（1mmHg = 133.322Pa）；

$\quad$ T——环境温度，单位为℃；

$\quad$ V——测量的氢气柱体积，单位为 mL。

3. 氢含量的报告

（1）熔敷金属的扩散氢含量　熔敷金属中扩散氢含量按下式计算：

$$H_D = \frac{V_D}{m} \times 100 = \frac{V_D}{(m_2 - m_1)} \times 100$$

式中　H_D——熔敷金属中扩散氢含量，单位为 mL/100g；

$\quad$ V_D——测量的扩散氢换算成标准状况下的体积，单位为 mL；

$\quad$ m——熔敷金属质量，单位为 g；

$\quad$ m_2——焊后中心试样质量，单位为 g；

$\quad$ m_1——焊前中心试块质量，单位为 g。

（2）焊缝金属的扩散氢含量　评定焊接接头的扩散氢含量必须确定焊缝金属的扩散氢，即评定熔敷金属加上母材的熔化部分。通过放大的描图、照片或图像分析显微镜测量试样的两个端面上熔敷金属和焊缝金属的横截面积，得出平均值。焊缝金属中扩散氢含量按下式计算：

$$H_F = 0.9H_D \times \frac{S_D}{S_F}$$

式中　H_F——单位质量焊缝金属的扩散氢的质量，单位为 μg/g；

$\quad$ H_D——熔敷金属的扩散氢含量，单位为 mL/100g；

$\quad$ S_D——熔敷金属的平均面积，单位为 mm²；

$\quad$ S_F——焊缝金属的平均面积，单位为 mm²。

（3）焊缝金属的总氢含量　对于包含扩散氢和残余氢的总氢量的分析应在400℃以上使用热萃取方法进行。在650℃条件下收集 30min 可得到总氢量。当加热到500℃以上时试样表面的状态对测量的氢体积有一定影响。

第 6 章
焊接工程质量的常规检测

焊接工程质量的常规检测一般包括外观检查、压力试验和致密性检测等。

6.1　外观检测

焊接接头外观检测是由焊接检查员通过个人目视（或借助量具等）检查焊缝的外形尺寸和外观缺欠的质量检测方法，是一种简单且应用广泛的检测手段。焊缝的外形尺寸、表面不连续性是表征焊缝形状特性的指标，是影响焊接工程质量的重要因素。当焊接工作完成后，首先要进行外观检查。多层焊时，各层焊缝之间和接头焊完之后都应进行外观检测。因此，认真做好焊接施工各阶段的外观检测对保证焊接工程质量具有重要意义。

6.1.1　外观检测工具

焊缝外观检测工具有专用工具箱（主要包括咬边测量器、焊缝内凹测量器、焊缝宽度和高度测量器、焊缝放大镜、锤子、扁锉、划针、尖形量针、游标卡尺等）、焊接检验尺、数显式焊缝测量工具。此外，还有基于激光视觉的焊后检测系统等。

1. 专用工具箱

咬边测量器有百分表型和测量尺型两种，均能快速准确地测量焊缝的咬边尺寸。

焊缝内凹测量器也叫深度测量器，使用时把钢直尺伸向焊接结构内，将钩形针探头对准凹陷处，掀动钩针的另一端，使钩形针探头伸向凹陷的根部，然后用游标卡尺量出探头伸出的长度，便可获得内凹深度的数值。

焊缝宽度和高度测量器用于测量焊缝宽度和高度，也可用于焊后焊件变形的测量。

一般采用 4 倍或 10 倍的放大镜观测焊缝表面。锤子规格为 1/4lb(0.113kg)，用来剔除焊渣。扁锉规格一般为 6in(152.4mm)，用来清理试件表面。划针用来剔抠焊缝边缘死角的药皮，尖形量针用来挑、钻少量的表面沙眼。小扁铲用来清除焊接工件表面的飞溅物。

2. 焊接检验尺

焊接检验尺是利用线纹和游标测量等原理，检测焊接件的焊缝宽度、高度、焊接间隙、坡口角度和咬边深度等的计量器具，如图 6-1 所示。根据国家质量监督检测检疫总局标准 JJG 704—2005《焊接检验尺检定规程》的划分，检验尺的主要结构形式分为 I 型、II 型、III 型、IV 型四个类型。

（1）测量坡口角度　焊接检验尺测量坡口角度的使用方法如图 6-2 所示。

（2）测量错边量　焊接检验尺测量错边量的使用方法如图 6-3 所示。

（3）测量对口间隙　焊接检验尺测量对口间隙的使用方法如图 6-4 所示。

（4）测量焊缝余高　焊接检验尺测量焊缝余高的使用方法如图 6-5 所示。

（5）测量焊缝宽度　焊接检验尺测量焊缝宽度的使用方法如图 6-6 所示。

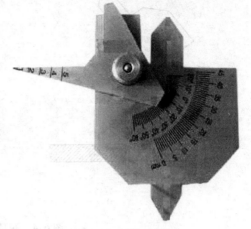

图 6-1　焊接检验尺

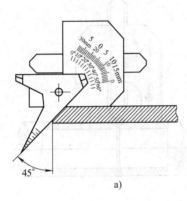

a)

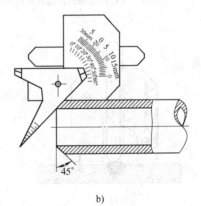

b)

图 6-2　测量坡口角度

a）测量型钢和板材坡口　b）测量管道坡口

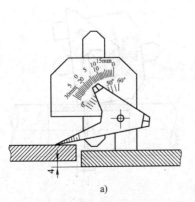

a)

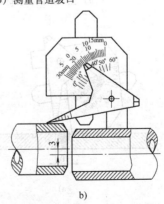

b)

图 6-3　测量错边量

a）测量型钢和板材错边量　b）测量管道错边量

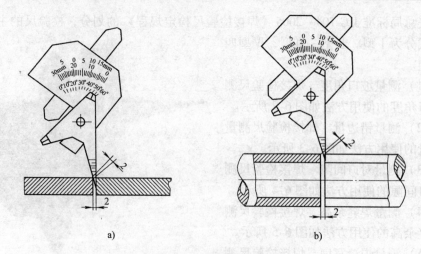

图 6-4 测量对口间隙

a）测量型钢和板材对口间隙 b）测量管道对口间隙

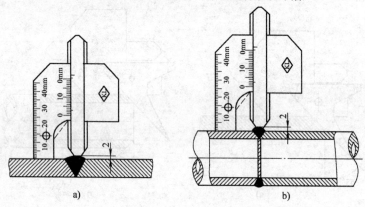

图 6-5 测量焊缝余高

a）测量型钢和板材焊缝余高 b）测量管道焊缝余高

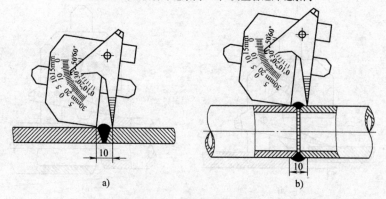

图 6-6 测量焊缝宽度

a）测量型钢和板材焊缝宽度 b）测量管道焊缝宽度

（6）测量焊缝平直度及焊角尺寸　焊接检验尺测量焊缝平直度及焊角尺寸的使用方法如图 6-7 所示。

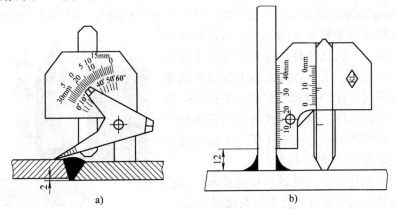

图 6-7　测量焊缝平直度及焊角尺寸

a）测量焊缝平直度　b）测量焊缝焊角尺寸

3. 数显焊缝规

数显焊缝规是将传统焊缝检验尺或焊缝卡板与数字显示部件相结合的一种焊缝测量工具。数显焊缝规具有读数直观、使用方便、功能多样的特点。图 6-8 所示为一种数显焊缝规，它由角度样板、高度尺、传感器、控制运算部分和数字显示部分组成。该焊缝规有四种角度样板，可用于坡口角度、焊缝尺寸的测量，可实现任意位置清零，任意位置米制与英制转换，并带有数据输出功能。

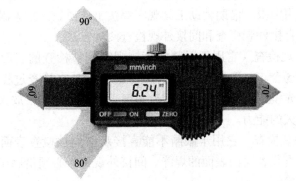

图 6-8　数显焊缝规

4. 基于激光视觉传感的焊后检测技术

基于激光视觉传感的焊后检测技术，是利用激光视觉传感器对焊缝外观进行视觉检查的一种新技术。激光结构的光视觉以其独特的优点，在工程检测领域得到了广泛应用，使用该技术的焊缝检查仪器，被成功应用于焊缝质量的在线检测及焊后检测中。

激光视觉传感器的工作原理是基于三角测量原理，它主要由激光发射器和CCD（Charge Coupled Device，电荷耦合器件）摄像机组成。检测时，传感器中的激光发射器发出条形平面激光束，照射到待检测焊缝表面上，CCD摄像机接收工件上漫反射的激光条纹成像。由于焊缝表面上各点的激光条纹位置不同，在CCD摄像机像面的位置也各不相同，根据图像上激光条纹的变形程度就可以计算出焊缝的形状。图6-9所示为激光视觉传感器获取焊缝图像的过程。

图6-9　激光视觉传感器获取焊缝
图像的过程

基于激光视觉传感的焊后检测技术，将激光视觉传感器所采集焊接接头的图像模拟信号，经过模/数转换后送到处理器，处理器对图像处理后得出反映其焊缝尺寸的特征量。该方法可提供对焊缝表面外观、表面几何形状以及存在的表面不连续性或缺欠的质量分析，并可实现焊接过程实时在线自动检测；克服了传统检测方法存在的测量精度低，受工件装配状况影响大，检测花费时间长，对焊接质量评定取决于人的主观判断等缺点。这是一种有广阔发展前景的检测技术。

6.1.2　外观检查方法的分类及内容

1. 外观检查方法的分类

外观检查是用肉眼、借助辅助工具观察焊接工件质量。按人眼能否直接观察到被检查表面分为直接外观检查和间接外观检查两种方法。

（1）直接外观检查　它用于眼睛能直接观察到被检查的表面，可直接分辨出焊接缺欠形貌的场合。一般目视距离为400～600mm。在检查过程中可以采用适当的照明，利用反光镜调节照射角度和观察角度，或借助于低倍放大镜进行观察，以提高分辨焊接缺欠的能力。

（2）间接外观检查　它用于眼睛不能直接观察到被检查表面的场合，如直径较小的管子及小直径容器内表面的焊缝。间接外观检查必须借助于工业内窥镜等辅助工具进行观察检测。

2. 外观检查的内容

焊接工作完成后首先应进行外观检查，外观检查应按照产品的检测要求或相关技术标准进行。各种焊接标准中对外观检查的项目和判别的目标数值（即定量标准）都有明确的规定。外观检查一般包括以下内容。

（1）焊接后的清理质量　外观检查前，应将焊缝及其边缘10～20mm基体金属上的飞溅及其他阻碍外观检查的污物清除干净。

（2）焊接缺欠检查　在整条焊缝和热影响区附近，应无裂纹、夹渣、焊瘤、烧穿等缺欠，气孔、咬边缺欠的特征值应符合有关标准规定。

（3）几何形状检查　重点检查焊缝与母材连接处，以及焊缝形状和尺寸急剧变化的部位。焊缝应完整美观，不得有漏焊现象，各连接处应圆滑过渡。焊缝高低、宽窄及结晶鱼鳞纹应均匀变化。

（4）焊接的伤痕补焊　重点检查装配拉筋板拆除部位、勾钉和吊卡焊接部位、母材引弧部位、母材机械划伤部位等。应无缺肉及遗留焊疤，无表面气孔、裂纹、夹渣、疏松等缺欠，划伤部位不应有明显棱角和沟槽，伤痕深度不超过有关标准规定。

（5）焊工钢印和焊缝编号钢印的检查　检查焊工在焊接结束后是否在施焊焊缝的规定部位（如纵缝中间、环缝 T 字缝附近）打制钢印。在不允许打钢印时，应以简图形式记载于焊接质量检查记录中。

6.1.3　焊缝外观形状及尺寸的评定

焊缝外形尺寸是保证焊接接头强度和性能的重要因素，检查的目的是检测焊缝的外形尺寸是否符合产品技术标准和设计图样的规定要求。检查的内容一般包括焊缝的外观成形、焊缝宽度、余高、错边、焊趾角度、焊缝边缘的直线度、角焊缝的焊脚尺寸等内容。

1. 焊缝的外观成形

通常检查焊缝的外形和焊波过渡的平滑程度。若焊缝高低宽窄很均匀，焊道与焊道、焊道与母材之间的焊波过渡平滑，则焊缝成形好。若焊缝高低宽窄不均，焊波粗乱，甚至有超标的表面缺欠，则判为外观成形差。

2. 焊缝尺寸

（1）焊缝的宽度　对接焊时，焊接操作不可能保证焊缝表面与母材完全平齐，坡口边缘必然要产生一定的熔化宽度，一般要求焊缝的宽度比坡口每边增宽不小于 2mm。

（2）焊缝的余高　母材金属上形成的焊缝金属的最大高度称为焊缝的余高。对于左右板材高度不一致的情况，其余高以最大高度为准。根据 GB 150.1～4—2011《压力容器》要求，A、B 类接头焊缝的余高 e_1、e_2（见图 6-10）应符合表 6-1 的规定。

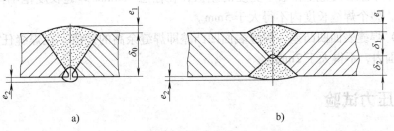

a)　　　　　　　　　　　　　　b)

图 6-10　焊缝余高 e_1 和 e_2

a）A 类接头　b）B 类接头

表6-1　A、B类接头焊缝的余高允许偏差　　　（单位：mm）

标准抗拉强度下限值 $R_m > 540MPa$ 的钢材及 Cr-Mo 低合金钢钢材				其 他 钢 材			
单面坡口		双面坡口		单面坡口		双面坡口	
e_1	e_2	e_1	e_2	e_1	e_2	e_1	e_2
$0 \sim 10\%\delta_0$ 且 ≤3	≤1.5	$0 \sim 10\%\delta_1$ 且 ≤3	$0 \sim 10\%\delta_2$ 且 ≤3	$0 \sim 10\%\delta_0$ 且 ≤4	≤1.5	$0 \sim 10\%\delta_1$ 且 ≤3	$0 \sim 10\%\delta_2$ 且 ≤3

（3）焊趾角度　焊趾角度是指在接头横剖面上，经过焊趾的焊缝表面切线与母材表面之间的夹角，见图6-11中的 θ。根据 CB 1220—2005 的规定，对接接头的焊趾角 θ 应不小于140°，T形接头的焊趾角 θ 应不小于130°。

（4）角焊缝的焊脚尺寸　角焊缝的焊脚尺寸 K 值由设计或有关技术文件注明。根据 GB 50205—2001 的规定，T形接头、十字接头、角接接头等要求熔透的对接和角对接组合焊缝，其焊脚尺寸不应小于 $T/4$（T 为母材厚度）。设计有疲劳验算要求的起重

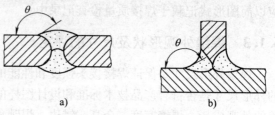

图6-11　焊趾角度示意图
a) 对接接头　b) T形接头

机梁或类似构件，其腹板与上翼缘连接焊缝的焊脚尺寸为 $T/2$，且不应大于10mm。焊脚尺寸的允许偏差为 $0 \sim 4mm$。

（5）焊缝边缘直线度 f　焊缝边缘沿焊缝轴向的直线度 f 见图6-12。在任意300mm 连续焊缝长度内，埋弧焊的 f 值应不大于2mm，焊条电弧焊、埋弧半自动焊的 f 值应不大于3mm。

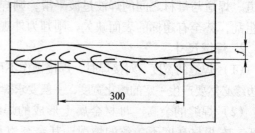

图6-12　焊缝边缘直线度

（6）焊缝的宽度差　焊缝的宽度差即焊缝最大宽度和最小宽度的差值，在任意500mm 焊缝长度范围内不得大于4mm，整个焊缝长度内不得大于5mm。

（7）焊缝表面凹凸差　焊缝表面凹凸差即焊缝余高的差值，在焊缝任意25mm 长度范围内，不得大于2mm。

6.2　压力试验

　　锅炉和压力容器等存储液体或气体的受压容器或受压管道的焊接工程在制造完成后，要按照工程的技术要求进行压力试验。其目的是对焊接结构的整体强度和密

封性进行检测，同时也是对焊接结构的选材和制造工艺的综合性检测。检测结果不仅是工程等级划分的关键数据，也是保证其安全运行的重要依据。

压力试验有液压试验和气压试验两种方法。液压试验一般用水作为介质，所以又称水压试验，必要时也可以用不会导致危险的其他液体作为介质。气压试验是指用气体作为介质的耐压试验，只有在不能采用液压试验的场合，例如存在少量的水对设备有腐蚀，或由于充满水会给容器带来不适当的载荷时才允许采用。虽然水压试验和气压试验在某种程度上也具有致密性检测的性质，但其主要目的仍然是强度检测，因而习惯上也把它们称为强度试验。

6.2.1　水压试验

水压试验是最常用的压力试验方法。常温下的水基本上不可压缩，用加压装置给水加压时，不需要消耗太多机械功即可升到较高压力，水泄压膨胀甚至设备爆破使水迅速降压释放的能量也很小。用水作试压介质既安全又廉价，操作起来也十分方便，目前得到了广泛的应用。对于极少数不宜装水的焊接结构，例如容器内不允许有微量残留液体，或由于结构原因不能充满液体的容器，则可采用不会导致发生危险的其他液体；但试验时液体的温度应低于其闪点或沸点。

1. 试验压力

内压容器的水压试验中，压力计算公式为 $p_T = \eta p [\sigma]/[\sigma]_t$，式中，$p_T$ 是试验压力，单位为 MPa；p 是设计压力，单位为 MPa；η 是耐压试验压力系数，见表 6-2；$[\sigma]$ 是容器部件材料在试验温度下的许用应力，单位为 MPa；$[\sigma]_t$ 是容器部件材料在设计温度下的许用应力，单位为 MPa。

对于内压容器，铭牌上规定有最大允许工作压力时，应以最大允许工作压力代替设计压力 p。容器各部件（圆筒、封头、接管、法兰及紧固件等）所用材料不同时，应取各材料 $[\sigma]/[\sigma]_t$ 值中最小者。

表 6-2　耐压试验压力系数 η

压力容器形式	压力容器的材料	压力等级	耐压试验压力系数	
			液（水）压	气压
固定式	钢和非铁金属	低压	1.25	1.15
		中压	1.25	1.15
		高压	1.25	—
	铸铁	—	2.00	—
	搪玻璃	—	1.25	1.15
移动式	—	中、低压	1.50	1.15

2. 试验水温和保压时间

TSG R0003—2007 规定：碳素钢、Q345（16MnR）和正火 Q390R（15MnVR）钢容器液压试验时，液体温度不得低于 5℃；其他低合金钢容器，液压试验时液体温度不得低于 15℃。如果由于板厚等因素造成材料无延性转变温度升高，则需相应提高试验液体温度；其他钢种容器液压试验温度一般按图样规定。

TSG R0003—2007 规定：保压时间一般不少于 30min。

3. 试验要求

进行水压试验的产品，焊缝的返修、焊后热处理、力学性能检测及无损检测必须全部合格。受压部件充灌水之前，药皮、焊渣等杂物必须清理干净。

水压试验的系统中，至少有两块压力表，一块作为工作压力表，另一块作为监视压力表。选用的压力表，必须与压力容器内的介质相适应。低压容器使用的压力表精度不应低于 2.5 级；中压及高压容器使用的压力表精度不应低于 1.5 级。压力表盘刻度限值应为最高工作压力的 1.5～3.0 倍，表盘直径应不小于 100mm。压力表必须经计量部门校核过，并有铅封才能使用。

耐压试验前，对于容器的开孔补强圈，应通入 0.4～0.5MPa 的压缩空气检查焊接接头质量。压力容器各连接部位要紧固妥当，耐压试验场地应有可靠的安全防护设施。

4. 试验步骤

1）试验时容器顶部应设排气口，充液时应将容器内充满液体，使滞留在压力容器内的气体排尽。试验过程中，要保持容器观察表面的干燥，以便于观察。

2）加压前应等待容器壁温上升，当压力容器壁温与液体温度接近时，才能缓慢升压。当压力达到设计值时，确认无泄漏后继续升压到规定的试验压力，保压时间一般不少于 30min；然后降到规定试验压力的 80%，保压足够时间后进行检查，同时对焊缝仔细检测。当发现焊缝有水珠、细水流或潮湿时就表明该焊缝处不致密，应将其标示出来，并将该工程评为不合格，经返修处理后重新试验。如果在试验压力下，关闭了所有进、出水的阀门，其压力值保持一定时间不变，未发现任何缺欠，则评为合格。检查期间压力应保持不变，但不能采用连续加压的办法维持试验压力不变。压力容器液压试验过程中不准在加压状态下，对紧固螺栓或受压部件施加外力。

3）对于夹套容器，先进行内筒液压试验，合格后再焊夹套，然后进行夹套内的液压试验。

4）对管道进行检查时，可用闸阀将它们分成若干段，并且依次对各段进行检查。

5）液压试验完毕后，应缓慢泄压，将液体排尽，并用压缩空气将内部吹干。

试验过程中的升、降压曲线见图 6-13。此外，对于奥氏体不锈钢制容器等有防腐要求的容器，用水进行液压试验后应将水渍清除干净，并控制水的氯离子含量不超过 25mg/L。

5. 产品合格标准

根据 TSG R0003—2007 规定，液压试验后的压力容器，符合下列条件者判为合格。

1）无渗漏。

2）无可见的变形。

3）试验过程中无异常的响声。

4）大于等于抗拉强度规定值下限 540MPa 的材料，表面经无损检测抽查未发现裂纹。

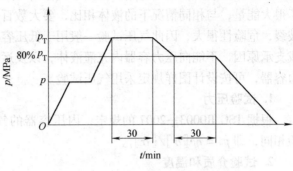

图 6-13　水压试验升、降压曲线图

6. 水压试验报告

水压试验结束后，应根据试验情况编制和填写试验报告（见表 6-3）。在结论一栏中，应对产品的焊接质量做出合格或不合格的结论，并注明原因。

表 6-3　水压试验报告

产品名称			产品编号		
试验种类			试验部位		
压力表编号		精度等级		量程/MPa	
试验介质		氯离子含量/(mg/L)			
环境温度/℃		介质温度/℃			
设计要求压力试验曲线					
实际压力试验曲线					
结论	合格标准： 1）无渗漏 2）无可见的变形 3）无异常的响声 试验结论：		试验情况：		
试验时间：　年　月　日			操作者：　年　月　日		
水压试验责任师： 　年　月　日		检测责任师： 　年　月　日		监检人员： 　年　月　日	

6.2.2　气压试验

气压试验是检测在一定压力下工作的容器、管道的强度和焊缝致密性的一种试验方法。气压试验比水压试验更为灵敏和迅速，同时试验后的产品不用排水处理，对于排水困难的产品尤为适用。但由于气体的可压缩性，在试验加压时容器内积蓄了很大能量，与相同情况下的液体相比，要大数百倍至数万倍。一旦气压试验容器破裂，危险性很大，因此气压试验一般用于低压容器和管道的检测。对于由于结构或支承原因，不能向压力容器内充灌液体，以及运行条件不允许残留试验液体的压力容器，可按设计图样规定采用气压试验。

1. 试验压力

根据 TSG R0003—2007 的规定，内压容器的气压试验压力计算公式与水压试验相同，即 $p_T = \eta p[\sigma]/[\sigma]_t$。

2. 试验介质和温度

TSG R0003—2007 规定：试验所用气体应为干燥洁净的空气、氮气或其他惰性气体。碳素钢和低合金钢制压力容器的试验用气体温度不得低于15℃，其他材料制压力容器试验用气体温度应符合设计图样的规定。

3. 试验步骤

气压试验过程中的升、降压曲线见图 6-14。

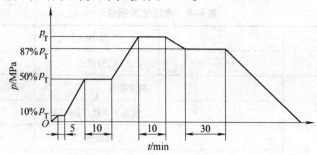

图 6-14　气压试验升、降压曲线图

1）试验时，应先缓慢升压至规定试验压力的10%，且不超过0.05MPa，保压5min，并对所有焊缝和连接部位进行初次检查。检测方法是用肥皂液或其他检漏液涂满焊缝，检测焊缝处是否有气泡形成，以及压力表的数值有无下降。若有泄漏或压力表读数下降，应找出漏气部位，卸压后进行返修补焊等处理，再重新进行试验；若无泄漏可继续升压。

2）当压力升高到规定试验压力的50%时，再进行检查，如无异常现象，其后按规定试验压力的10%逐级升压，最后到达试验压力规定值，保压10min。

3）经过规定的保压时间后，将压力降到规定值的87%，关闭阀门，保压足够时间进行检查。若有漏气或压力表读数下降现象，卸压修补后再按上述步骤重新试验。如果没有泄漏，压力表读数未下降，试验过程中压力容器无异常声响，无可见的变形，可判定该工程合格。

检查期间压力应保持不变，但不得采用连续加压来维持试验压力不变。气压试验过程中，严禁带压对紧固螺栓施力。

4. 安全措施

气压试验的危险性比较大，进行试验时，必须采取相应的安全措施。

1）气压试验应在专用的试验场地内进行，或者采用可靠的安全防护措施，如在开阔的场地进行试验，用足够厚度的钢板将试验产品周围进行保护后再进行试验。

2）在输送压缩空气到产品的管道里时，要设置一个储气罐，以保证进气的稳定。在储气罐的气体出入口处，各装一个开关阀；并在输出端（即产品的输入口端）管道部位装上安全阀。

3）试验时准备两块经过校验的试验用压力表，一块安装在容器上，另一块安装在空气压缩设备上。

4）施压下的容器不得敲击、振动和修补焊接缺欠。

5）低温下试验时，要采取防冻措施。

5. 气压试验报告

气压试验结束后，应根据试验情况编制和填写试验报告（见表6-4）。

表6-4 气压试验报告

产 品 名 称		产 品 编 号		
试验种类		试验部位		
压力表编号		精度等级	量程/MPa	
试验介质				
环境温度/℃		介质温度/℃		
设计要求压力试验曲线				
实际压力试验曲线				
结论	合格标准： 试验情况： 1）无漏气 2）无可见的变形 3）无异常的响声 试验结论：			
试验时间	年 月 日	操作者：	年 月 日	
气压试验责任师：	检测责任师：		监检人员：	
年 月 日	年 月 日		年 月 日	

6.3 致密性检测

储存液体或气体的焊接容器，其焊缝的不致密缺欠（如贯穿性的裂纹、气孔、夹渣、未焊透以及缩松组织等），可用致密性试验来发现。

6.3.1 致密性检测方法概述

焊接容器常用的致密性检测方法分为气密性检测和密封性检测两类。

1. 气密性检测

气密性检测是将压缩空气（如氨、氟利昂、氦、卤素气体等）压入焊接容器，利用容器内、外气体的压力差检查有无泄漏的一种试验方法。介质毒性程度为极度（氟、氢氰酸、氟化氢、氯等）的压力容器，必须进行气密性检测。常用的方法有：充气检查、沉水检查、氨气检查。

2. 密封性检测

检查有无漏水、漏气、渗油、漏油等现象的试验称为密封性检测。密封性检测常用于敞口容器上焊缝的致密性检查。常用的密封性检测方法有煤油渗漏试验、吹气试验、载水试验、水冲试验等。

常用的致密性试验方法及其适用范围见表 6-5。

表 6-5　常用的致密性试验方法及其适用范围

类别	试验名称	试验方法	合格标准	适用范围
气密性检验	气密性试验	将焊接容器密封，按图样规定压力通入干燥洁净的压缩空气、氮气或其他惰性气体。在焊缝表面涂以肥皂水。保压一定的时间，检查焊缝有无渗漏	不产生气泡为合格	密封容器
	氨渗漏试验	氨渗漏属于比色检漏，以氨为示踪剂，试纸或涂料为显色剂，进行渗漏检查和贯穿性缺欠定位。试验时，在检测焊缝处贴上比焊缝宽的石蕊试纸或涂料显色剂，然后向容器内通入规定压力的含氨气的压缩空气，保压 5～10min。如果焊缝有不致密的地方，氨气就透过焊缝，并作用到试纸或涂料上，使该处形成图斑。根据这些图斑，就可以确定焊缝的缺欠部位。氨渗漏试验，检出速率可发现 3.1cm³/a 的渗漏量。这种方法准确、迅速和经济，同时可在低温下检测焊缝的致密性	检查试纸或涂料，未发现色变为合格	密封容器和敞口容器都可以采用这一试验，如尿素设备的焊缝检测
	氦泄漏检测	氦气作为试剂是因为氦气质量轻，能穿过微小的孔隙。氦气检漏仪可以检测到在气体中存在的千万分之一的氦气，相当于在标准状态下漏氦气率为 1cm³/a。是一种灵敏度比较高的致密性试验方法	检测的泄漏率未超过允许的泄漏率为合格	用于致密性要求很高的压力容器
	沉水检查	先将容器类焊件浸入水中，然后在容器中充灌压缩空气，为了易于发现焊缝的缺欠，被检的焊缝应当在水面下约 20～40mm 的深处。当焊缝存在缺欠时，在有缺欠的地方有气泡出现	无气泡浮出为合格	小型焊缝容器。如用来检查飞机、汽车的汽油箱的致密性

（续）

类别	试验名称	试 验 方 法	合 格 标 准	适 用 范 围
密封性检验	煤油渗漏试验	试验时，在比较容易修补和发现缺欠的一面，将焊缝涂上白垩粉水溶液，干燥后，将煤油仔细地涂在焊缝的另一面上。当焊缝上有贯穿性缺欠时，煤油就能渗透过去，并且在白垩粉涂过的表面上显示出明显的浊斑点或条带状油迹	经过 30min 后，焊缝表面上并未出现油斑，所检查的焊缝被评为合格	敞口容器，如储存石油、汽油的固定式储器和同类型的其他产品
	水冲试验	在焊缝的一面用高压水流喷射，而在焊缝的另一面观察是否漏水。水流喷射方向与试验焊缝的表面夹角不应小于70°，水管的喷嘴直径要在 15mm 以上，水压应使垂直面上的反射水环直径大于 400mm 检测竖直焊缝时应从下至上移动喷嘴，避免已发现缺欠的漏水影响未检焊缝的检测	无渗水为合格	大型敞口容器，如船甲板等密封焊缝的检查
	吹气试验	用压缩空气对着焊缝的一面猛吹，焊缝的另一面涂以肥皂水。当焊缝有缺欠存在时，便在缺欠处产生肥皂泡 试验时，要求压缩空气的压力 > 0.4MPa，喷嘴到焊缝表面的距离不得超过30mm	不产生肥皂泡为合格	敞口容器
	载水试验	将容器的全部或一部分充满水，观察焊缝表面是否有水渗出。如果没有水渗出，该容器的焊缝视为合格。这一方法需要较长的检测时间	焊缝表面无渗水为合格	检测不承受压力的容器或敞口容器，如船体、水箱等

6.3.2 气密性试验

气密性试验是用来检测焊接容器致密性缺欠的一种常用方法。试验的主要目的是保证容器在工作压力状态下，任何部位都没有自内向外的泄漏现象。气密性试验应安排在液压试验等焊接工程质量检测项目合格后进行。对于介质毒性程度极高，高度危害或设计上不允许有微量泄漏的压力容器，必须进行气密性试验。

1. 气密性试验要求

压力容器在下列条件下需要进行气密性试验。

1）当压力容器盛装的介质其毒性为极度危害和高度危害，或不允许有微量泄漏，设计时应提出压力容器气密性试验要求。

2）对于移动式压力容器，必须在制造单位完成罐体安全附件的安装，并经压力试验合格后方可进行气密性试验。

3）气密性试验应在液压试验合格后进行。对设计图样有气压试验要求的压力容器，应在设计图样上明确规定是否需进行气密性试验。

4）压力容器进行气密性试验时，一般应将安全附件装配齐全。如果需使用前在现场装配安全附件，应在压力容器质量证明书的气密性试验报告中注明，装配安全附件后需再次进行现场气密性试验。

2. 气密性试验条件

（1）试验压力　压力容器气密性试验压力为压力容器的设计压力。

（2）试验气体　试验所用气体应为干燥洁净的空气、氮气或其他惰性气体。

（3）试验温度　碳素钢和低合金钢制压力容器，其试验用气体的温度应不低于5℃，其他材料制压力容器按设计图样规定。

3. 试验步骤

气密性试验应按图样上注明的试验压力、试验介质和检测要求进行，容器需经液压试验合格后方可进行气密性试验。

容器进行气密性试验时，将容器密封，通入压缩空气等试验介质后进行加压。加压时压力应缓慢上升，达到规定试验压力后关闭进气阀门，进行保压；然后对所有焊接接头和连接部位进行泄漏检查。检测方法是用肥皂液或其他检漏液涂满焊接接头和连接部位，检测这些部位是否有气泡形成，以及压力表的数值有无下降。小型容器也可浸入水中检查。若有泄漏或压力表读数下降，应找出漏气部位，卸压后进行返修补焊等处理，再重新进行试验。若无泄漏，且保压不少于30min后压力表读数未下降，即为合格。

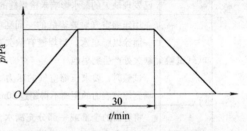

图6-15　气密性试验升、降压曲线图

气密性试验过程中的升、降压曲线见图6-15。

4. 气密性试验报告

气密性试验结束后，应根据试验情况编制和填写试验报告（见表6-6）。

表6-6　气密性试验报告

产品名称		产品编号		
试验种类		试验部位		
压力表编号		精度等级		量程/MPa	
试验气体				
环境温度/℃		气体温度/℃		
设计要求压力试验曲线				
实际压力试验曲线				
结　论	合格标准：　　　　　试验情况： 1）无渗漏 2）无可见的变形 3）无异常的响声 试验结论：			
试验时间：　　年　月　日		操作者：　　年　月　日		
试验责任师： 年　月　日	检测责任师： 年　月　日	监检人员： 年　月　日		

6.3.3　煤油渗漏试验

煤油渗漏试验是最常用的致密性检测方法，常用于检查敞口容器焊缝致密性缺欠的检测，如贮存石油、汽油的固定储罐和其他同类型产品。

1. 检漏原理

煤油的黏度和表面张力很小，渗透性很强，具有透过极小贯穿性缺欠的能力。用这种方法进行检测时，在容易发现缺欠的一面，将焊缝涂上白垩粉水溶液，经干燥后，将煤油仔细地涂抹在焊缝的另一面。当焊缝上有贯穿性缺欠时，煤油就能渗透过去，在白垩粉涂过的表面上显示出明显的浊斑点或条带状油迹，从而达到致密性检测的目的。

2. 试验条件及要求

SY/T 0480—2010《管道、储罐渗漏检测方法标准》中，对罐壁的煤油渗漏检查方法要求如下：

1）浮顶船舱内外边缘板、隔舱板焊缝和附件及相邻的焊缝应采用煤油渗漏检测。对固定顶储罐的罐壁板，可在充水试验前先进行煤油渗漏检测。

2）煤油渗漏检测时，应在焊缝一侧涂白垩粉浆，晾干后在焊缝另一侧涂刷煤油，经过 30min 后检查。试验过程中若有渗漏处，应做好标记，进行修补处理后，应再进行试验直至合格。

3）煤油渗漏检测应以无煤油渗漏斑点为合格。

6.3.4　氦泄漏试验

氦泄漏试验是通过被检容器充入氦气或用氦气包围容器后，检测容器是否漏氦或渗氦，以此来检测焊缝致密性。因为氦气具有密度小，能穿过微小孔隙的特点，所以氦泄漏检测是一种灵敏度较高的致密性试验方法，通常应用于整体防漏等级较高的场合。

GB/T 15823—2009《无损检测　氦泄漏检测方法》中明确规定了氦泄漏检测的具体方法和要求，可用来确定泄漏位置或测量泄漏率。

1. 氦泄漏检测原理

氦泄漏试验时，将氦质谱检漏仪与嗅吸探头连接形成泄漏探测器，用来检测被检测容器泄漏出的微量氦气。嗅吸探头将氦气吸入，送到泄漏探测器系统中，并将其转变为电信号；泄漏探测器再将电信号以光或声的形式显示出来。氦质谱检漏仪可根据要求调整检测灵敏度，按照氦气的泄漏量决定是否报警。

氦质谱检漏仪是根据质谱学原理，用氦做探索气体而制成的仪器。试验时当氦气从漏孔中泄出后，随同其他气体一起被吸入质谱检漏仪中，质谱检漏仪内的灯丝发射出的电子把分子电离，正离子在加速场的作用下作加速运动，形成离子束。当离子束射入与它垂直的磁场后作圆周运动，不同质量的离子有不同的偏转角度。改变加速电压可以使不同质量的离子通过接收缝接受检测。在仪器分析器的某一特定位置上设置收集极，就可以把氦离子从产生的离子残余物中隔离出来。然后通过静电计管的检波和放大装置，进入音频发生器和电流计，使氦离子产生的电流推动音频发生器发出声响，同时电流计可显示电流变化过程的读数，从而反映出容器是否致密或渗漏的程度。

2. 氦泄漏检测方法

常用的氦泄漏检测方法有加压法和真空法两种。

（1）加压法　加压法又称吸枪法。此法是将被检容器抽真空后，充入一定氦气，再充氮气或压缩空气（或直接充入氦气），并达到规定压力。氦气通过漏点漏出，被嗅吸探头（吸枪）吸入。超过设定的泄漏率时，氦质谱检漏仪报警，并确定漏点的位置。加压法检漏见示意图 6-16。

（2）真空法　真空法是将被检容器与氦质谱仪连接，将容器内抽真空，用氦气喷枪对被检容器的焊接接头和其他可疑部位喷吹氦气。如果有泄漏，氦气会被吸入抽真空的容器内，并进入氦质谱仪内，超过规定的泄漏量时，氦质谱仪报警。真空法按氦气的存放形式又分为喷枪技术和护罩技术两种。图 6-17 为采用喷枪技术的真空法检漏示意图。

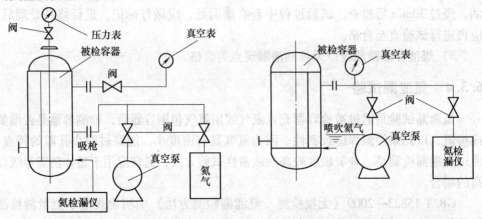

图 6-16　加压法检漏示意图　　　　图 6-17　真空法检漏示意图

3. 氦泄漏检测过程

氦泄漏检测应在其他检测均已完成后进行。试验前设备表面及内部需保持清洁、干燥，否则将会影响试验结果，造成错误判断。

（1）试验物品及场地　试验所需物品和设备有氦质谱检漏仪、吸枪、氦气瓶、热风装置、压力表、塑料薄膜及胶带等。

（2）设备表面处理及干燥　由于氦检是通过氦气穿过漏孔来达到检测目的，所以焊缝表面的油污、焊渣以及设备内部的积水、污垢等，都会使泄漏孔暂时阻塞而影响检测结果。因此，试验前必须彻底清理设备内部及焊缝表面，并用热风装置将设备内部彻底干燥。在检测前，用塞子、盖板、密封脂、胶粘剂或其他能在检测后易于全部除去的合适材料，把所有的孔洞加以密封。

（3）质谱检漏仪的校验　吸枪与质谱检漏仪之间使用金属软管连接后，将吸枪移至正压校准漏气孔出口侧，校验仪器的读数。质谱检漏仪必须在校验后使用，并在试验期间每隔 $1 \sim 2h$ 校验一次。质谱检漏仪的检漏率应高于设备所允许漏率 $1 \sim 2$ 个数量级。

（4）内部加压　首先将设备置于明亮、透风良好的场所，连接好试验用管路及压力表。至少采用两个量程相同且经校验的压力表，并将其安装在试验容器的顶部便于观察的位置。先用氮气或其他惰性气体将设备压力升高，然后用纯氦气把试验设备的内压增加至试验压力，并使设备内部至少含有 $10\% \sim 20\%$ （体积分数）的氦气。试验压力不得高于设备设计压力的 25%，但不低于 $0.103MPa$。所有部件在检测期间，金属的最低或最高温度不应超过所采用氦检测方法所允许的规定温度。

（5）检查　设备保压 $30min$ 后，用扫描率不大于 $25mm/s$ 的速度，在距离焊缝表面不大于 $3.2mm$ 的范围内用吸枪吮吸。检查时应从焊缝底部最低点开始，依照由下而上、由近而远的顺序进行。检漏过程中，如发现大量氦气进入质谱检漏仪，应立即移开吸枪。

4. 检测评定

若检测的泄漏率不超过 $1 \times 10^{-5}Pa \cdot m^3/s$，则该被检区域判为合格。当探测到不能验收的泄漏时，应对泄漏位置做出标记，然后将部件减压，并对泄漏处按有关规定进行返修。

5. 检测报告

检测报告应包括下述内容。

1）检测日期。

2）操作者的证书等级和姓名。

3）检测工艺编号或修订号。

4）检测的方法或技术。

5）检测结果。

6）部件标记。

7）检测仪器、标准漏孔和材料标记。

8）检测条件、检测压力和气体浓度。

9）压力表制造厂、型号、量程和编号。

10）所用方法或技术装备的草图。

第 7 章
焊接工程质量的无损检测

无损检测技术是常规检测方法的一种，是指在不损伤被检材料、工件或设备的情况下，应用某些物理方法来测定材料、工件或设备的物理性能、状态及内部结构，检测其不均匀性，从而判定其是否合格。无损检测是一种既经济又能使产品达到性能要求的技术。

7.1 焊接无损检测概述

材料在焊接过程中，由于各种原因，可能会产生缺欠。无损检测是利用材料的物理性质缺欠引发变化并测定其变化量，从而判定材料内部是否存在缺欠，以及缺欠的种类和大小的一种检测技术，因此它的理论根据是材料的物理性质。目前在无损检测中所利用的材料物理性质有：材料在射线辐射下的性质、材料在弹性波作用下的性质、材料的电学性质、磁学性质、热学性质以及表面能量的性质等。

无损检测方法很多，适用于不同场合。目前最常用的是射线检测、超声波检测、磁粉检测、渗透检测和涡流检测五种常规方法。这些方法各有优缺点，每种方法都有最适宜的检测对象与适用范围。其中射线检测和超声检测常用于探测工件内部缺欠，后几种方法用于探测工件表面及近表面缺欠。

7.2 无损检测符号表示方法

无损检测符号表示方法一般需符合 GB/T 14693—2008《无损检测 符号表示法》的有关规定。无损检测符号的图样画法应符合 GB/T 4457.2—2003《技术制图 图样画法 指引线和基准线的基本规定》的规定，尺寸标注符合 GB/T 4458.4—2003《机械制图 尺寸注法》和 GB/T 16675.2—2012《技术制图 简化表示法 第 2 部分：尺寸注法》的规定。

7.2.1 无损检测符号要素

1）无损检测方法的字母标识代码见表 7-1。
2）无损检测的辅助符号见图 7-1。
3）无损检测符号要素的标准位置见图 7-2。

表7-1　无损检测方法的字母标识代码

无损检测方法	字母标识代码	无损检测方法	字母标识代码
声发射	AET 或 AT	耐压试验	PRT
电磁	ET	渗透	PT
泄漏	LT	射线	RT
磁粉	MT	超声	UT
中子辐射	NRT	目视	VT

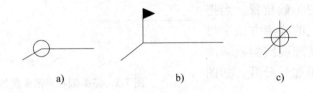

图 7-1　无损检测辅助符号

a）全周检测　b）现场检测　c）射线方向

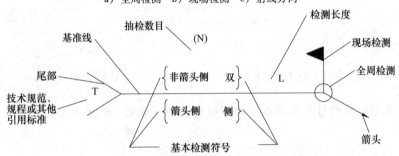

图 7-2　无损检测符号要素的标准位置

7.2.2　无损检测方法字母标识代码位置的含义

1）当需要对箭头侧进行检测时，所选择的检测方法字母标识代码应置于基准线下方，如图7-3所示。

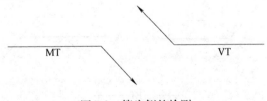

图 7-3　箭头侧的检测

2）当需要对非箭头侧进行检测时，所选择的检测方法字母标识代码应置于基准线上方，如图7-4所示。

3）当需要对箭头侧和非箭头侧都进行检测时，所选择的检测方法字母标识代码应同时置于基准线两侧，如图7-5所示。

4）当可在箭头侧或非箭头侧中任选一侧进行检测时，所选择的检测方法字母标识代码应置于基准线中间，如图7-6所示。

5）当对同一部分使用两种或两种以上检测方法时，应把所选择的几种检测方法字母代码置于相对于基准线的正确位置。当把两种或两种以上的检测方法字母标识代码置于基准线同侧或基准线中间时，就用加号分开，如图7-7所示。

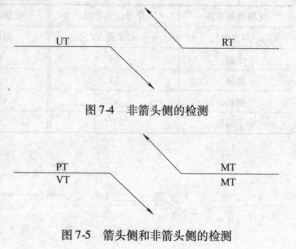

图7-4　非箭头侧的检测

图7-5　箭头侧和非箭头侧的检测

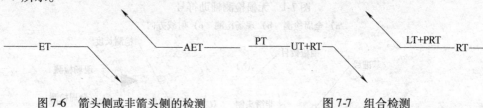

图7-6　箭头侧或非箭头侧的检测　　　　图7-7　组合检测

6）无损检测符号和焊接符号可以组合使用，如图7-8所示。

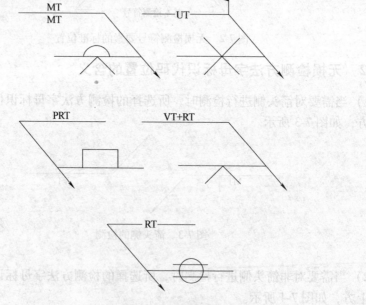

图7-8　无损检测符号和焊接符号组合使用

7.2.3　辅助符号的表示方法

辅助符号包括全周检测、现场检测和射线方向。

1）当需要对焊缝、接头进行全周检测时，应把全周检测符号置于箭头和基准线的连接处，如图 7-9 所示。

2）当需要在现场（不是在车间或初始制造地）进行检测时，应把现场检测符号置于箭头和基准线的连接处，如图 7-10 所示。

3）射线穿透的方向可以用射线方向符号，以及所需的角度在图上标出，并应标明该角度的度数，如图 7-11 所示。

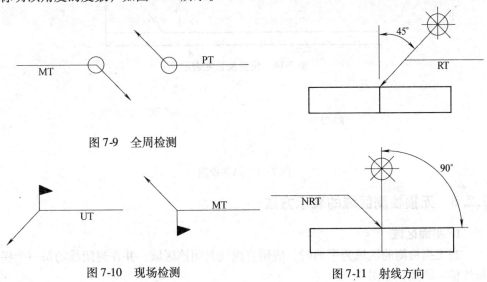

图 7-9　全周检测

图 7-10　现场检测

图 7-11　射线方向

7.2.4　技术条件及引用标准的表示方法

一般情况下，应将技术条件、规范和引用标准的信息置于无损检测符号的尾部，如图 7-12 所示。

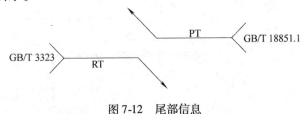

图 7-12　尾部信息

7.2.5　无损检测长度的表示方法

1）当只需考虑被检工件的长度时，应标出长度尺寸，并置于检测方法字母标识代码的右侧，如图 7-13 所示。

2）当需标示被检区域的确切位置及其长度时，应使用长度标定线，如图7-14所示。

3）当被检工件全长都需要检测时，无损检测符号中不必包含长度。

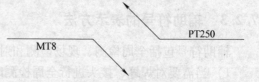

图7-13　检测长度表示

4）当被检工件不需做全长检测时，检测长度可以用百分比标注在检测方法字母标识代码右侧，如图7-15所示。

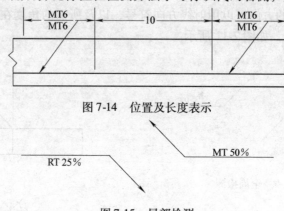

图7-14　位置及长度表示

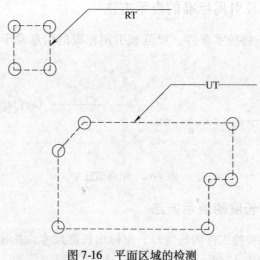

图7-15　局部检测

7.2.6　无损检测区域的表示方法

1. 平面区域

当无损检测的区域为平面时，应用直虚线封闭该区域，并在封闭线的每一个拐角处标一圆圈，如图7-16所示。

图7-16　平面区域的检测

2. 环形区域

对于环形区域的无损检测，应用全周检测符号和恰当的尺寸标明检测区域，如图 7-17 所示。

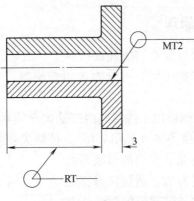

图 7-17　环形区域的检测

7.3　无损检测工艺规程

无损检测工艺规程包括通用工艺规程和工艺卡。

7.3.1　无损检测通用工艺规程

无损检测通用工艺规程应根据相关法规、产品标准和有关的技术文件要求，并针对检测机构的特点和检测能力进行编制。无损检测通用工艺规程应涵盖本单位（制造、安装或检测单位）产品的检测范围。

无损检测通用工艺规程一般包括适用范围、引用标准和法规、检测人员资格、检测设备和材料、检测表面制备、检测时机、检测工艺和检测技术、检测结果的评定和质量等级分类、检测记录、报告和资料存档、编制和审核、批准人、日期等内容。

7.3.2　无损检测工艺卡

实施无损检测的人员应按无损检测工艺卡进行操作。

无损检测工艺卡应根据无损检测通用工艺规程、产品标准、有关的技术文件和本部分的要求编制，一般包括工艺卡编号、产品名称、产品编号、材料牌号、规格尺寸、热处理状态及表面状态、检测设备与器材、检测附件和检测材料、检测工艺参数（检测方法、检测比例、检测部位、标准试块或标准试样）、检测技术要求、检测程序、检测部位示意图、执行标准和验收级别、编制和审核人、日期等内容。

7.4 射线检测

7.4.1 射线检测基本原理

射线检测是利用射线可穿透物质并在物质中有衰减的特性来发现缺欠的一种检测方法。按使用的射线源不同，可分为 X 射线检测、γ 射线检测和高能射线检测。

射线检测的实质是根据被检工件与其内部缺欠介质对射线能量衰减程度不同，引起射线透过工件后的强度差异（见图 7-18），使缺欠在射线底片上显示出来。

图 7-18 中射线在工件及缺欠中的衰减系数分别为 μ 和 μ'，射线强度为 J_0，透过完好部位的射线强度应为 J_d，透过缺欠部位的射线强度为 J'。

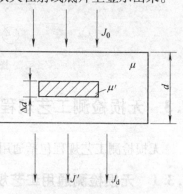

图 7-18　射线检测原理图

1）当 $\mu' < \mu$ 时，$J' > J_d$，即缺欠部位透过射线强度大于周围完好部位，工件中的气孔、夹渣、缩松等缺欠就属于这种情况，射线底片上呈黑色影像。

2）当 $\mu' > \mu$ 时，$J' < J_d$，即缺欠部位透过射线强度小于周围完好部位，焊缝中的夹钨就属于这种情况，射线底片上呈白色块状影像。

3）当 $\mu' \approx \mu$ 或 Δd 很小时，$J' \approx J_d$，这时，缺欠部位与周围完好部位透过的射线无明显差异。工件中有裂纹正好与射线束完全垂直或缺欠有效厚度很小，射线底片上缺欠将得不到显示。

7.4.2 射线检测设备

X 射线检测设备包括 X 射线机、射线胶片、观片灯、光学密度计、增感屏和像质计。

1. X 射线机

X 射线机按其结构形式大致可分为两类：移动式 X 射线机和携带式 X 射线机。移动式 X 射线机的管电压可达 420kV，携带式 X 射线机的管电压一般为 300kV，两者在结构上和应用上都有所不同。

移动式 X 射线机的 X 射线管放在充满冷却、绝缘油的管头内，高压发生器用油浸在高压柜内，X 射线管用强制循环油冷却。移动式 X 射线机的体积和重量一般都比较大，适用于实验室、车间等固定场所，可透照比较厚的工件。常用移动式 X 射线机的技术数据如表 7-2 所示。

表 7-2　常用移动式 X 射线机的技术数据

型号 项目	XYD-1520/4	XYD-3010/3	XYD-3510/3	XYD-4010/3
管电压/kV	160	320	350	420
管电流/mA	4	2	4	3.5
焦点尺寸/mm	$d=1.0$	$d=1.9$	$d=3.0$	$d=3.0$
射线辐射	40°	40°	40°	38°
穿透厚度/mm	18 ~ 28	50 ~ 71	60 ~ 80	70 ~ 97

携带式 X 射线机的 X 射线管和高压发生器放在一起，没有高压电缆和整流装置，因此体积小、重量轻，适用于流动性检测或对大型设备的现场检测。常用携带式 X 射线机的技术数据如表 7-3 所示。

表 7-3　常用携带式 X 射线机的技术数据

型号 项目	XXH-1005	XXH-1605	XXH-2005	XXH-2505	XXH-3005
射线管	玻璃壳体 X 射线管				
电源	198 ~ 242V/50 ~ 60Hz				
输出电压/kV	50 ~ 100	60 ~ 160	100 ~ 200	150 ~ 250	170 ~ 300
焦点/mm	1.0 × 3.5	1.0 × 3.5	1.0 × 3.5	1.0 × 2.4	1.0 × 3.5
射线辐射角	30° + 5°				
最大穿透厚度/mm	8	11	27	38	47

X 射线机也可按照射线束辐射方向分为定向辐射和周向辐射两种。其中周向 X 射线机特别适用于管道、锅炉和压力容器的环形焊缝检测。由于一次曝光可以检测整条焊缝，工作效率显著提高。

2. 射线胶片

射线胶片是一张可以弯曲的透明胶片（一般由醋酸纤维或硝酸纤维制成），两面涂以混于乳胶液中的溴化银或氯化银，涂层很薄（一般为 $10\mu m$），涂上的溴化银（或氯化银）要求颗粒度小，粒度直径为 $1 ~ 5\mu m$，并与软片平行且均匀分布。在选择胶片时，应考虑以下几个方面。

1）胶片的衬度。

2）胶片的粒度。

3）胶片的灰雾度。

4）药膜（乳剂层）是否均匀。

5）是否有假缺欠。

为了得到较高的透照质量和高的底片灵敏度,应选用高衬度、细颗粒、低灰雾度胶片。工业 X 射线胶片的类型如表 7-4 所示。

表 7-4 工业 X 射线胶片的类型

分　类	粒　度	反　差	感光速度
J_1	细	高	低
J_2	中	中	中
J_3	粗	低	高

3. 观片灯和光学密度计

观片灯的主要性能应符合 GB/T 19802—2005 的有关规定,光学密度计测量的最大黑度应大于 4.5,测量值的误差不超过 ± 0.5,光学密度计至少每 6 个月校验一次。

4. 增感屏

射线照射到某些物质(如钨酸钙、硫化锌镉、铅箔和锡箔等)时会产生荧光效应,将这些物质均匀地粘附在一纸板上,则成了荧光增感屏。如果纸板上粘附的是铅箔或锡箔,则称为金属增感屏。用这些增感屏夹着胶片,在射线的作用下,软片不只受射线的感光作用,也受增感屏的荧光作用。因此,软片在增感屏的作用下,与单独受射线作用时相比,曝光量大大增加。如果对软片作用的曝光量为定值时,有增感屏的情况下,可大大减少曝光时间,从而提高检测速度。

常用的增感屏如表 7-5 所示。

表 7-5 常用的增感屏

射线种类	增感屏材料	前屏厚度/mm	后屏厚度/mm
<120kV		—	
120 ~ 250kV	铅	0.025 ~ 0.125	≥0.10
250 ~ 400kV		0.05 ~ 0.16	

5. 像质计

评价射线照相质量的重要指标是灵敏度,一般用工件中能被发现的最小缺欠尺寸或其在工件厚度上所占百分比表示。由于预先无法了解射线穿透方向上的最小缺欠尺寸,必须用已知尺寸的人工“缺欠”——像质计来度量。这样可以在给定的射线检测工艺条件下,底片上显示出人工“缺欠”影像,以获得灵敏度的概念,还可以检测底片的照相质量。用像质计得到的灵敏度并非是真正发现的实际缺欠的灵敏度,而只是用来表征对某些人工“缺欠”(如金属丝等)发现的难易程度,但它完全可以对影像质量做出客观的评价。

像质计有线型、孔型和槽型三种,不同材料的像质计适用的范围按表 7-6 的规定。

表 7-6　不同材料的像质计适用的工件材料范围

像质计材料代号	Fe	Ni	Ti	Al	Cu
像质计材料	碳钢、奥氏体不锈钢	镍-铬合金	工业纯钛	工业纯铝	纯铜
工件材料范围	碳钢、低合金钢、不锈钢	镍、镍合金	钛、钛合金	铝、铝合金	铜、铜合金

7.4.3　焊接接头常见缺陷及识别特征

1. 裂纹

裂纹在底片上的特征是轮廓分明黑色曲折的细线，局部有微小的锯齿或波状细纹，有时也呈近似直线状，中部稍宽且黑度较大，而两端尖细且黑度逐渐减小，有时带有分叉或枝状，尖端前方有时有丝状阴影延伸，有些裂纹影像还呈粗细互相缠绕的黑线，有些裂纹呈黑度较浅的放射状。裂纹的宽度、深度和开裂面同射线夹角的大小会造成裂纹清晰度的不同，有的清晰，有的则极难辨认。当开裂面同射线垂直时，则一般的裂纹很难在底片上留下清晰影像。

各种裂纹的影像差异和变化较大，因为裂纹影像不仅与裂纹自身形态有关，而且与射线能量等工艺参数、工件厚度、透照角度和底片质量等因素有关。当射线能量及焦距、曝光量等参数选择合适且工件较薄时，焊接裂纹的影像比较清晰，细节特征可以显示出来，容易辨认。当射线能量等工艺参数选择不当或工件厚度较大时，细节特征可能会部分消失，影像与实际裂纹性质差别较大，难以辨认。当透照射线束方向平行于裂纹深度方向时，裂纹影像是一条直线，黑度较大，容易辨认。随着透照角度的增大，黑线会变宽，黑度变小，直至角度很大，甚至垂直时，只出现一条模糊的宽带阴影，这时就很难发现、区分和判断。因此，在选择透照方位和角度时，应充分考虑焊缝的实际情况，尽量使射线束与裂纹深度或开裂面方向平行。

2. 未熔合

未熔合分根部未熔合、坡口侧壁未熔合及层间未熔合三种。

1）根部未熔合的典型影像是一条细直黑线，一侧轮廓整齐且黑度较大，为坡口钝边影像，另一侧轮廓可能较规则，也可能不规则。根部未熔合在底片上的位置一般是焊缝根部的投影位置，在焊缝的中间，因坡口形状或投影角度变化等原因也可能偏向一边。

2）坡口侧壁未熔合的典型影像是连续或断续的线状阴影，线条比较宽，黑度不太均匀。如果射线束沿着坡口方向透照时，则一侧轮廓齐整，黑度较高，另一侧轮廓不规则，黑度较小。在底片上的位置一般在焊缝中心至边缘的大约1/2处，沿焊缝纵向延伸。

3）层间未熔合的典型影像是黑度不大且较均匀的块状阴影，线条较宽，形状不规则，轮廓模糊。如果伴有夹渣时，夹渣部位的黑度较大。

3. 未焊透与内凹

单面焊未焊透位于接头坡口的根部，双面焊未焊透位于接头坡口的端部。

未焊透在射线底片上的特征呈轮廓明显、规则的连续或断续的黑色线条，一般是条状或带状。其宽度取决于钝边间隙的大小，间隙很小时，在底片上呈一条很细的黑线，两侧轮廓很整齐，线条的黑度和宽度可能是均匀的，也可能不均匀。这可能是由于各部分的焊透程度不一致，在未焊透部位往往也存在夹渣、气孔等缺陷。此时，线条的宽度和黑度在局部有所改变，但其图形本身仍是一条直线，一般在焊缝影像的中部。

内凹是焊缝表面或背面成形低于母材表面的局部低洼部分，常在单面焊双面成形的焊缝背面存在。焊条电弧焊内凹不太宽，自动焊较宽。

内凹与未焊透不同之处，从其焊缝断面来看，根部的熔池在坡口边缘两端连接较好，逐渐在焊缝中心下凹，有明显的弧形，因而在射线透照中，底片上有一条较宽的黑色条状阴影，在焊缝影像的中部或接近中部位置，这种条状影像，中间黑度较深，逐渐向两面过渡变淡，轮廓一般不明显。在质量等级处理或评定上应与未焊透有所区分，因而要求准确鉴别。

4. 夹渣

夹渣和夹杂物在射线底片上不容易区分和鉴别，因此可以统称为夹渣。夹渣在射线底片上的特征如下所述。

（1）点状夹渣　在底片上有一个或数个黑点，有时与气孔很难分开，但它的轮廓比气孔明显，黑度均匀，形状不规则，这类缺陷常出现在焊条电弧焊的焊缝中。

（2）条块状夹渣　夹渣顺着焊接方向分布，通常产生于焊缝中部或边缘，有时伴随着未焊透和未熔合同时存在。阴影形状不规则，宽窄不一，带有棱角，边缘不规则，线条较宽，黑度较大，轮廓清晰。这种缺陷在自动焊中常见。

（3）薄条状夹渣　薄条状夹渣的阴影呈宽而淡的粗线条，轮廓不明显，黑度不均匀。常出现在多层焊的层间或坡口边缘。

（4）链状夹渣　链状夹渣的影像与焊缝轴线平行，似一条线，间距较小而不等，外形不规则，端头有棱角，轮廓分明，黑度均匀。这种缺陷在自动焊和焊条电弧焊中都有可能发生。

（5）群状夹渣　呈较密黑点群，形状各异，大小不一，间距不等，黑度变化不大。

5. 夹钨

夹钨在射线底片上的影像是白色透明点状、块状或条状，轮廓清晰。由于钨对射线的衰减系数较大，因此白色点块的黑度极小（极亮），据此可将其与飞溅影像相区别，钨夹渣只产生在非熔化极氩弧焊焊缝中。

6. 气孔

由于气孔内充满的是气体，衰减系数很小，它又是体积缺陷，因而影像的黑度差值较大，底片上很容易发现。气孔在底片上的成像一般以单个、链状、群状密集的形式出现。这些气孔在底片上的特征是呈圆形或椭圆形的黑点，中心黑度较大，均匀地向边缘变浅，也有呈线状或其他不规则形状的，气孔的影像轮廓比较圆滑，清晰可见。

在焊条电弧焊中，从底片上观察气孔的影像，多是圆形或近似圆形的小黑点。黑度一般是中心较大，并均匀向边缘减小，边缘轮廓不太明显。在自动焊中气孔通常较大，影像一般是圆形或椭圆形，黑度大，边缘轮廓很明显，也有的不明显，与焊条电弧焊相似，但直径较大。

密集气孔的影像在焊缝的局部地方聚集成堆，直径大小不一，黑度深浅不均，轮廓有的清晰，有的模糊，通常是由起弧、收弧所致。这种密集气孔自动焊和焊条电弧焊都可能发生，但焊条电弧焊较多。

各种焊接缺陷在 X 射线照相底片上的特征如表 7-7 所示。

表 7-7　各种焊接缺陷在 X 射线照相底片上的特征

焊接缺欠		射线照相底片显示特征
种类	名称	
裂纹	横向裂纹	与焊缝方向垂直的黑色条纹
	纵向裂纹	与焊缝方向一致的黑色条纹，两头尖细
	放射裂纹	由一点辐射出去星形黑色条纹
	弧坑裂纹	弧坑中纵、横向及星形黑色条纹
未熔合未焊透	未熔合	坡口边缘、焊道间以及焊缝根部等处的伴有气孔或夹渣的连续或断续黑色影像
	未焊透	焊缝根部钝边未熔化的直线黑色影像
夹渣	条状夹渣	黑度值较均匀的呈长条黑色不规则影像
圆形缺欠	夹钨	白色块状
	点状夹渣	黑色点状
	球形气孔	黑度值中心较大，边缘较小且均匀过渡的圆形黑色影像
	均布及局部密集气孔	均匀分布及局部密集的黑色点状影像
	链状气孔	在与焊缝方向平行的成品上呈直线状的黑色影像
	柱状气孔	黑度极大且均匀的黑色圆形影像
	斜针状气孔	单个或呈人字分布的带尾黑色影像
	表面气孔	黑度值不太高的圆形影像
	弧坑缩孔	多指焊道末端凹陷处的孔穴，为黑色显示

（续）

焊接缺欠		射线照相底片显示特征
种类	名称	
形状和尺寸不良	咬边	位于焊缝边缘与焊缝走向一致的黑色条纹
	缩沟	单面焊，背面焊道两侧的黑色影像
	焊缝超高	焊缝正中的灰白色突起
	下塌	单面焊时，背面焊道的灰白色影像
	焊瘤	焊缝边缘的灰白色突起
	错边	焊缝一侧与另一侧的黑色的黑度值不同
	下垂	焊缝金属塌落，黑度值较高的区域
	烧穿	单面焊时，熔化金属从背面流出形成孔洞，底片上为黑色影像
	根部收缩	单面焊时，背部焊道正中的沟槽，呈黑色影像
其他缺欠	电弧擦伤	母材上的黑色影像
	飞溅	灰白色圆点
	表面撕裂	母材上黑色条纹
	磨痕	局部黑色影像
	凿痕	局部黑色影像

7.4.4 金属熔化焊焊接接头射线检测

金属熔化焊焊接接头射线检测按照 GB/T 3323—2005《金属熔化焊焊接接头射线照相》进行。

1. 一般规定

（1）射线防护 X 射线和 γ 射线对人体健康会造成极大危害。无论使用何种射线装置，应具备必要的防护设施，尽量避免射线的直接或间接照射。

（2）工件表面处理和检测时机 当工件表面不规则状态或覆层可能给辨认缺陷造成困难时，应对工件表面进行适当处理。除非另有规定，射线照相应在制造完工后进行。对有延迟裂纹倾向的材料，通常至少应在焊后 24h 以后进行射线照相检测。

（3）射线底片上焊缝定位 当射线底片上无法清晰地显示焊缝边界时，应在焊缝两侧放置高密度材料的识别标记。

（4）射线底片标识 被检工件的每一透照区段，均须放置高密度材料的识别标记，如产品编号、焊缝编号、部位编号、返修标记、透照日期等。底片上所显示的标记应尽可能位于有效评定区之外，并确保每一区段标记明确无误。

（5）工件标记 工件表面应做出永久性标记，以确保每张射线底片可准确定位。若材料性质或使用条件不允许在工件表面做永久标记时，应采用准确的底片分布图来记录。

（6）胶片搭接　当透照区域要采用两张以上胶片照相时，相邻胶片应有一定的搭接区域，以确保整个受检区域均被透照。应将高密度搭接标记置于搭接区的工件表面，并使之能显示在每张射线底片上。

（7）像质计　所用像质计的材质应与被检工件相同或相似，或其射线吸收小于被检材料。像质计应优先放置在射线源侧，并紧贴工件表面放置，且位于厚度均匀的区域。

像质计放在胶片侧时，应紧贴像质计放置高密度材料识别标记"F"，并在检测报告中注明。

外径大于等于200mm的管子或容器环缝，采用射线源中心法做周向曝光时，整圈环焊缝应等间隔放置至少三个像质计。

1）单壁透照（A级）时，像质计（IQI）置于射线源侧，线型像质计（IQI）如表7-8所示，阶梯孔型像质计（IQI）如表7-9所示。

表7-8　单壁透照（A级）时的线型像质计（IQI）

A 级					
公称厚度 t/mm	像质计数值		公称厚度 t/mm	像质计数值	
	应识别的丝径 /mm	应识别的丝号		应识别的丝径 /mm	应识别的丝号
$t \leq 1.2$	0.063	W18	$25 < t \leq 32$	0.40	W10
$1.2 < t \leq 2.0$	0.080	W17	$32 < t \leq 40$	0.50	W9
$2.0 < t \leq 3.5$	0.100	W16	$40 < t \leq 55$	0.63	W8
$3.5 < t \leq 5.0$	0.125	W15	$55 < t \leq 85$	0.80	W7
$5.0 < t \leq 7.0$	0.16	W14	$85 < t \leq 150$	1.00	W6
$7.0 < t \leq 10$	0.20	W13	$150 < t \leq 250$	1.25	W5
$10 < t \leq 15$	0.25	W12	$t > 250$	1.60	W4
$15 < t \leq 25$	0.32	W11			

表7-9　单壁透照（A级）时的阶梯孔型像质计（IQI）

A 级					
公称厚度 t/mm	像质计数值		公称厚度 t/mm	像质计数值	
	应识别的孔径 /mm	应识别的孔号		应识别的孔径 /mm	应识别的孔号
$t \leq 2.0$	0.200	H3	$10 < t \leq 15$	0.500	H7
$2.0 < t \leq 3.5$	0.250	H4	$15 < t \leq 24$	0.630	H8
$3.5 < t \leq 6.0$	0.320	H5	$24 < t \leq 30$	0.800	H9
$6.0 < t \leq 10$	0.400	H6	$30 < t \leq 40$	1.000	H10

（续）

A 级					
公称厚度 t/mm	像质计数值		公称厚度 t/mm	像质计数值	
	应识别的孔径 /mm	应识别的孔号		应识别的孔径 /mm	应识别的孔号
40 < t ≤ 60	1.250	H11	200 < t ≤ 250	3.200	H15
60 < t ≤ 100	1.600	H12	250 < t ≤ 320	4.000	H16
100 < t ≤ 150	2.000	H13	320 < t ≤ 400	5.000	H17
150 < t ≤ 200	2.500	H14	t > 400	6.300	H18

2）单壁透照（B 级）时，像质计（IQI）置于射线源侧，线型像质计（IQI）如表7-10 所示，阶梯孔型像质计（IQI）如表7-11 所示。

表 7-10　单壁透照（B 级）时的线型像质计（IQI）

B 级					
公称厚度 t/mm	像质计数值		公称厚度 t/mm	像质计数值	
	应识别的丝径/mm	应识别的丝号		应识别的丝径/mm	应识别的丝号
t ≤ 1.5	0.050	W19	30 < t ≤ 35	0.32	W11
1.5 < t ≤ 2.5	0.063	W18	35 < t ≤ 45	0.40	W10
2.5 < t ≤ 4.0	0.080	W17	45 < t ≤ 65	0.50	W9
4.0 < t ≤ 6.0	0.100	W16	65 < t ≤ 120	0.63	W8
6.0 < t ≤ 8.0	0.125	W15	120 < t ≤ 200	0.80	W7
8.0 < t ≤ 12	0.16	W14	200 < t ≤ 350	1.00	W6
12 < t ≤ 20	0.20	W13	t > 350	1.25	W5
20 < t ≤ 30	0.25	W12			

表 7-11　单壁透照（B 级）时的阶梯孔型像质计（IQI）

B 级					
公称厚度 t/mm	像质计数值		公称厚度 t/mm	像质计数值	
	应识别的孔径/mm	应识别的孔号		应识别的孔径/mm	应识别的孔号
t ≤ 2.5	0.160	H2	40 < t ≤ 60	0.800	H9
2.5 < t ≤ 4.0	0.200	H3	60 < t ≤ 80	1.000	H10
4.0 < t ≤ 8.0	0.250	H4	80 < t ≤ 100	1.250	H11
8.0 < t ≤ 12	0.320	H5	100 < t ≤ 150	1.600	H12
12 < t ≤ 20	0.400	H6	150 < t ≤ 200	2.000	H13
20 < t ≤ 30	0.500	H7	200 < t ≤ 250	2.500	H14
30 < t ≤ 40	0.630	H8			

3）双壁双影透照（A 级）时，像质计（IQI）置于射线源侧，线型像质计（IQI）如表 7-12 所示，阶梯孔型像质计（IQI）如表 7-13 所示。

表 7-12 双壁双影透照（A 级）时的线型像质计（IQI）

A 级					
穿透厚度 w/mm	像质计数值		穿透厚度 w/mm	像质计数值	
	应识别的丝径 /mm	应识别的丝号		应识别的丝径 /mm	应识别的丝号
$w \leqslant 1.2$	0.063	W18	$30 < w \leqslant 40$	0.40	W10
$1.2 < w \leqslant 2.0$	0.080	W17	$40 < w \leqslant 50$	0.50	W9
$2.0 < w \leqslant 3.5$	0.100	W16	$50 < w \leqslant 60$	0.63	W8
$3.5 < w \leqslant 5.0$	0.125	W15	$60 < w \leqslant 85$	0.80	W7
$5.0 < w \leqslant 7.0$	0.16	W14	$85 < w \leqslant 120$	1.00	W6
$7.0 < w \leqslant 12$	0.20	W13	$120 < w \leqslant 220$	1.25	W5
$12 < w \leqslant 18$	0.25	W12	$220 < w \leqslant 380$	1.60	W4
$18 < w \leqslant 30$	0.32	W11	$w > 380$	2.00	W3

表 7-13 双壁双影透照（A 级）时的阶梯孔型像质计（IQI）

A 级					
穿透厚度 w/mm	像质计数值		穿透厚度 w/mm	像质计数值	
	应识别的孔径 /mm	应识别的孔号		应识别的孔径 /mm	应识别的孔号
$w \leqslant 1.0$	0.200	H3	$5.5 < w \leqslant 10$	0.500	H7
$1.0 < w \leqslant 2.0$	0.250	H4	$10 < w \leqslant 19$	0.630	H8
$2.0 < w \leqslant 3.5$	0.320	H5	$19 < w \leqslant 35$	0.800	H9
$3.5 < w \leqslant 5.5$	0.400	H6			

4）双壁双影透照（B 级）时，像质计（IQI）置于射线源侧，线型像质计（IQI）如表 7-14 所示，阶梯孔型像质计（IQI）如表 7-15 所示。

表 7-14 双壁双影透照（B 级）时的线型像质计（IQI）

B 级					
穿透厚度 w/mm	像质计数值		穿透厚度 w/mm	像质计数值	
	应识别的丝径 /mm	应识别的丝号		应识别的丝径 /mm	应识别的丝号
$w \leqslant 1.5$	0.050	W19	$4.0 < w \leqslant 6.0$	0.100	W16
$1.5 < w \leqslant 2.5$	0.063	W18	$6.0 < w \leqslant 8.0$	0.125	W15
$2.5 < w \leqslant 4.0$	0.080	W17	$8.0 < w \leqslant 15$	0.16	W14

（续）

B 级

穿透厚度 w/mm	像质计数值		穿透厚度 w/mm	像质计数值	
	应识别的丝径 /mm	应识别的丝号		应识别的丝径 /mm	应识别的丝号
$15 < w \leqslant 25$	0.20	W13	$70 < w \leqslant 100$	0.63	W8
$25 < w \leqslant 38$	0.25	W12	$100 < w \leqslant 170$	0.80	W7
$38 < w \leqslant 45$	0.32	W11	$170 < w \leqslant 250$	1.00	W6
$45 < w \leqslant 55$	0.40	W10	$w > 250$	1.25	W5
$55 < w \leqslant 70$	0.50	W9			

表 7-15 双壁双影透照（B 级）时的阶梯孔型像质计（IQI）

B 级

穿透厚度 w/mm	像质计数值		穿透厚度 w/mm	像质计数值	
	应识别的孔径 /mm	应识别的孔号		应识别的孔径 /mm	应识别的孔号
$w \leqslant 1.0$	0.160	H2	$6.0 < w \leqslant 11$	0.400	H6
$1.0 < w \leqslant 2.5$	0.200	H3	$11 < w \leqslant 20$	0.500	H7
$2.5 < w \leqslant 4.0$	0.250	H4	$20 < w \leqslant 35$	0.630	H8
$4.0 < w \leqslant 6.0$	0.320	H5			

5）双壁单影（或双影）透照（A 级）时，像质计（IQI）置于射线源侧，线型像质计（IQI）如表 7-16 所示，阶梯孔型像质计（IQI）如表 7-17 所示。

表 7-16 双壁单影（或双影）透照（A 级）时的线型像质计（IQI）

A 级

穿透厚度 w/mm	像质计数值		穿透厚度 w/mm	像质计数值	
	应识别的丝径 /mm	应识别的丝号		应识别的丝径 /mm	应识别的丝号
$w \leqslant 1.2$	0.063	W18	$38 < w \leqslant 48$	0.40	W10
$1.2 < w \leqslant 2.0$	0.080	W17	$48 < w \leqslant 60$	0.50	W9
$2.0 < w \leqslant 3.5$	0.100	W16	$60 < w \leqslant 85$	0.63	W8
$3.5 < w \leqslant 5.0$	0.125	W15	$85 < w \leqslant 125$	0.80	W7
$5.0 < w \leqslant 10$	0.16	W14	$125 < w \leqslant 225$	1.00	W6
$10 < w \leqslant 15$	0.20	W13	$225 < w \leqslant 375$	1.25	W5
$15 < w \leqslant 22$	0.25	W12	$w > 375$	1.60	W4
$22 < w \leqslant 38$	0.32	W11			

表 7-17　双壁单影（或双影）透照（A 级）时的阶梯孔型像质计（IQI）

穿透厚度 w/mm	像质计数值		穿透厚度 w/mm	像质计数值	
	应识别的孔径 /mm	应识别的孔号		应识别的孔径 /mm	应识别的孔号
A 级					
$w \leqslant 2.0$	0.200	H3	$14 < w \leqslant 22$	0.500	H7
$2.0 < w \leqslant 5.0$	0.250	H4	$22 < w \leqslant 36$	0.630	H8
$5.0 < w \leqslant 9.0$	0.320	H5	$36 < w \leqslant 50$	0.800	H9
$9.0 < w \leqslant 14$	0.400	H6	$50 < w \leqslant 80$	1.000	H10

6）双壁单影（或双影）透照（B 级）时，像质计（IQI）置于射线源侧，线型像质计（IQI）如表 7-18 所示，阶梯孔型像质计（IQI）如表 7-19 所示。

表 7-18　双壁单影（或双影）透照（B 级）时的线型像质计（IQI）

穿透厚度 w/mm	像质计数值		穿透厚度 w/mm	像质计数值	
	应识别的丝径 /mm	应识别的丝号		应识别的丝径 /mm	应识别的丝号
B 级					
$w \leqslant 1.5$	0.050	W19	$30 < w \leqslant 45$	0.25	W12
$1.5 < w \leqslant 2.5$	0.0630	W18	$45 < w \leqslant 55$	0.32	W11
$2.5 < w \leqslant 4.0$	0.080	W17	$55 < w \leqslant 70$	0.40	W10
$4.0 < w \leqslant 6.0$	0.100	W16	$70 < w \leqslant 100$	0.50	W9
$6.0 < w \leqslant 12$	0.125	W15	$100 < w \leqslant 180$	0.63	W8
$12 < w \leqslant 18$	0.16	W14	$180 < w \leqslant 300$	0.80	W7
$18 < w \leqslant 30$	0.20	W13	$w > 300$	1.00	W6

表 7-19　双壁单影（或双影）透照（B 级）时的阶梯孔型像质计（IQI）

穿透厚度 w/mm	像质计数值		穿透厚度 w/mm	像质计数值	
	应识别的孔径 /mm	应识别的孔号		应识别的孔径 /mm	应识别的孔号
B 级					
$w \leqslant 2.5$	0.160	H2	$15 < w \leqslant 24$	0.400	H6
$2.5 < w \leqslant 5.5$	0.200	H3	$24 < w \leqslant 40$	0.500	H7
$5.5 < w \leqslant 9.5$	0.250	H4	$40 < w \leqslant 60$	0.630	H8
$9.5 < w \leqslant 15$	0.320	H5	$60 < w \leqslant 80$	0.800	H9

7）线型像质计的组别和规格如表 7-20 所示。

表 7-20　线型像质计的组别和规格

像质计组别				像质计数值			金属丝间距 a/mm	金属丝长度 l/mm	与标志间距 a'/mm
W1	W6	W10	W13	丝号	丝径 /mm	允许偏差 /mm			
×				W1	3.20		9.6_0^{+1}		
×				W2	2.50	±0.03	7.5_0^{+1}		
×				W3	2.00		6.0_0^{+1}		
×				W4	1.60				
×				W5	1.25				
×	×			W6	1.00	±0.02			
×	×			W7	0.80				
	×			W8	0.63				
	×			W9	0.50				
	×	×		W10	0.40			25 或 50	5.0_0^{+1}
	×	×		W11	0.32	±0.01	5.0_0^{+1}		
	×	×		W12	0.25				
		×	×	W13	0.20				
		×	×	W14	0.16				
		×	×	W15	0.125				
		×	×	W16	0.100				
			×	W17	0.080	±0.005			
			×	W18	0.063				
			×	W19	0.050				

注：表中"×"表示有此规格。

8）不同材质线型像质计的组别标志和适用范围如表 7-21 所示。

表 7-21　不同材质线型像质计的组别标志和适用范围

像质计组别标志	像质计丝号	金属丝材质	适用范围
W1 FE	W1 ~ W7	碳素钢	铁类材料
W6 FE	W6 ~ W12		
W10 FE	W10 ~ W16		
W13 FE	W13 ~ W19		
W1 CU	W1 ~ W7	铜	铜、锌、锡及锡合金
W6 CU	W6 ~ W12		
W10 CU	W10 ~ W16		
W13 CU	W13 ~ W19		

（续）

像质计组别标志	像质计丝号	金属丝材质	适用范围
W1 AL	W1 ~ W7	铝	铝及铝合金
W6 AL	W6 ~ W12		
W10 AL	W10 ~ W16		
W13 AL	W13 ~ W19		
W1 TI	W1 ~ W7	钛	钛及钛合金
W6 TI	W6 ~ W12		
W10 TI	W10 ~ W16		
W13 TI	W13 ~ W19		

9）阶梯孔型像质计的组别和规格如表 7-22 所示。

表 7-22　阶梯孔型像质计的组别和规格

像质计组别				像质计数值			阶梯宽度[2] H/mm	阶梯长度[3] L/mm	与标志间距 a'/mm
H1	H5	H9	H13[1]	孔号	孔径和阶梯厚度/mm	允许偏差/mm			
×				H1	0.125	$^{+0.015}_{0}$			
×				H2	0.160				
×				H3	0.200				
×				H4	0.250				
×	×			H5	0.320				
×	×			H6	0.400				
	×			H7	0.500	$^{+0.020}_{0}$			
	×			H8	0.630				
	×	×		H9	0.800				
×	×			H10	1.000		10、15	5、7、15	5.0^{+1}_{0}
		×		H11	1.250				
		×		H12	1.600	$^{+0.025}_{0}$			
		×	×	H13	2.000				
		×	×	H14	2.500				
			×	H15	3.200	$^{+0.030}_{0}$			
			×	H16	4.000				
			×	H17	5.000				
			×	H18	6.300	$^{+0.036}_{0}$			

① 经合同各方商定，该组像质计数值允许作特别使用。

② 像质计组别 1、5、9 的阶梯宽度 H 为 10mm；像质计组别 13 的阶梯宽度 H 为 15mm。

③ 像质计组别 1 的阶梯长度 L 为 5mm；像质计组别 5、9 的阶梯长度 L 为 7mm；像质计组别 13 的阶梯长度 L 为 15mm。

10) 不同材质阶梯孔型像质计的组别标志和适用范围如表 7-23 所示。

表 7-23 不同材质阶梯孔型像质计的组别标志和适用范围

像质计组别标志	像质计孔号	像质计材质	适用范围
H1 FE	H1 ~ H6	碳素钢	铁类材料
H5 FE	H5 ~ H10		
H9 FE	H9 ~ H14		
H13 FE	H13 ~ H18		
H1 CU	H1 ~ H6	铜	铜、锌、锡及锡合金
H5 CU	H5 ~ H10		
H9 CU	H9 ~ H14		
H13 CU	H13 ~ H18		
H1 AL	H1 ~ H6	铝	铝及铝合金
H5 AL	H5 ~ H10		
H9 AL	H9 ~ H14		
H13 AL	H13 ~ H18		
H1 TI	H1 ~ H6	钛	钛及钛合金
H5 TI	H5 ~ H10		
H9 TI	H9 ~ H14		
H13 TI	H13 ~ H18		

(8) 像质评定 通过观察底片上的像质计影像，确定可识别的最细丝径编号或最小孔径编号，以此作为像质计数值。对线型像质计，若在黑度均匀的区域内有至少 10mm 丝长连续清晰可见，该丝就视为一可识别。对阶梯孔型像质计，若阶梯仁有两个同径孔，则两孔应均可识别，该阶梯孔才视为可识别。

2. 透照方式

(1) 纵缝单壁透照法 射线源位于工件前侧，胶片位于另一侧，如图 7-19 所示。

(2) 单壁外透法 射线源位于被检工件外侧，胶片位于内侧，如图 7-20 ~ 图 7-22 所示。

(3) 射线源中心法 射线源位于工件内侧中心处，胶片位于外侧，如图 7-23 ~ 图 7-25 所示。

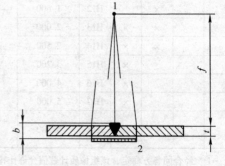

图 7-19 纵缝单壁透照布置
1—射线源 2—胶片

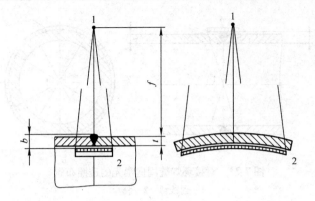

图 7-20　对接环焊缝单壁外透法的透照布置
1—射线源　2—胶片

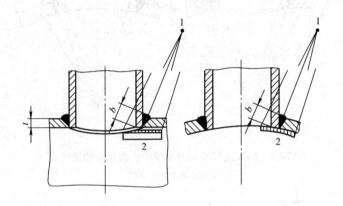

图 7-21　插入式管座焊缝单壁外透法的透照布置
1—射线源　2—胶片

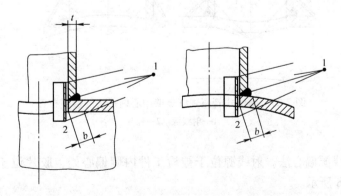

图 7-22　骑座式管座焊缝单壁外透法的透照布置
1—射线源　2—胶片

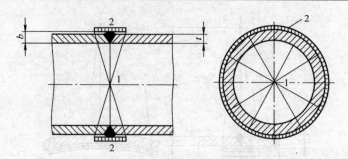

图 7-23　对接环焊缝周向曝光的透照布置
1—射线源　2—胶片

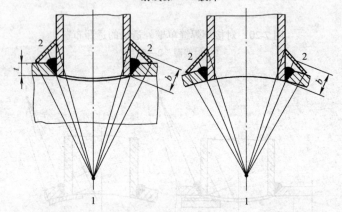

图 7-24　插入式管座焊缝单壁中心内透法的透照布置
1—射线源　2—胶片

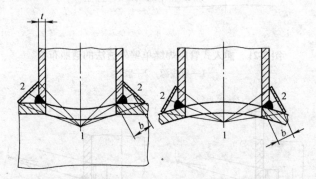

图 7-25　骑座式管座焊缝单壁中心内透法的透照布置
1—射线源　2—胶片

（4）射线源偏心法　射线源位于被检工件内侧偏心处，胶片位于外侧，如图 7-26 ~ 图 7-28 所示。

（5）椭圆透照法　射线源和胶片位于被检工件外侧，焊缝投影呈椭圆显示，如图 7-29 所示。

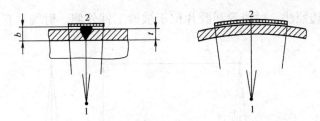

图 7-26　对接环焊缝单壁偏心内透法的透照布置

1—射线源　2—胶片

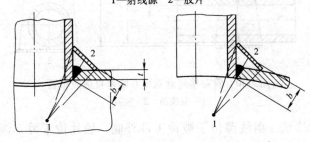

图 7-27　插入式管座焊缝单壁偏心内透法的透照布置

1—射线源　2—胶片

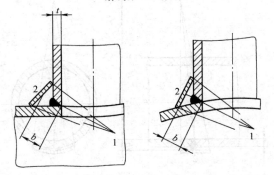

图 7-28　骑座式管座焊缝单壁偏心内透法的透照布置

1—射线源　2—胶片

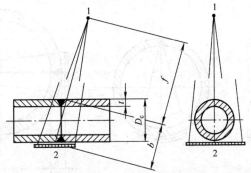

图 7-29　管对接环缝双壁双影椭圆透照布置

1—射线源　2—胶片

（6）垂直透照法　射线源和胶片位于被检工件外侧，射线垂直入射，如图 7-30 所示。

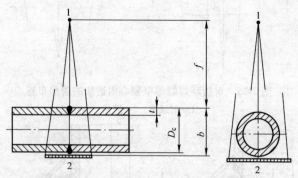

图 7-30　管对接环缝双壁双影垂直透照布置

1—射线源　2—胶片

（7）双壁单影法　射线源位于被检工件外侧，胶片位于另一侧，如图 7-31 ~ 图 7-36 所示。

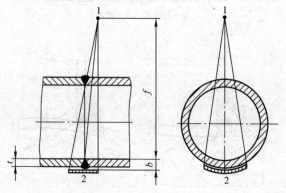

图 7-31　对接环焊缝双壁单影法的透照布置（像质计位于胶片侧）

1—射线源　2—胶片

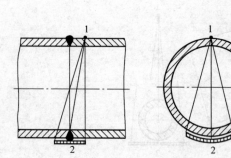

图 7-32　对接环焊缝双壁单影法的透照布置

1—射线源　2—胶片

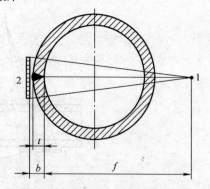

图 7-33　纵缝双壁单影法的透照布置

1—射线源　2—胶片

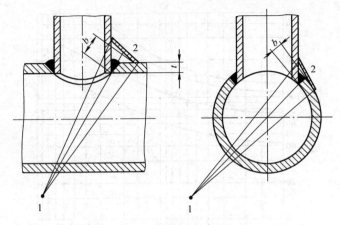

图 7-34　插入式支管连接焊缝双壁单影法的透照布置
1—射线源　2—胶片

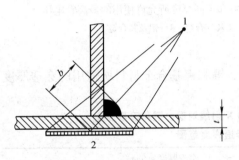

图 7-35　角焊缝透照布置 I
1—射线源　2—胶片

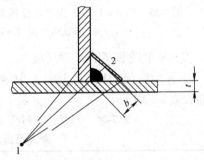

图 7-36　角焊缝透照布置 II
1—射线源　2—胶片

（8）不等厚透照法　材料厚度差异较大，采用多张胶片透照，如图 7-37 所示。

3. 管电压和射线源的选择

（1）管电压 500kV 以下的 X 射线机

1）为获得良好的照相灵敏度，应选用尽一可能低的管电压。X 射线穿透不同材料和不同厚度时，所允许使用的最高管电压应符合图 7-38 的规定。

2）对某些被检区内厚度变化较大的工件透照时，可使用稍高于图 7-38 所示的管电压。但要注意管电压过高会导致照相灵敏度降低。最高管电压的许用增量：钢最大允许提高 50kV，钛最大允许提高 40kV，铝最大允许提高 30kV。

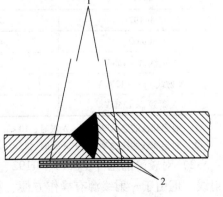

图 7-37　不等厚对接焊缝的
多胶片透照布置
1—射线源　2—胶片

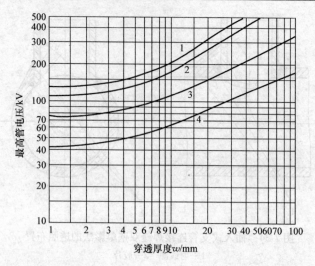

图 7-38　500kV 以下 X 射线机穿透不同材料和不同厚度所允许使用的最高管电压
1—铜、镍及其合金　2—钢　3—钛及其合金　4—铝及其合金

（2）γ 射线和高能 X 射线装置

1）γ 射线和 1MeV 以上的 X 射线对钢、铜和镍基合金材料所适用的穿透厚度范围如表 7-24 所示。

表 7-24　γ 射线和 1MeV 以上的 X 射线对钢、铜和镍基合金
材料所适用的穿透厚度范围

射线种类	穿透厚度 w/mm	
	A 级	B 级
Tm 170	$w \leqslant 5$	$w \leqslant 5$
Yb 169[①]	$1 \leqslant w \leqslant 15$	$2 \leqslant w \leqslant 12$
Se 75[②]	$10 \leqslant w \leqslant 40$	$14 \leqslant w \leqslant 40$
Ir 192	$20 \leqslant w \leqslant 100$	$20 \leqslant w \leqslant 90$
Co 60	$40 \leqslant w \leqslant 200$	$60 \leqslant w \leqslant 150$
X 射线，1 ~ 4MeV	$30 \leqslant w \leqslant 200$	$50 \leqslant w \leqslant 180$
X 射线，>4 ~ 12MeV	$w \geqslant 50$	$w \geqslant 80$
X 射线，<12MeV	$w \geqslant 80$	$w \geqslant 100$

①　对铝和钛的穿透厚度为：A 级时，$10 < w < 70$；B 级时，$25 < w < 55$。

②　对铝和钛的穿透厚度为：A 级时，$35 \leqslant w \leqslant 120$。

2）对较薄的工件，Se75、Ir192、Co60 等 γ 射线照相的缺陷检测灵敏度不如 X 射线，但由于 γ 射线源有操作方便、易于接近被检部位等优点，当使用 X 射线机有困难时，可在给出的穿透厚度范围内使用 γ 射源。

3）经合同各方同意，采用 Ir192 时，最小穿透厚度可降至 10mm；采用 Se75 时，最小穿透厚度可降至 5mm。

4）在某些特定的应用场合，只要能获得足够高的影像质量，也允许将穿透厚度范围放宽。

5）用 γ 射线照相时，射线源到位的往返传送时间不应超过总曝光时间的 10%。

（3）射线胶片系统和增感屏

1）使用增感屏时，胶片和增感屏之间应接触良好。

2）采用不同射线源透照时，各种金属材料射线照相所适用的胶片系统类别和金属增感屏如表 7-25 和表 7-26 所示。

表 7-25　钢、铜和镍基合金射线照相所适用的胶片系统类别和金属增感屏

射线种类	穿透厚度 w/mm	胶片系统类别[①]		金属增感屏类型和厚度/mm	
		A 级	B 级	A 级	B 级
X 射线，≤100kV	—	C5	C3	不用屏或用铅屏（前后）≤0.03	
X 射线，>100~150kV			C3	铅屏（前后）≤0.15	
X 射线，>150~250kV			C4	铅屏（前后）0.02~0.15	
Yb 169	$w < 5$	C5	C3	铅屏（前后）≤0.03，或不用屏	
Tm 170	$w \geqslant 5$		C4	铅屏（前后）0.02~0.15	
X 射线，>250~500kV	$w \leqslant 50$	C5	C4	铅屏（前后）0.02~0.2	
	$w > 50$		C5	前铅屏 0.1~0.2[②]；后铅屏 0.02~0.2	
Se 75		C5	C4	铅屏（前后）0.1~0.2	
Ir 192		C5	C4	前铅屏 0.02~0.2	前铅屏 0.1~0.2[②]
				后铅屏 0.02~0.2	
Co 60	$w \leqslant 100$	C5	C4	钢或铜屏（前后）0.25~0.7[③]	
	$w > 100$		C5		
X 射线，1~4MeV	$w \leqslant 100$	C5	C3	钢或铜屏（前后）0.25~0.7[③]	
	$w > 100$		C5		
X 射线，>4~12MeV	$w \leqslant 100$	C4	C4	铜、钢或钽前屏≤1[④]	
	$100 < w \leqslant 300$	C5	C4	铜或钢后屏≤1，钽后屏≤0.5[④]	
	$w > 300$		C5		
X 射线，>12MeV	$w \leqslant 100$	C4	—	钽前屏≤1[⑤]	
	$100 < w \leqslant 300$	C5	C4	钽后屏不用	
	$w > 300$		C5	钽前屏≤1[⑤]；钽后屏≤0.5	

① 也可使用更好的胶片系统类别。

② 只要在工件与胶片之间加 0.1mm 附加铅屏，就可使用前屏≤0.03mm 的真空包装胶片。

③ A 级，也可使用 0.5~2mm 铅屏。

④ 经合同各方商定，A 级可用 0.5~1mm 铅屏。

⑤ 经合同各方商定可使用钨屏。

表 7-26 铝和钛射线照相所适用的胶片系统类别和金属增感屏

射线种类	胶片系统类别①		金属增感屏类型和厚度/mm
	A 级	B 级	
X 射线，≤150kV			不用屏或铅前屏≤0.03； 后屏≤0.15
X 射线，>150~250kV	C5	C3	铅屏（前后）0.02~0.15
X 射线，>250~500kV			铅屏（前后）0.1~0.2
Yb 169			铅屏（前后）0.02~0.15
Se 75			铅前屏 0.2②；后屏 0.1~0.2

① 也可使用更好的胶片系统类别。

② 可用 0.1mm 铅屏附加 0.1mm 滤光板取代 0.2mm 铅屏。

4. 射线方向

射线束应对准被检区中心，并在该点与被检工件表面相垂直。但若采用其他透照角度有利于检出某些缺陷时，也可另择方向进行透照。

5. 散射线的控制

（1）滤光板和铅光阑

1）为减少散射线的影响，应利用铅光阑等将一次射线尽量限制在被检区段内。

2）采用 Ir192 和 Co60 射线源或产生边缘散射时，可将铅箔或薄铅板插在工件与暗袋之间，作为低能散射源的滤光板。按透照厚度的不同，滤光板的厚度应选择 0.5~2mm。

（2）背散射的屏蔽

1）为防止散射线对胶片的影响，应在胶片暗袋后贴附适当厚度的铅板（至少 1mm）或锡板（至少 1.5mm）。

2）当采用新的透照布置时，应在每个暗袋后背贴上高密度材料标记"B"（高度大于等于 10mm，厚度大于等于 1.5mm），以此验证背散射的存在与否。若底片上出现该标记的较亮影像，此底片应作废；若此标记影像较暗或不可见，表明散射线屏蔽良好，则此底片合格。

6. 射线源到工件距离

射线源到工件距离 f_{min} 与射线源的尺寸 d 和工件至胶片距离 b 有关。

1）A 级：$f/d \geq 7.5b^{2/3}$。

2）B 级：$f/d \geq 15b^{2/3}$。

3）射线源置于被检工件内部透照，射线源到工件距离 f_{min} 允许减小，但减小值不应超过 20%。

4）射线源置于被检工件内部透照中心透照，在满足像质计要求的前提下，射

线源到工件距离 f_{min} 允许减小，但减小值不应超过 50%。

7. 一次透照长度

1）平板纵缝透照和射线源位于偏心位置透照曲面焊缝时，为保证 100% 透照，其曝光次数应按技术要求来确定。

2）射线经过均匀厚度被检区外端的斜向穿透厚度与中心束的穿透厚度之比，A 级不大于 1.2，B 级不大于 1.1。

3）只要观片时有适当的遮光设施，底片上由于射线穿透厚度变化所引起的黑度值变化的范围，其下限不应低于规定的数值，上限不得高于观片灯可以观察的最高值。

4）工件被检区域应包括焊缝和热影响区，通常焊缝两侧应评定至少约 10mm 的母材区域。

8. 射线底片黑度

1）选择的曝光条件应使底片的黑度满足表 7-27 中的规定。

表 7-27　底片黑度

等级	黑度[①]
A	≥2.0[②]
B	≥2.3[③]

① 测量允许衰减为 ±0.1。
② 经合同各方商定，可降为 1.5。
③ 经合同各方商定，可降为 2.0。

2）当观片灯亮度足够大时，可采用较高的黑度。

3）为避免胶片老化、显影或温度等因素所引起的灰雾度过大，应从所使用的未曝光胶片中取样验证灰雾度，用与实际透照相同的暗室条件进行处理，所得灰雾度位不允许大于 0.3。这里的灰雾度是指未经曝光即进行暗室处理的胶片的总黑度（片基＋乳剂）。

4）采用多胶片透照，而用单张底片观察评定时，每张底片的黑度应满足表 7-27 的规定。

5）采用多胶片透照，而用两张底片重叠观察评定时，单张底片的黑度应不小于 1.3。

9. 胶片处理

胶片的暗室处理应按胶片及化学药剂制造者推荐的条件进行，以获得选定的胶片系统性能。胶片处理时，特别要注意温度、显影及冲洗时间。

10. 评片条件

底片的评定应在光线暗淡的室内进行，观片灯的亮度应可调，灯屏应有遮光板遮挡非评定区。观片灯应满足 JB/T 7903 的规定。观片灯的亮度应能保证底片透过

光的亮度不低于 $30cd/m^2$，尽量达到 $100cd/m^2$。

7.4.5 金属管道熔化焊环向对接接头射线照相检测

金属管道熔化焊环向对接接头射线照相检测方法可参照 GB/T 12605—2008 实施。该检测方法适用于壁厚为 2~175mm 的金属管及管道的环向对接接头、对焊制管件（三通或弯头）、焊管（纵缝、螺旋缝）焊接接头，不适用于摩擦焊、闪光焊等机械方法施焊的对接接头。

1. 透照工艺

（1）射线检测工艺分级　射线检测技术分为两级：①A 级——中灵敏度技术；②B 级——高灵敏度技术。

射线检测技术等级选择应符合制造、安装、检修等有关标准及设计图样规定。金属管道对接接头的射线检测，一般采用 A 级技术进行检测。有较高或特殊要求时，可采用 B 级技术进行检测。

由于结构、环境条件、射线设备等方面限制，检测的某些条件不能满足 A 级（或 B 级）射线检测技术的要求时，经合同双方协商，在采取有效补偿措施（如选用更高类别的胶片）的前提下，若底片的像质计灵敏度达到了 A 级（或 B 级）射线检测技术的规定，则可认为按 A 级（或 B 级）射线检测技术进行了检测。

（2）表面要求和射线检测时机　在射线检测之前，对接接头的表面质量应经外观检查合格。表面的不规则状态在底片上的图像应不掩盖焊缝中的缺欠或与之相混淆，否则应做适当的修整。

除非另有规定，射线检测应在焊接全部完成后进行。对有延迟裂纹倾向的材料，至少应在焊接全部完成后 24h 再进行射线检测；对有再热裂纹倾向的材料应在热处理后进行或增加一次检测。

（3）透照方法　透照方法分为内透法和外透法。

1）内透法分为中心全周透照法和偏心透照法。

①中心全周透照法是射线源置于管道的中心，胶片放置在管道环缝外表面上，并与之贴紧（见图 7-39）。

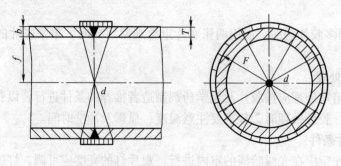

图 7-39　中心全周透照法

②偏心透照法是射线源置于管道中心以外的位置上，胶片放置在管道外表面相应环缝的区域上，并与之贴紧（见图 7-40）。

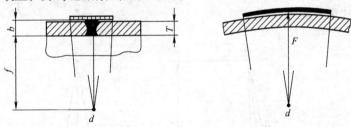

图 7-40　偏心透照法

2）外透法分为单壁外透法、双壁单影法和双壁双影法。

①单壁外透法是射线源置于管道外，胶片放置在离射线源最近一侧管内壁相应焊缝的区域上，并与焊缝贴紧（见图 7-41）。

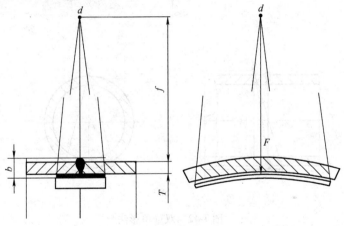

图 7-41　单壁外透法

②双壁单影法是射线源置于管道外，胶片放置在远离射线源一侧的管外表面相应焊缝的区域上，并与焊缝贴紧（见图 7-42）。

③双壁双影法又分为椭圆成像、重叠成像和小径管双壁双影透照。

椭圆成像是指射线源置于管道外，且使射线的透照方向与环形焊缝平面成适当的夹角，使上下两焊缝在底片上的影像呈椭圆形显示，胶片放置在远离射线源一侧的管道外表面相应焊缝的区域上，并与焊缝贴紧（见图 7-43）。

重叠成像是指射线源置于管道外，使射线垂直于焊缝，胶片放置在远离射线源一侧的管道外表面相应焊缝的区域上，并与焊缝贴紧（见图 7-44）。

小径管采用双壁双影透照，当同时满足下列两条件时可采用椭圆成像方法透照：T（壁厚）$\leqslant 8mm$，g（焊缝宽度）$\leqslant D_0/4$。采用椭圆成像时，应控制影像的开口宽度（上下焊缝投影最大间距）在一倍焊缝宽度左右。

不满足上述条件、椭圆成像有困难及对检查根部未焊透有特别要求时，应采用垂直透照方式重叠成像。

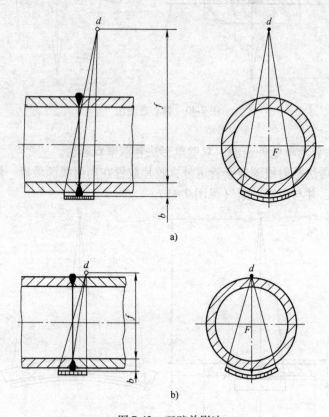

图 7-42　双壁单影法

a）射线源紧贴管道　　b）射线源远离管道

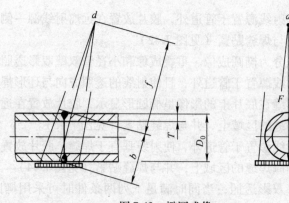

图 7-43　椭圆成像

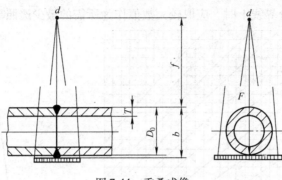

图 7-44　重叠成像

（4）透照方式的选择　应根据焊接接头的特点和技术条件的要求选择适宜的透照方式。在可以实施的情况下应选用单壁透照方式，在单壁透照不能实施时才允许采用双壁透照方式。透照时射线束中心一般应垂直指向透照区中心，需要时也可选用有利于发现缺欠的方向透照。为提高横向裂纹检出率，应优先采用中心全周透照法。

（5）100% 透照时最少曝光次数　按下列要求确定最少曝光次数。

1）双壁单影法的最少曝光次数：技术等级为 A 级时，射线源至管道外表面的距离，当小于或等于 15mm 时，至少分 3 段透照；当大于 15mm 时，至少分 4 段透照。技术等级为 B 级时，分段透照的次数应控制透照厚度比 $K \leqslant 1.1$。

2）单壁透照法（不含中心全周透照法）的最少曝光次数：技术等级为 A 级时，分段透照的次数应控制透照厚度比 $K \leqslant 1$；技术等级为 B 级时，分段透照的次数应控制透照厚度比 $K \leqslant 1$。

3）小径管采用双壁双影法的最少曝光次数：技术等级选取 A 级时，对 76mm $< D_0 \leqslant 100$mm 的管子，至少分两次透照，偏转的透照角度一般应为 90°。对 $D_0 \leqslant$ 76mm 的管子，允许一次透照成像。技术等级选取 B 级时，当 $T/D_0 \leqslant 0.12$ 时，相隔 90° 透照 2 次。当 $T/D_0 > 0.12$ 时，相隔 120° 或 60° 透照 3 次。垂直透照重叠成像时，一般应相隔 120° 或 60° 透照 3 次。

4）整条环向对接接头所需的透照次数可参照曲线图确定：图 7-45 所示为源在外单壁透照环向对接焊接接头且透照厚度比 $K = 1.1$ 的透照次数曲线图，图 7-46 所示为偏心内透法和双壁单影法透照环向对接焊接接头且透照厚度比 $K = 1.1$ 的透照次数曲线图，图 7-47 所示为源在外单壁透照环向对接焊接接头且透照厚度比 $K = 1.2$ 的透照次数曲线图；图 7-48 所示为偏心内透法和双壁单影法透照环向对接焊接接头且透照厚度比 $K = 1.2$ 的透照次数曲线图。

从图中确定透照次数的步骤是：计算出 T/D_0、D_0/f，在横坐标上找到 T/D_0 值对应的点，过此点画一垂直于横坐标的直线；在纵坐标上找到 D_0/f 对应的点，过此点画一垂直于纵坐标的直线；从两直线交点所在的区域确定所需的透照次数；当交点在两区域的分界线上时，应取较大数值作为所需的最少透照次数。

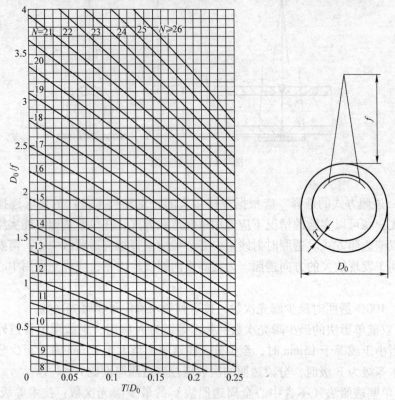

图 7-45　源在外单壁透照环向对接焊接接头且透照厚度比
$K=1.1$ 的透照次数曲线图

（6）射线胶片和增感屏　胶片系统按照 GB/T 19348.1—2014 分为 6 类，即 C1、C2、C3、C4、C5 和 C6 类。C1 为最高类别，C6 为最低类别。胶片制造商应对所生产的胶片进行系统性能测试，并提供类别和参数。胶片的本底灰雾度应不大于 0.3。射线照相一般选用金属增感屏或不用增感屏。胶片和增感屏的选用应符合表 7-25、表 7-26 的规定。

（7）射线能量和曝光量

1）射线能量的选择。取决于透照管道的材料种类、透照方式和透照厚度（w），通常随着射线能量的降低，透照图像的对比度将增加。因此，在保证穿透力和检测范围的前提下，应尽量采用较低的射线能量。

2）X 射线的能量选择。使用管电压为 400kV 以下的 X 射线透照对接接头时，应根据透照厚度（w）选取管电压值，一般不应超过图 7-38 的规定。对某些被检区内厚度变化较大的管道透照时，可使用稍高于图 7-38 所示的管电压。钢最大允许提高 50kV；钛最大允许提高 40kV；铝最大允许提高 30kV。

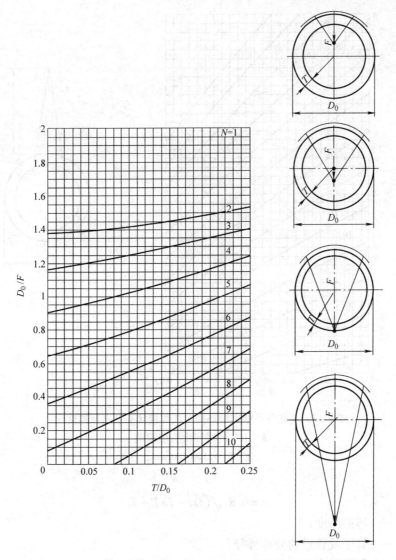

图 7-46 偏心内透法和双壁单影法透照环向对接焊接接头且透照厚度比

$K = 1.1$ 透照次数曲线图

3）γ 射线源和高能 X 射线的选择。不同种类的 γ 射线源和高能 X 射线对钢、铜和镍基合金材料所适用的透照厚度范围如表 7-24 所示。对于透照厚度差较大的管道，当透照厚度（w）大于或等于 10mm 时，采用适宜的下射线源透照，可获得较大的检测范围。

4）小径管透照时，电压选取应按下式计算 X 射线穿透厚度，并按此选取透照电压。

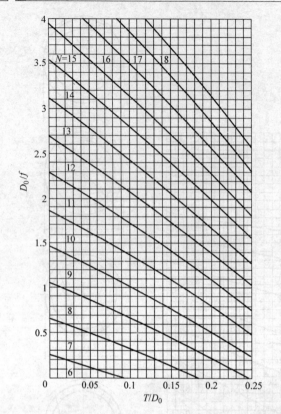
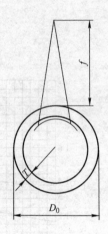

图 7-47 源在外单壁透照环向对接焊接接头且透照厚度比
$K = 1.2$ 的透照次数曲线图
注：D_0 为 100 ~ 400mm。

$$w = 0.8 \sqrt{(D_0 - T) T} + T$$

式中　w——透照厚度；

　　　D_0——管子或管道的公称外径；

　　　T——公称厚度。

5）采用 X 射线照相，当焦距为 700mm 时，曝光量的推荐值为不小于 15mA·min。当焦距改变时可按平方反比定律对曝光量的推荐值进行换算。

6）采用 γ 射线源透照时，总的曝光时间应不少于输送源往返所需时间的 10 倍。

7）小径管对接焊接接头由于结构原因（如有鳍片的管排），只能采用椭圆成像或重叠成像方式透照一次，应选择较高管电压，曝光量宜控制在 7.5 mA·min 以内，管子内壁轮廓应清晰地显现在底片上。

（8）透照厚度　透照厚度 w 应根据透照方法按表 7-28 确定。

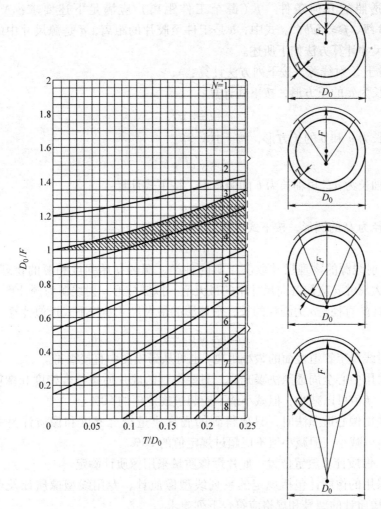

图 7-48　偏心内透法和双壁单影法透照环向对接焊接接头且透照厚度比

$K = 1.2$ 透照次数曲线图

注：D_0 为 $100 \sim 400\text{mm}$。

表 7-28　透照厚度的确定

透 照 方 法			透照厚度 w
外透法	单壁透照法		T
	双壁单影法		$2T/\cos\theta$[①]
	双壁双影法多次透照	椭圆成像	$2T/\cos\theta$
		重叠成像	$2T$
内透法	中心全周透照法		T
	偏心透照法		T

① θ 为透射角。

（9）透照的几何条件 f（源至工件距离）应满足下述要求：A级，$f \geqslant$ $10db^{2/3}$；B级，$f \geqslant 15db^{2/3}$。式中，b 是工件至胶片的距离，d 是源尺寸中的最大尺寸，最大尺寸计算方法如下所述。

1）对于 X 射线源，按下列方法计算：

①边长为 a 的正方形，按下式计算：

$$d = a\sqrt{2}$$

②边长为 a 和 b 的长方形，按下式计算：

$$d = \sqrt{a^2 + b^2}$$

③长轴长为 a，短轴长为 b 的椭圆形，按下式计算：

$$d = a$$

④直径为 D 的圆形，按下式计算：

$$d = D$$

2）γ 射线源的物理尺寸取决于源的种类、源的初始强度和源的物理形状，γ 射线源最大尺寸 d 应取各向尺寸中的最大值。以圆柱形 γ 射线源为例计算：若 a 为该源的圆柱的直径，b 为圆柱的长，则该源的最大尺寸 d 按下式近似计算：

$$d = \sqrt{a^2 + b^2}$$

3）射线源至管道表面的最小距离 f 也可从诺模图中直接查得。

4）采用中心全周透照法曝光时，只要得到的底片质量符合密度和像质计灵敏度的要求，f 值可以减小，但减小值不应超过规定值的50%。

5）采用偏心透照法时，只要得到的底片质量符合密度和像质计灵敏度的要求，f 值可以减小，但减小值不应超过规定值的20%。

（10）像质计及放置位置 底片影像质量采用像质计测定。

1）采用的像质计包括规定的系列线型像质计、专用线型像质计及单丝像质计。单丝像质计的型号和规格应符合下列要求。

①单丝像质计的形状：单丝像质计由一根金属丝（其长度大于所透照管子的外周长）和铅字符号组成，如图7-49所示。

②单丝像质计的规格与材质：像质计的宽度为 15mm，其长度为管周长加 15mm。像质计根据不同的透照材料应有相应材质的像质计丝，且有明显的表征丝号和材质的

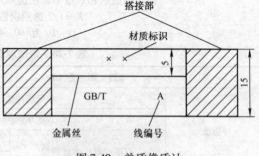

图7-49 单质像质计

铅字标识。像质计丝和铅字标识的封装应采用非吸收性的薄膜材料。金属丝的材料与适用透照材料范围如表7-29所示。

表7-29　不同材料的像质计适用的透照材料范围

像质计材料代号	Fe	Ni	Ti	Al	Cu
像质计材料	碳钢或奥氏体不锈钢	镍-铬合金	工业纯钛	工业纯铝	三号纯铜
适用材料范围	碳钢、低合金钢、不锈钢	镍、镍合金	钛、钛合金	铝、铝合金	铜、铜合金

③像质计的线号、直径和偏差如表7-30所示。

表7-30　像质计的线号、直径和偏差　　　　（单位：mm）

线号	直径	偏差	线号	直径	偏差
1	3.20		11	0.32	
2	2.50	±0.03	12	0.25	
3	2.00		13	0.20	±0.01
4	1.60		14	0.16	
5	1.25		15	0.125	
6	1.00	±0.02	16	0.100	
7	0.80		17	0.080	±0.005
8	0.65		18	0.063	
9	0.50	±0.01	19	0.050	
10	0.40				

2）外径大于100mm的管道，其焊缝透照采用JB/T 7902—2006规定的系列像质计。像质计一般应放置在管道源侧表面焊接接头的一端（在被检区长度的1/4左右位置），金属丝应横跨焊缝，细丝置于外侧。

单壁透照一时像质计应放置在源侧。双壁单影透照时像质计应放置在胶片侧。一单壁透照时像质计无法放置在源侧，允许放置在胶片侧，但应进行对比试验。对比试验方法是在射源侧和胶片侧各放一个像质计，用与管道相同的条件透照，测定出像质计放置在源侧和胶片侧的灵敏度差异，以此修正应识别像质计丝号，以保证实际透照的底片灵敏度符合要求。

单壁透照时像质计放置在胶片侧，应在像质计上适当位置放置铅字"F"作为标记。"F"标记的影像应与像质计的标记同时出现在底片上，且应在检测报告中注明。

3）小径管的焊缝透照应采用JB/T 7902—2006规定的专用线型像质计（等径金属丝），放置于源侧管表面，金属丝应横跨焊缝放置。

4）外径小于和等于76 mm的小径管，当采用一次椭圆透照成像时，应采用单丝像质计评定底片的有效检测范围及底片质量。单丝像质计应紧贴焊缝边缘，围绕管子全周。

5）原则上每张底片上都应有像质计的影像。当一次曝光完成多张胶片照相时，使用的像质计数量允许减少但应符合以下要求：①采用源置于中心全周曝光时，至少在圆周上等间隔地放置 4 个像质计；②一次曝光连续排列的多个小径管焊接接头时，至少在每张胶片上放置一个像质计，且像质计应放置在射线透照区一侧最边缘的焊接接头上，如表 7-31 所示。

表 7-31　各种透照方式应达到的像质计灵敏度

应识别丝号和线径		单壁透照 像质计置于源侧		双壁双影透照 像质计置于源侧		双壁(单、双)影透照 像质计置于胶片侧	
丝号	线径 /mm	公称厚度 T/mm		透照厚度 w/mm		透照厚度 w/mm	
		A 级	B 级	A 级	B 级	A 级	B 级
19	0.050	—	—	—	—	—	—
18	0.063	—	≤2.5	—	≤2.5	—	≤2.5
17	0.080	≤2.0	>2.5~4.0	≤2.0	>2.5~4.0	≤2.0	>2.5~4.0
16	0.100	>2.0~3.5	>4.0~6.0	>2.0~3.5	>4.0~6.0	>2.0~3.5	>4.0~6.0
15	0.125	>3.5~5.0	>6.0~8.0	>3.5~5.0	>6.0~8.0	>3.5~5.0	>6.0~12
14	0.160	>5.0~7.0	>8.0~12	>5.0~7.0	>8.0~15	>5.0~10	>12~18
13	0.20	>7.0~10	>12~20	>7.0~12	>15~25	>10~15	>18~30
12	0.25	>10~15	>20~30	>12~18	>25~38	>15~22	>30~45
11	0.32	>15~25	>30~35	>18~30	>38~45	>22~38	>45~55
10	0.40	>25~32	>35~45	>30~40	>45~55	>38~48	>55~70
9	0.50	>32~40	<45~65	>40~50	>55~70	>48~60	>70~100
8	0.63	>40~55	>65~120	>50~60	>70~100	>60~85	>100~175
7	0.80	>55~85	>120~175	>60~85	>100~170	>85~125	—
6	1.00	>85~150	—	>85~120	>170~175	>125~175	—
5	1.25	>150~175	—	>120~175	—	—	—

（11）深度对比试块　为测定对接接头的未焊透和内凹、内咬边等的深度，小径管应采用 I 型深度对比试块（见图 7-50 和表 7-32）；当管子外径大于 100mm 时，应采用 II 型深度对比试块（见图 7-51 和表 7-33）。对比试块应平行于焊缝放置，且距焊缝边缘大于或等于 5mm。

（12）标记

1）透照部位的标记由识别标记和定位标记组成。标记一般由适当尺寸的铅（或其他适宜的重金属）制数字、字母、汉字和符号等构成。

2）识别标记一般包括：产品编号、对接接头编号、部位编号和透照日期。返修后的透照还应有返修标记，返修标记用 R1、R2 等，其中 1、2 等表示返修次数。

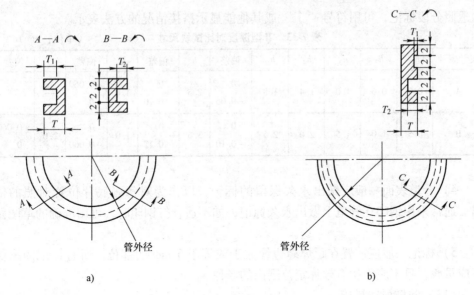

图 7-50　Ⅰ型深度对比试块

a) A 类　b) B 类

表 7-32　Ⅰ型深度对比试块尺寸　　　　（单位：mm）

管子公称厚度	T	偏差	T_1	偏差	T_2	偏差
3.5	1.0		0.35		0.50	
4.0	1.0	±0.01	0.40	±0.01	0.60	±0.01
5.0	1.0		0.50		0.75	
≥6.0	1.0		0.60		0.90	

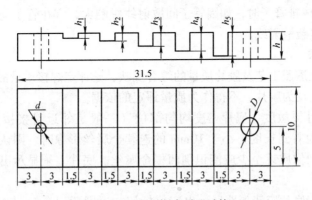

图 7-51　Ⅱ型深度对比试块

3）定位标记一般包括中心标记和搭接标记。中心标记指示透照部位区段的中心位置和分段编号的方向，一般用十字箭头"↓→"表示。搭接标记是连续检测时的透照分段标记，可用符号"↑"或其他能显示搭接情况的方法表示。

表 7-33　Ⅱ型深度对比试块尺寸 （单位：mm）

尺寸编号	h_1	h_2	h_3	h_4	h_5	偏差	h	偏差	d	偏差	D	偏差
A	0.2	0.6	1.0	1.4	1.8	0 −0.06	2.5	0 −0.10	1.0	+0.060 0		
B	0.5	1.0	1.5	2.0	2.5	0 −0.10	3.5	0 −0.12	1.0	0 −0.060	2.0	+0.060 0

4）管道表面一般应做出永久保留的标记，以作为对每张底片位置对照的依据。通常采用钢印在管道上做出永久标记，如不适合打钢印时，可用准确的草图做标记。

5）标记一般应放置在距焊缝边缘大于或等于 5 mm 的部位，所有标记的影像不应重叠，且不应干扰有效评定范围内的影像。

（13）防散射线措施

1）暗盒后面应放置厚度为 2~3mm 的铅板，以消除背散射线对像质的影响。对初次制定的检测工艺，或使用中检测工艺的条件、环境发生改变时，应进行背散射防护检查。检查背散射防护的方法是：在暗盒背面贴附"B"铅字标记，一般"B"铅字的高度为 13mm，厚度为 1.6mm，按检测工艺的规定进行透照和暗室处理。若在底片上出现密度低于周围背景密度的"B"字影像，则说明背散射防护不够，应增大背散射防护铅板的厚度。若底片上不出现"B"字影像或出现密度高于周围背景密度的"B"字影像，则说明背散射防护符合要求。

2）采用双壁双影法透照小径管焊缝时，应采用金属增感屏、铅板、滤波板、准直器等适当措施，屏蔽散射线和无用射线，提高成像质量。

3）当透照成排管子时，如因管子间散射线影响大，宜在管子间用铅板或其他高密度材料来屏蔽散射线。

2. 底片质量

底片质量是透照工艺及胶片质量的综合反映，是评定焊接质量的依据，不符合要求的底片均应视为废片，不得作为质量评定的依据。

（1）像质计灵敏度　底片密度均匀部位（一般是邻近对接接头的母材金属区）能够清晰地看到长度不小于 10mm 的连续金属丝影像时，则认为该丝是可识别的。专用线型像质计至少应能识别两根金属丝。底片上须显示出对应的像质计丝号。

（2）标记　底片应清晰地显示出定位标记、识别标记等标记，位置正确且不掩盖被检对接接头影像。

（3）伪缺欠　底片有效评定区域内不应有因胶片处理不当引起的伪缺欠影像或其他妨碍评定的伪缺欠影像。

（4）底片密度　底片有效评定范围内的密度应至少符合下列规定。

1）A 级：2.0～4.0。

2）B 级：2.3～4.0。

用 X 射线透照小径管或其他截面厚度变化大的工件时，A 级最低密度允许降至 1.5；B 级最低密度可降至 2.0。

多胶片方法时，单片观察的密度应符合以上要求。双片叠加观察时，单片的密度应不低于 1.3。

如所使用的观片灯亮度能够满足要求，底片的密度允许大于 4.0。

（5）对小径管底片的特别要求　外径小于 76mm 的小径管进行 A 级检测采用一次透照时，应采取适当措施，使得检出范围达到 6%。

3. 评片

1）评片应在专用评片室内进行。评片室内的光线应暗淡，室内照明用光不得在底片表面产生反射。

2）评片人员在评片前应经历一定的暗适应时间。从阳光下进入评片的暗适应时间一般为 5～10 min；从一般的室内进入评片的暗适应时间应不少于 30s。

3）评片时，底片评定范围内的亮度应符合下列规定：①当底片评定范围内的密度小于等于 2.5 时，透过底片评定范围内的亮度应不低于 $30cd/m^2$；②当底片评定范围内的密度大于 2.5 时，透过底片评定范围内的亮度应不低于 $10cd/m^2$。

4）评片时允许用放大倍数小于或等于 5 的放大镜辅助观察底片的局部细微部分。

4. 质量评级

（1）一般规定

1）根据焊接缺欠类型、尺寸和数量，将焊接接头质量分为 4 个等级。

2）长宽比小于或等于 3 的缺欠（包括气孔、夹杂物、夹渣、夹钨）定义为圆形缺欠。它们可以是圆形、椭圆形或其他不规则的形状。尺寸测量时应以缺欠最长部位为准。

3）长宽比大于 3 的缺欠定义为条形缺欠，包括气孔、夹杂物、夹渣和夹钨。

4）圆形缺欠用评定区进行评定，评定区长边应与对接接头方向平行且应置于缺欠最严重或集中处，评定区尺寸的选定应根据母材公称厚度确定。

5）当缺欠在评定区边界线上时，应把它划为该评定区内计算点数。

（2）钢、镍、铜制管道环向对接接头射线检测质量分级

1）Ⅰ、Ⅱ、Ⅲ级对接接头内应无裂纹、未熔合。对接接头内有裂纹、未熔合评为Ⅳ级。

2）圆形缺欠的评级：①评定区应符合表 7-34 的规定；②评定时需把圆形缺欠尺寸换算成点数，并应符合表 7-35 的规定；③评定时不计点数的缺欠尺寸应根据母材公称厚度确定，并符合表 7-36 的规定。

表 7-34 缺欠评定区

母材公称厚度 T/mm	≤25	>25 ~ 100	>100
评定区尺寸/mm	10 × 10	10 × 20	10 × 30

表 7-35 缺欠点数换算表

缺欠长径/mm	≤1	>1 ~ 2	>2 ~ 3	>3 ~ 4	>4 ~ 6	>6 ~ 8	>8
缺欠点数	1	2	3	6	10	15	25

表 7-36 不计点数的缺欠尺寸

母材公称厚度 T/mm	缺欠长径/mm	母材公称厚度 T/mm	缺欠长径/mm
$T \leqslant 25$	≤0.5	$T > 50$	≤1.4% T
$25 < T \leqslant 50$	≤0.7		

3）评定级别：圆形缺欠的对接接头质量分级应根据母材公称厚度和评定区尺寸确定，各级允许点数的上限值符合表 7-37 的规定。

表 7-37 圆形缺欠允许点数的上限值

质量级别	评定区尺寸/mm					
	10 × 10			10 × 20		10 × 30
	母材公称厚度					
	≤10	>10 ~ 15	>15 ~ 25	>25 ~ 50	>50 ~ 100	>100
I	1	2	3	4	5	6
II	3	6	9	12	15	18
III	6	12	18	24	30	36
IV	缺欠点数大于 III 级者，单个缺欠长径大于 $1/2T$ 者					

4）条形缺欠的评级：条形缺欠的对接接头质量分级应符合表 7-38 的规定。

表 7-38 条形缺欠的分级 （单位：mm）

质量级别	母材厚度	条形缺欠长度	
		单个缺欠	断续缺欠
I		0	0
II	$T \leqslant 12$	4	在任意直线上，相邻两缺欠间距均不超过 $6L$ 的任何一组缺欠，其累计长度在 $12T$ 对接接头长度内不超过 T
	$12 < T < 60$	$1/3T$	
	$T \geqslant 60$	20	
III	$T \leqslant 9$	6	在任意直线上，相邻两缺欠间距均不超过 $3L$ 的任何一组缺欠，其累计长度在 $6T$ 对接接头长度内不超过 T
	$9 < T < 45$	$2/3T$	
	$T \geqslant 45$	30	

（续）

质量级别	母材厚度	条形缺欠长度	
		单个缺欠	断续缺欠
Ⅳ		大于Ⅲ级者	

注：1. 表中 L 为该组条形缺欠最长者的长度，T 为母材公称厚度。

2. 当被检对接接头长度小于 $12T$（Ⅱ级）或 $6T$（Ⅲ级）时，可按被检对接接头长度与 $12T$（Ⅱ级）或 $6T$（Ⅲ级）的比例折算出被检对接接头长度内条形缺欠的允许值。当折算的条形缺欠总长度小于单个条形缺欠长度时，以单个条形缺欠长度为允许值。

3. 当两个或两个以上条形缺欠在任意直线上且相邻间距小于或等于较小条形缺欠尺寸时，应作为单个连续条形缺欠处理，其间距也应计入条形缺欠长度，否则应分别评定。任意直线是指与对接接头方向平行的、具有一定宽度的矩形区，$T \leqslant 25mm$，宽度为 $4mm$；$25mm < T \leqslant 100mm$，宽度为 $6mm$；$T > 100mm$，宽度为 $8mm$。

5）未焊透的评级：公称外径 $D_0 > 100mm$ 的管子未焊透的对接接头质量分级应符合表 7-39 的规定，公称外径 $D_0 \leqslant 100mm$ 的管子未焊透的对接接头质量分级应符合表 7-40 的规定。

表 7-39　公称外径 $D_0 > 100mm$ 的管子未焊透的对接接头质量分级

（单位：mm）

质量级别	未焊透深度		未焊透长度	
	占壁厚百分比(%)	极限深度	单个未焊透	断续未焊透
Ⅰ	0	0	0	0
Ⅱ	≤10	≤1.5	$T \leqslant 12$ 时，不大于 4；$12 < T < 36$ 时，不大于 $1/3T$；$T \geqslant 36$ 时，不大于 12	在任意直线上，相邻两缺欠间距均不超过 $6L$ 的任何一组缺欠，其累计长度在 $12T$ 对接接头长度内不超过 T
Ⅲ	≤15	≤2.0	$T \leqslant 9$ 时，不大于 6；$9 < T < 30$ 时，不大于 $2/3T$；$T \geqslant 30$ 时，不大于 20	在任意直线上，相邻两缺欠间距均不超过 $3L$ 的任何一组缺欠，其累计长度在 $6T$ 对接接头长度内不超过 T
Ⅳ			大于Ⅲ级者	

注：1. 表中 L 为断续未焊透中最长者的长度，T 为管壁厚度。

2. 同一对接接头质量级别中，未焊透深度中占壁厚的百分比和极限深度两个条件须同时满足。未焊透深度的评定用同一底片上深度对比块的影像进行比对。

3. 当两个或两个以上未焊透在任意直线上相邻间距小于或等于较小未焊透长度尺寸时，应作为单个未焊透处理，其间距也应计入未焊透长度，否则应分别评定。

4. 当被检对接接头长度小于 $12T$（Ⅱ级）或 $6T$（Ⅲ级）时，可按被检对接接头长度与 $12T$（Ⅱ级）或 $6T$（Ⅲ级）的比例折算出被检对接接头长度内未焊透缺欠允许值。当折算的未焊透缺欠总长度小于单个（连续）未焊透缺欠长度时，以单个（连续）未焊透缺欠长度为允许值。

5. 采用氩弧焊打底的对接接头不允许有根部未焊透缺欠。

表7-40　公称外径 $D_0 \leqslant 100mm$ 的管子未焊透的对接接头质量分级

质量级别	未焊透深度		连续或一直线上断续未焊透总长占对接接头周长的百分比（%）
	占壁厚百分比（%）	极限深度/mm	
Ⅰ	0	0	0
Ⅱ	≤10	≤1.5	≤10
Ⅲ	≤15	≤2.0	≤15
Ⅳ	大于Ⅲ级者		

注：1. 同一对接接头质量级别中，未焊透深度中占壁厚的百分比和极限深度两个条件须同时满足。未焊透深度的评定用同一底片上深度对比块的影像进行比对。
2. 当两个或两个以上未焊透在任意直线上且相邻间距小于或等于较小未焊透长度尺寸时，应作为单个未焊透处理，其间距也应计入未焊透长度，否则应分别评定。
3. 采用氩弧焊打底的对接接头不允许有根部未焊透缺欠。

6）根部内凹的评级：管子对接接头根部内凹缺欠的质量分级应符合表7-41的规定。

表7-41　管子对接接头根部内凹缺欠的质量分级

质量级别	内凹深度		内凹总长占对接接头总长的百分比（%）
	占壁厚百分比（%）	极限深度/mm	
Ⅰ	≤10	≤1	公称外径大于100mm时：≤25 公称外径小于和等于100mm时：≤30
Ⅱ	≤15	≤2	
Ⅲ	≤20	≤3	
Ⅳ	大于Ⅲ级者		

注：同一对接接头质量级别中，内凹深度中占壁厚的百分比和极限深度两个条件须同时满足。内凹深度的评定用同一底片上深度对比块的影像进行比对。

（3）铝及铝合金制管道环向对接接头射线检测量分级

1）裂纹、未熔合、夹铜的评级：Ⅰ、Ⅱ、Ⅲ级对接接头内不允许存在裂纹、未熔合、夹铜，对接接头内存在裂纹、未熔合、夹铜即为Ⅳ级。

2）圆形缺欠的分级评定：①评定区应符合表7-42的规定；②将评定区内的缺欠按表7-43规定换算为点数，按表7-44规定评定对接接头的质量级别；③评定时不计点数的缺欠尺寸应根据母材公称厚度确定，并符合表7-45的规定；④Ⅰ级对接接头和母材公称厚度 T≤5mm 的Ⅱ级对接接头，不计点数的缺欠在圆形缺欠评定区内不得多于10个，超过10个时，对接接头质量的评级应分别降低一级。

表7-42　缺欠评定区

母材公称厚度 T/mm	≤20	>20～80
评定区尺寸/mm	10×10	10×20

表 7-43　圆形缺欠点数换算表

缺欠长径/mm	≤1	>1 ~ 2	>2 ~ 3	>3 ~ 4	>4 ~ 6	>6 ~ 8	>8 ~ 10
缺欠点数	1	2	3	6	10	15	25

表 7-44　各级别对接接头允许的圆形缺欠最多点数

质量级别	评定区尺寸/mm					
	10 × 10			10 × 20		
	母材公称厚度					
	≤3	>3 ~ 5	>5 ~ 10	>10 ~ 20	>20 ~ 40	>40
I	1	2	3	4	6	7
II	3	7	10	14	21	24
III	6	14	21	28	42	49
IV	缺欠点数大于III级或缺欠长径大于$2/3T$或缺欠长径大于10mm					

注：当母材公称厚度不同时，取较薄板的厚度。

表 7-45　不计点数的缺欠尺寸　　　　（单位：mm）

母材公称厚度 T	缺欠长径	母材公称厚度 T	缺欠长径
≤20	≤0.4	>40	≤$1.5\%T$
>20 ~ 40	≤0.6		

3）不加垫板单面焊的未焊透缺欠的分级评定：公称外径 $D_0 > 100$mm 时，不加垫板单面焊的未焊透缺欠按表 7-46 进行质量分级评定。公称外径 $D_0 ≤ 100$mm 的小径管不加垫板单面焊的未焊透缺欠按表 7-47 进行质量分级评定。

表 7-46　公称外径 $D_0 > 100$mm 不加垫板单面焊的未焊透缺欠质量分级

（单位：mm）

级别	未焊透深度		单个未焊透最大长度（T 为壁厚）	未焊透累计长度
	占壁厚百分比(%)	极限深度		
I	不允许			
II	≤10	≤1.0	≤$1/3T$（最小可为 4）且≤20	在任意 $6T$ 长度区内应不大于 T（最小可为 4），且任意 300mm 长度范围内总长度不大于 30
III	≤15	≤1.5	≤$2/3T$（最小可为 6）且≤30	在任意 $3T$ 长度区内应不大于 T（最小可为 6），且任意 300mm 长度范围内总长度不大于 40
IV	大于III级			

注：对断续未焊透，以未焊透本身的长度累计计算总长度。未焊透深度的评定用同一底片上深度对比块的影像进行比对。

表 7-47　公称外径 $D_0 \leqslant 100mm$ 不加垫板单面焊的未焊透缺欠质量分级

级别	未焊透深度		未焊透总长度占对接接头总长度的百分比(%)
	占壁厚百分比(%)	极限深度	
I	不允许		
II	≤10	≤1.0	≤10
III	≤15	≤15	≤15
IV	大于III级者		

注：对断续未焊透，以未焊透本身的长度累计计算总长度。未焊透深度的评定用同一底片上深度对比块的影像进行比对。

4）根部内凹和根部咬边的分级评定按表 7-48 进行。

表 7-48　根部内凹和根部咬边的分级评定

质量级别	根部内凹和根部咬边深度		根部内凹和根部咬边总长度
	占壁厚百分比(%)	极限深度/mm	
I	不允许		公称外径大于100mm时：3T 范围长度区内 ≤T，总长度 ≤ 100mm
II	≤15	≤1.5	
III	≤20	≤2.0	公称外径小于和等于100mm时：≤对接接头总长度的30%
IV	大于III级者		

注：同一对接接头质量级别中，内凹深度和根部咬边中占壁厚的百分比和极限深度两个条件须同时满足。内凹和根部咬边深度的评定用同一底片上深度对比块的影像进行比对。

(4) 钛及钛合金制管道环向对接接头射线检测质量分级

1）裂纹、未熔合的评级：I、II、III 级对接接头内不允许存在裂纹、未熔合，对接接头内存在裂纹、未熔合即为IV级。

2）圆形缺欠的分级评定：评定区应符合表 7-49 的规定。评定时需把圆形缺欠尺寸换算成点数，并应符合表 7-50 的规定，按表 7-51 评定对接接头的质量级别。评定时不计点数的缺欠尺寸应根据母材公称厚度确定，并符合表 7-52 的规定。I级对接接头和母材公称厚度 $T \leqslant 5mm$ 的 II 级或 III 级对接接头，不计点数的缺欠在圆形缺欠评定区内不得多于 10 个；母材公称厚度 $T > 5mm$ 的 II 级对接接头，不计点数的缺欠在圆形缺欠评定区内不得多于 20 个；母材公称厚度 $T > 5mm$ 的班级对接接头，不计点数的缺欠在圆形缺欠评定区内不得多于 30 个。超过上述规定时对接接头质量应降低一级。

表 7-49　圆形缺欠评定区

母材公称厚度 T/mm	≤20	>20 ~50
评定区尺寸 mm	10 × 10	10 × 20

表 7-50　缺欠点数换算表

缺欠长径/mm	≤1	>1~2	>2~4	>4~8	>8
缺欠点数	1	2	4	8	16

表 7-51　各级别对接接头允许的圆形缺欠最多点数

质量级别	评定区尺寸/mm					
	10×10			10×20		
	母材公称厚度 T/mm					
	≤3	>3~5	>5~10	>10~20	>20~30	>30~50
I	1	2	3	4		6
II	2	4	6	8	10	12
III	4	8	12	16	20	24
IV	缺欠点数大于 III 级者,单个缺欠长径大于 $1/2T$ 者					

注:当母材公称厚度不同时,取较薄板的厚度。

表 7-52　不计点数的缺欠尺寸　　　　　　　　(单位:mm)

母材公称厚度 T	缺欠长径	母材公称厚度 T	缺欠长径
≤10	≤0.3	>20~50	≤0.7
>10~20	≤0.4		

7.4.6　对接焊缝 X 射线实时成像检测

由于计算机数字图像处理技术的发展,X 射线实时成像检验(简称 RTR)已能用于对接焊缝的无损检验。使用射线接收转换装置将不可见的 X 射线转换为数字或模拟信号,经过图像处理后显示在显示器上,图像的产生会有短暂的延迟,这种延迟取决于计算机的图像处理速度。显示的图像能提供有关焊缝缺陷性质、大小、位置等信息,从而可按相关标准对焊缝质量进行评定。RTR 的缺陷检出能力与中速胶片拍片法的缺陷检出能力相当。

对接焊缝 X 射线实时成像检测可按 GB/T 19293—2003《对接焊缝 X 射线实时成像检测法》进行。

1. 人员要求

1)从事 X 射线实时成像检验的人员,应根据相应标准通过考核,取得射线中级或高级资格,并需通过技术培训后,才可进行相应的工作。

2)图像评定人员应能辨别距离为 400mm 远的一组高为 0.5mm、间距为 0.5mm 的印刷字母。评定人员的视力每年检查一次。

3)图像评定人员在评定前应进行图像灰度(图像中黑白程度的分级值)分辨能力的适应训练,要求在 36 个灰度块中能分辨出 4 个连续变化的灰度块。

2. 设备

（1）构成 X 射线实时成像系统设备主要由 X 射线机、X 射线接收转换装置、数字图像处理单元、图像显示单元、图像存储单元及检测工装等组成。

（2）X 射线机 根据被检焊缝的材质和厚度范围选择 X 射线机的能量范围，不宜用高能量的机器透照相对较薄的工件。X 射线管的焦点尺寸对检测图像质量有重要影响。焦点尺寸越小，图像分辨率和灵敏度越高。

（3）X 射线接收转换装置 X 射线接收转换装置应符合下列要求。

1）X 射线接收转换装置可以是图像增强器、成像面板、线性扫描器等射线敏感器件。

2）X 射线接收转换装置的空间分辨率要求小于 0.2mm。

3）图像动态范围应大于 256:1。

（4）图像处理单元 图像处理单元应符合下列要求。

1）图像处理单元完成检测图像数据采集和处理功能。

2）图像数据采集方式可以是视频图像帧采集卡或其他数字图像合成装置。

3）图像采集分辨率应不低于 768×576 像素，且保证水平方向分辨率与垂直方向分辨率之比为 4:3。

4）灰度等级应不小于 256 级。

5）图像处理软件至少应包括图像降噪、亮度/对比度增强、边缘增强等基本功能。

6）具有图像几何尺寸标定和测量功能。

7）具有缺陷定位的信息。在检测图像中标定的缺陷位置与焊缝中缺陷的实际位置误差不能超过正负 5mm。

8）针对不同的焊缝母材厚度，能定义不同大小的评定区域，以保证图像评定时的准确性。

（5）图像显示单元 图像显示单元应符合下列要求。

1）采用高分辨率黑白显示器显示图像。

2）显示方式为逐行扫描，以消除隔行扫描方式图像闪烁和由此引起的图像不清晰。刷新频率为 60 帧/s 以上。

3）显示器点距不大于 0.26mm。

（6）图像存储单元 图像存储单元应符合下列要求。

1）存储的数字图像中应包括工件编号、焊缝编号、图像名称、透照厚度、工艺参数和时间等有效信息，且不可修改。数字能连同图像一并显示出来。

2）图像存储后应不可修改和删除，建议采用刻录光盘。

3）图像存储应保存原始、未经处理的数据（除图像降噪之外）。

（7）系统分辨率 X 射线实时成像系统分辨率不小于 3.0LP/mm。系统分辨率是以实时成像系统识别栅条图像来表征识别图像细节的能力。

1）图像测试卡的样式如图 7-52 所示。

在一定宽度内，均匀地排列着若干条宽度相等、厚度为 0.1mm 的铅质栅条，栅条间的距离等于栅条的宽度。一条栅条和与它相邻的一个间距构成一个线对。

每毫米宽度内所排列的线对数称为毫米线对数，用 LP/mm 表示。

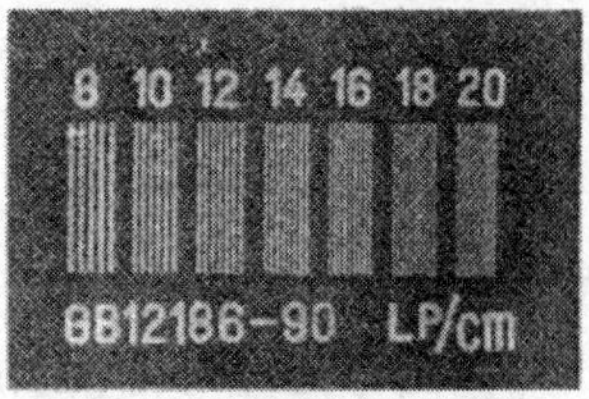

分辨率（线对数，LP）按下式计算：

$$线对数 = 1/2a$$

式中　a——图像测试卡中的栅条宽度。

图 7-52　图像测试卡的样式

分辨率与图像不清晰度 U_f 的关系由下式确定：

$$U_f = 1/线对数$$

图像测试卡的结构和对应关系如表 7-53 所示。

表 7-53　线对测试卡的线对值　　　　　　（单位：LP/mm）

标记号[①]	标记的线对值	后续位置的线对值							
1	0.25	0.275	0.30	0.33	0.36	0.40	0.44		
2	0.48	0.52	0.57	0.63	0.69	0.76	0.83	0.91	
3	1.00	1.1	1.2	1.3	1.45	1.6	1.75	1.9	
4	2.10	2.3	2.5	2.75	3.0	3.3	3.6		
5	4.00	4.4	4.8	5.2	5.7	6.3	6.9	7.6	8.3	9.1
6	10.0	9.1	8.3	7.6	6.9	6.3	5.7	5.2	

① 标记为线对测试卡中线对上方的方块，标记号按图中从左→右顺序为 1，2，3 等。

线对测试卡的使用：图 7-52 所示的线对测试卡，应按线对上方的方块标记数出刚刚不能区分线对的顺序位置，然后查表得到相应的分辨率值，表 7-53 列出了对应的分辨率值。例如，测定时刚刚不能区分线对的位置为第 3 标记后的第 5 线对，则从表 7-53 中查得对应分辨率值为 1.6LP/mm。

2）X 射线实时成像系统分辨率的测试方法。将图像测试卡紧贴在 X 射线接收转换装置输入屏表面中心区域，线对栅条与水平位置垂直，按如下工艺条件进行透照，并在显示屏上成像：①X 射线机焦点至 X 射线接收转换装置输入屏表面的距离不小于 700mm；②在 X 射线管窗口前放置 0.3mm 厚的铜滤板；③管电压不大于 50 kV；④管电流不大于 2.0mA；⑤图像对比度适中。

在显示屏上观察测试卡的影像，观察到两根分离的线条刚好重合成一根线条时的一组线对，该组线对所对应的线对数即为系统的分辨率。

（8）检测工装　检测连续焊缝，当需要记录多个位置的透照图像时，焊缝搭接长度不低于 10mm。

3. 环境

1) 工作室环境温度范围：15 ~ 25℃。

2) X 射线室环境温度范围：5 ~ 35℃，相对湿度不大于80%。

4. 图像处理方法

1) 成像系统至少应进行以下方法处理：①连续帧叠加；②勾边处理；③对比度增强。任何处理方法都不得改变图像的原始数据。

2) 图像处理可在整个屏幕上进行，也可在屏幕局部部位的焊缝区域进行。

5. 图像质量

(1) 测定方法　采用金属丝像质计来测定图像质量。

(2) 像质计灵敏度　用等比式金属丝像质计最小可识别线径中 ϕ_{min}（mm）来评价检测灵敏度，像质指数应达到 A、B 级的规定。

6. 成像技术

(1) 几何放大　根据 X 射线机头、被检焊缝和射线接收转换装置三者之间相互位置的关系，几何放大倍数 M 为

$$M = 1 + L_2/L_1$$

式中　L_1——X 射线机焦点至被检焊缝表面的距离；

　　　L_2——被检焊缝表面至射线接收转换装置表面的距离。

(2) 放大倍数 M 的选取　最佳放大倍数为

$$M_{opt} = 1 + (U_f/d)^{3/2}$$

式中　U_f——系统固有不清晰度；

　　　d——焦点尺寸。

(3) 透照方式　按照 X 射线源、焊缝和射线接收转换装置三者之间的相互位置关系，透照方式可分为纵缝透照法、环缝外透法、环缝内透法、双壁单影法和双壁双影法。

(4) 像质计的使用

1) 像质计应放在被检焊缝的射源侧表面，金属丝应横跨焊缝并与焊缝方向垂直。

2) 在图像焊缝位置上直接观察像质计的影像，如能清楚地看到长度不小于10mm 的像质计钢丝影像，则认为是可以识别的。

(5) 焊缝检测标记　一条焊缝内检测图像的编号应连续。连续检测时，每道焊缝至少放置一组下列铅字识别标记：产品编号、焊缝编号、部位编号和透照日期（管子透照除外）。

(6) 改善图像质量所采用的方法

1) 用铅屏蔽板屏蔽散射线。

2) 用铅光阑限制 X 射线束辐射至被检测区域。

3) 用滤波板减弱低能散射。

（7）性能测量的间隔时间及灵敏度的标定 每次开机前校验一次灵敏度，当条件改变时，应重新校验灵敏度；在相同条件下，连续开机 4h 应校对一次灵敏度。系统分辨率每三个月校验一次。

7. 图像观察

1）图像观察分为动态观察和静态观察，静态观察时按相关标准进行图像处理。

2）应在光线柔和的环境下观察检验图像，图像显示器屏幕应清洁、无斑痕、无明显的光线反射。观察距离为显示屏高度的 3～5 倍。

3）图像可以正像或负像方式显示。

8. 图像尺寸测量

（1）标定方法 将经过计量的或已知精确尺寸的试体紧贴在被检焊缝的一侧与焊缝同时成像。用计算机提供的测量方法多次测量图像上试体放大或缩小比例，当测量值趋近于某一定值时，表示图像评定尺的标定结果已准确。

（2）评定前的标定 每次评定前，应做一次标定。连续检验时，在透照工艺一致的条件下，每一条同类型的需评定的焊缝检验图像中，应至少有一幅图像是具有校验图像标定尺的。

（3）测量误差 图像尺寸测量误差应小于 0.3mm。

9. 图像存储及检验报告

1）检验图像原始数据不可更改，应储存在数据流磁带或光盘等保存媒体中，保存在防磁、防潮、防尘、防挤压的环境中。

2）检验图像应备案，妥善保存 7 年以上，以备核查。有效保存期内，图像数据应不可更改。相应的原始记录和检验报告也应同期保存。

3）检验报告的主要内容应包括：产品名称、检验部位、缺陷名称、评定等级、返修情况和检验日期等。检验报告必须有操作人员和评定人员的书写签名。

10. 应用实例（直管熔化焊对接接头实时成像检验）

（1）适用范围 适用于外径小于等于 89mm 的管子对接焊缝和缺陷等级评定。对于外径大于 89mm 的管子对接焊缝，可采用双壁单投影进行检验，管子焊缝质量的评定方法相同。

（2）表面要求 焊缝表面质量应符合目视检验的有关要求，管子表面应无脱层氧化皮及油垢等污物，焊缝应向母材平滑过渡。焊缝上的不规则状态，不应掩盖缺陷影像和与缺陷的影像混淆，否则应做适当的修整。

（3）焦点尺寸与放大倍数 焦点尺寸与放大倍数如表 7-54 所示。

（4）透照方式 在进行直管对接接头实时成像检验中，被检管焊缝在固定位置做圆周运动，射线束中心一般与被检焊缝平面倾斜 15°～20°，采用双壁双投影照相法。焊缝在屏幕上呈椭圆形图像显示，其间距以 3～10mm 乘以放大倍数为宜。

表 7-54 焦点尺寸与放大倍数

X 射线机管电压/kV	焦点尺寸/mm	推荐放大倍数
≤160	≤0.4×0.4	2~4
≤225	≤0.6×0.6	2

（5）评定区与图像处理 屏幕上显示的椭圆图像一般分为两个评定区：靠近图像增强器输入侧的焊缝区段为主评定区；靠近射线源侧焊缝区段为次评定区。每道焊口应进行旋转一周的 100% 的检测，当发现缺陷时，应将其置于主评区内进行观察，在必要时应使用图像处理器进行图像处理。

7.4.7 气瓶对接焊缝 X 射线数字成像检测

目前 X 射线实时成像检测技术得到了快速的发展，在气瓶对接焊缝检测中实时成像技术代替了胶片照相方法得到广泛的认同。随着射线探测器的多样化发展和实际应用的不断深入，成像技术已经从单一的图像增强器技术发展为线阵列探测器技术和平板探测器技术，以其辐射接收范围广、动态范围宽、检测速度快、检测图像清晰等特点，在工业无损检测中具良好的发展前景。

X 射线透过金属材料后，经射线探测器将隐含的 X 射线检测信号转换为数字信号为计算机所接收，形成数字图像，按照一定格式存储在计算机内并显示在显示屏上。通过观察检测图像和应用计算机程序按照有关标准进行缺陷评定，可达到无损检测的目的。检测图像可存储在计算机或数字存储媒体上。在检测结果上，X 射线数字成像检测方法与 X 射线胶片检测方法具有相同的效果。

由于 X 射线数字成像探测器的不同，X 射线数字成像检测技术形成了三种技术路线：平板探测器成像技术路线、线阵列探测器成像技术路线和图像增强器成像技术路线。不同的成像技术路线会有不同的成像设备配置、组成不同的 X 射线数字成像检测系统供使用单位选择。

气瓶对接焊缝 X 射线数字成像检测可按照 GB/T 17925—2011《气瓶对接焊缝 X 射线数字成像检测》进行。

1. 检测人员

1）从事 X 射线数字成像检测的人员，取得相应项目和等级的特种设备无损检测人员资格后才可进行相应的工作。

2）检测人员应具有与本检测技术有关的技术知识和掌握相应的计算机基本操作方法。

3）按下述方法测试检测人员的视力适应能力，要求检测人员在 1 min 内能识别灰度测试图像中的全部灰度级别。

2. X 射线数字成像检测系统

（1）系统的组成

1）X射线机。根据被检气瓶的材质、母材厚度、透照方式和透照厚度选择X射线机的能量范围。射线管有效焦点应不大于3.0mm。

2）X射线探测器　根据不同的检测要求和检测条件，可选择以下X射线探测器：①平板探测器；②线阵列探测器；③图像增强器；④与上述具有类似功能的其他探测器。

3）计算机系统。①计算机基本配置：计算机基本配置应与所采用的射线探测器和成像系统的功能相适应，宜配置较大容量的内存和硬盘、较高清晰度黑白显示器或彩色显示器以及网卡、纸质打印机、光盘刻录机等；②计算机操作系统：计算机中文 Windows 操作系统应具有支持工件运动控制、图像采集、图像处理、图像辅助评定等功能；③计算机图像采集、图像处理系统：计算机系统软件应具有系统校正、图像采集、图像处理、缺陷几何尺寸测量、缺陷标注、图像存储、辅助评定和检测报告打印等功能。

4）图像存储格式。①尽量采用通用、标准的图像存储格式，也可根据需要采用专门的存储格式，专门存储格式应留有与其他格式交换信息的接口；②存储格式应具有保存图像数据功能，将保存工件名称、型号、执行标准、工件编号、母材厚度、工件主要尺寸、焊缝编号、透照方式、透照厚度、透照工艺参数、几何尺寸标定、缺陷定性、定位、定量、评定级别等相关信息写入图像存储格式中，存储格式应具有文件输出打印的功能；③存储图像的信息应具备不可更改性、连续性和可读性。

5）检测工装。①检测工装应至少具备一个运动自由度，气瓶在工装上能进行匀速运动和步进运动；②根据工件焊缝位置特征或规定的部位作为焊缝检测的起始位置和位移的方向，在检测图像上应有起始位置的标记影像；③根据一次透照有效检测长度控制焊缝位移，100%检测和扩大检测范围时，相邻检测图像上应有不小于5mm的焊缝搭接长度。

（2）X射线数字成像系统的分辨率

1）系统分辨率。①系统分辨率指标：系统分辨率指标宜控制在2.0～2.5LP/mm，系统分辨率低于2.0LP/mm的检测系统不得用于气瓶焊缝检测；②系统分辨率的校验：间隔30天或停用30天后重新启用时应校验系统分辨率，校验后的系统分辨率应不低于控制范围；③系统分辨率的测试：系统确定后或系统改变后应测试系统分辨率，采用射线透视检测用分辨力测试计（JB/T 10815）测试系统分辨率。

2）图像分辨率与不清晰度测试方法。用射线检测图像分辨率测试计测量X射线数字成像系统分辨率和不清晰度，射线检测图像分辨率测试计样式如图7-53～图7-55所示。

①将射线检测图像分辨率测试计紧贴在射线探测器输入屏表面中心区域，按如下工艺条件进行透照：X射线管的焦点至射线探测器输入屏表面的距离不小于600mm；选择合适的管电压和管电流，保证图像具有合适的亮度和对比度。

②在显示屏上观察射线检测图像分辨率测试计的影像，观察到栅条刚好分离的一组线对，则该组线对所对应的值即为系统分辨率。

③在显示屏上观察射线检测图像分辨率测试计的影像，观察到栅条刚好重合的一组线对，则该组线对所对应的栅条宽度即为系统固有不清晰度。

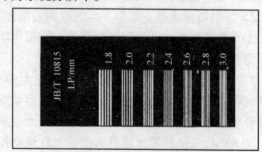

图 7-53　1.8~3.0LP/mm 等差数列分辨率测试计

④将射线检测图像分辨率测试计置于被检测焊缝位置，栅条垂直于焊缝，与被检焊缝同时成像。

⑤在显示屏上观察射线检测图像分辨率测试计的影像，观察到栅条刚好分离的一组线对，则该组线对所对应的值即为图像分辨率。

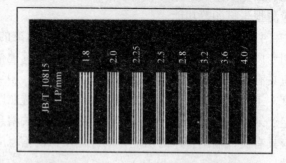

图 7-54　1.8~4.0LP/mm 等比数列分辨率测试计

⑥在显示屏上观察射线检测图像分辨率测试计的影像，观察到栅条刚好重合的一组线对，则该组线对所对应的栅条宽度即为图像不清晰度。

⑦系统分辨率是放大倍数等于或接近于 1 时的图像分辨率，它排除了工艺因素对图像质量的影响，纯粹反映了 X 射线数字成像设备本身的分辨能力。当放大倍数大于 1 时，如果射线源采用小焦点，图像分辨

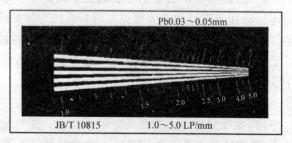

图 7-55　1.0~5.0LP/mm 扇形结构分辨率测试计

率一般高于系统分辨率；如果焦点尺寸较大，图像分辨率可能会由于几何不清晰度的影响反而低于系统分辨率。

⑧图像分辨率与图像不清晰度在量值上的换算关系为"互为倒数的1/2"。

3. 检测环境

1）放射卫生防护应符合相关标准的规定。

2）操作室内温度为 15~25℃，相对湿度≤80%。

3）X 射线曝光室内温度为 5~30℃，相对湿度≤80%，曝光室内应有抽风装置。

4）电源电压波动范围不大于 ±5%。

5）检测设备外壳应有良好的接地。

6）射线源高压发生器应有独立的地线，电阻≤4Ω。

4. 检测技术要求

（1）X 射线能量 选用较低的管电压，图 7-56 规定了不同材料、不同透照厚度允许采用的最高 X 射线管电压。

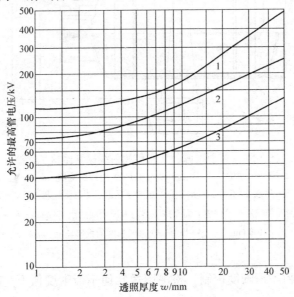

图 7-56 不同材料、不同透照厚度允许采用的最高 X 射线管电压

1—钢 2—钛及钛合金 3—铝和铝合金

（2）气瓶检测的时机 气瓶对接焊缝 X 射线检测应在焊接后和热处理前进行。对于焊后有产生延迟裂纹倾向材料的产品，应在制造、焊接及热处理完成 24h 以后进行检测。

（3）被检气瓶焊缝表面要求 被检气瓶焊缝表面不得有油脂、铁锈、氧化皮或其他物质（如粗劣的焊波，多层焊焊道之间的表面沟槽，以及焊缝的表面凹坑、凿痕、飞溅、焊疤、焊渣等），表面的不规则状态不得影响检测结果的正确性和完整性，焊缝余高应不大于 2mm，否则应修磨。

（4）透照布置

1）X 射线机、气瓶和 X 射线探测器三者之间相互位置，如图 7-57 所示。

2）图像几何放大倍数 M 按下式计算：

$$M = \frac{f_1 + f_2}{f_1} = 1 + \frac{f_2}{f_1}$$

3）为保护探测器、X 射线管不受工件碰撞损伤，同时为控制一次透照长度范围内两侧环焊缝影像的不清晰度和投影变形量,图像几何放大倍数 M 宜控制在 1.2 左右。

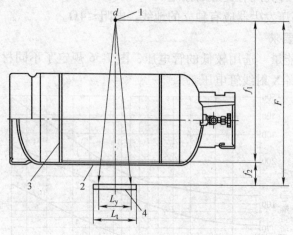

图 7-57　X 射线源、气瓶和 X 射线探测器相互位置

1—X 射线管焦点　2—被检纵焊缝　3—被检环焊缝　4—X 射线探测器　d—X 射线管有效焦点尺寸
F—焦点至探测器输入屏表面的距离(mm)　f_1—焦点至靠近探测器侧气瓶被检焊缝表面的距离(mm)
f_2—靠近探测器侧气瓶被检焊缝表面至探测器输入屏表面的距离(mm)　L_t—探测器有效
长度(mm)　L_y—焊缝一次透照长度的投影长度(mm)

(5) 图像几何不清晰度控制　检测图像几何不清晰度值 U_g 应不大于 0.3mm,可通过下式验证:

$$U_g = \frac{f_2 d}{f_1} = (M-1) d$$

(6) 图像灰度分布范围控制

1) 检测图像有效评定区域内的灰度分布范围应控制在图像动态范围的 40% ~ 90%。

2) 图像灰度分布宜呈正态分布,通过图像灰度直方图测量图像灰度分布范围。直方图可在图像采集程序中实时显示。

3) 通过调节射线透照参数、几何参数、透照厚度差补偿等方法,以获得较佳的图像灰度分布范围。

(7) 图像处理　对采集的图像数据可选用连续帧叠加、灰度增强、平均强度等图像处理方法优化图像的显示效果。任何处理方法不得改变采集的原始图像数据。

5. 成像技术要求

(1) 透照方式和透照方向　根据气瓶的结构,气瓶对接焊缝宜采取双壁单影透照方式,宜以靠近探测器一侧的焊缝为被检测焊缝。透照时射线束中心应垂直指向透照区域中心，需要时可选用有利于发现缺陷的方向透照。焊缝 T 形接头透照可同时包含环焊缝和纵焊缝，只要影像在一次透照有效长度范围内均视为有效评定区。

（2）成像方式

1）数字成像。气瓶静止状态下，探测器吸收较大剂量后，产生的图像数据经过多帧叠加（或平均）处理获得的检测图像作为原始图像数据存储和焊缝质量评定的依据。

2）实时普查。气瓶在匀速运动时动态观察检测图像，用于受检焊缝的一般性的普查。动态实时，图像由于探测器吸收剂量较小、噪声大、清晰度低不能作为焊缝质量的评级依据。

（3）一次透照长度

1）根据透照厚度比（K 值）和透照几何尺寸确定一次透照长度。

2）透照厚度比（K 值）的规定：①纵向对接焊接接头，$K \le 1.03$；②外径 $D_0 > 100 \sim 400$mm 的环向对接焊接接头，$K \le 1.2$；③外径 $D_0 > 400$mm 的环向对接焊接接头，$K \le 1.1$。

3）整条环向对接焊接接头检测图像的最少幅数应下述方法确定：检测图像的最少幅数可按曲线图查找确定；若探测器长度不能覆盖一次透照长度的投影范围，需按比例增加图像幅数。

对于环向焊缝对接接头进行 100% 检测时，所需的最少透照次数与透照方式和透照厚度比 K 有关，确定整条环焊缝最少透照次数简图如图 7-58 所示。

相关计算公式为

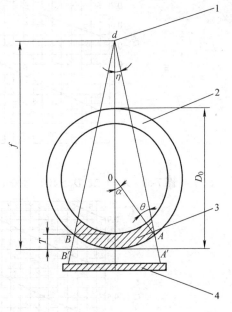

图 7-58　确定整条环焊缝最少透照次数简图
1—X 射线管焦点　2—被检环焊缝　3—被检环焊缝一次透照范围　4—X 射线探测器　D_0—被检测气瓶外直径　d—射线焦点尺寸　f—焦点至被检焊缝靠近探测器输入屏侧表面的距离　T—气瓶母材厚度　α——一次透照范围对应的圆心角的 1/2　η—X 射线透照角度的 1/2　θ—根据 K 值、被检测气瓶外直径和气瓶母材厚度计算的对应角度

$$\theta = \arccos\left[\frac{1 + (K^2 - 1)\ T/D_0}{K}\right]$$

$$\eta = \arcsin\left[\frac{\sin\theta}{2f/D_0 - 1}\right]$$

$$N = 180°/\alpha$$

式中 N——整条环焊缝检测时的最少透照次数，N 应向上取整数。

为简化计算，以 T/D_0 为横坐标、D_0/f 为纵坐标，绘制气瓶整条环焊缝最少透照次数曲线图。图 7-59 所示为 $K=1.2$、$D_0 > 100 \sim 400\text{mm}$ 气瓶整条环焊缝透照次数曲线图，图 7-60 所示为 $K=1.1$、$D_0 > 400\text{mm}$ 气瓶整条环焊缝透照次数曲线图。

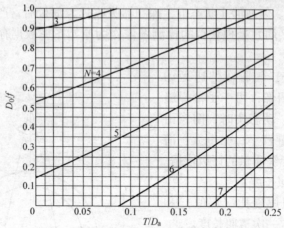

图 7-59 $K=1.2$、$D_0 > 100 \sim 400\text{mm}$ 气瓶整条环焊缝透照次数曲线图

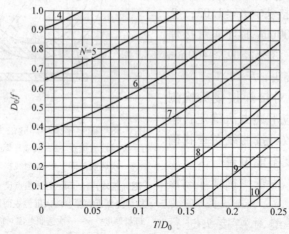

图 7-60 $K=1.1$、$D_0 > 400\text{mm}$ 气瓶整条环焊缝透照次数曲线图

（4）图像的信息标识

1）同一条焊缝连续检测时，每幅检测图像的编号应连续，可由系统软件自动设置编号。

2）通过系统软件对检测图像中心位置和一次透照长度范围进行定位指示。

3）每幅检测图像上应有工件编号、母材厚度、检测日期等必要的信息标识。信息标识在图像存储时直接由软件写入图像文件且不可更改。

4）必要时图像中可有图像的编号、中心标记、搭接标记的铅字影像。

（5）图像畸变率的测量　图像畸变率应≤10%，测量方法如下：

1）在厚度为 0.1~0.2mm 的铅箔上刻有若干个 10mm×10mm 的方格、斜线和刻度。线条加工宽度为 0.1~0.2mm，深度为 1/2 箔厚。几何测试体结构如图 7-61 所示。

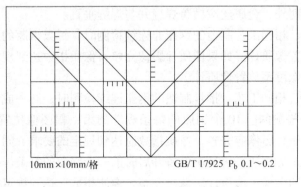

图 7-61　几何测试体结构

几何测试体铅箔夹紧在两片透明有机玻璃板（或软体塑料）之间。

2）将几何测试体放置在被检焊缝的表面上，与焊缝同时成像；或者将几何测试体挂于被检焊缝的表面相同的几何空间，采用较低的曝光参数和适当的屏蔽条件进行成像。在显示器上观察几何测试体的影像。

3）用系统软件多次测量几何测试体影像各方位不同长度的像素数目，并输入对应的实际尺寸，然后计算出每个像素所表示的实物尺寸。当计算值相对稳定后，将该数值确定为图像几何标定结果，单位为 mm/像素。几何测试体图像应与同型号钢瓶的同类型焊缝的检测图像同时存储。

4）成像几何条件确定后，每种型号气瓶的每种同类型焊缝首次检测时应标定几何尺寸。成像几何条件改变后，每种型号气瓶的每种同类型焊缝应重新校验几何尺寸。

5）利用评定程序测量各条直线、斜线的弯曲和变形量，计算几何畸变率。

$$E = \frac{U}{S} \times 100\%$$

式中　E——几何畸变率（%）；

　　　U——几何变形测量值，单位为 mm；

　　　S——几何测试体测量值，单位为 mm。

（6）散射线和无用射线的屏蔽　无用射线和散射线应尽可能屏蔽，可采用铅板、铜滤波板、准直器（光栅）、限制照射场范围等适当措施屏蔽散射线和无用射线。

6. 图像质量

（1）像质计灵敏度

1）选用 JB/T 7902 线型像质计，金属丝的材质应与被检测气瓶的材质相同。

2）像质计应与被检焊缝同时成像，像质计的影像在检测图像中应清晰可见。

3）双壁单影透照时像质计应放在靠近探测器一侧被检焊缝约 1/4 处的表面上，金属丝细线朝外；金属丝应横跨焊缝并与焊缝垂直。

①同一规格、相同工艺制造的钢瓶非连续检测时，每只钢瓶的每条焊缝的第一幅图像位置应放置像质计。如果像质计影像完整，像质指数达到规定的要求，则该焊缝的其他幅图像可不放置像质计。

②同一规格、相同工艺、批量制造的钢瓶连续检测时，同一成像检测工艺条件下，首批（次）检测的前 10 个钢瓶的每条焊缝的第一幅图像位置应放置像质计；相应的图像中像质计影像应完整，像质指数应达到规定的要求。同一规格、相同工艺、批量连续制造的钢瓶，每班次设备开启时前一个钢瓶的每条焊缝上至少放置一个像质计；相应的图像中像质计影像应完整，像质指数应达到规定的要求。同一规格、相同工艺、批量连续制造的钢瓶，在产品质量和检测工艺稳定的条件下，每间隔 4h 应抽取一个气瓶在每条焊缝上分别放置一个像质计校验像质计灵敏度。

4）图像质量异常处置。若发现像质指数达不到规定要求时，应停止检测，查找原因，调整检测系统和检测参数将图像质量恢复到规定要求后才可继续检测，并对上一次校验后的所有已检气瓶逐个进行复检。

（2）图像评定的时机　检测图像质量满足规定的要求后，才可进行焊缝缺陷等级分级评定。

7. 图像显示与观察

（1）图像显示　检测图像可以正像或负像的方式在黑白显示器或彩色显示器上显示，应能显示灰度测试图像中的全部灰度。

（2）图像观察　图像显示器屏幕应清洁、无明显的光线反射。在光线柔和的环境下观察检测图像。

（3）图像纸质打印输出　为方便现场核对缺陷位置和现场质量分析，可用高清晰度的打印机输出纸质检测图像。纸质检测图像不能作为图像评定的依据。

8. 图像评定

（1）焊缝缺陷性质的认定　焊缝缺陷性质的认定应以取得相应资格的无损检测人员为准。

（2）计算机辅助评定

1）计算机辅助评定可使用计算机辅助评定程序对焊缝质量进行辅助评定。

2）计算机辅助评定程序应能具有缺陷评定框、长度测量、长度累计、点数换算和累计等辅助评定功能。

3）用几何测试体标定检测图像的几何尺寸。每 30 天或停用 30 天后应重新校验。

4）计算机辅助评定程序可将图像中焊缝缺陷的性质、位置、尺寸以及评定级别标注在对应的图像文件中一并保存。

9. 图像存储

（1）图像存储要求

1）检测图像和原始图像数据应保存在数字存储媒体（例如光盘、硬盘）或其他专门的存储媒体中。

2）检测图像和原始图像数据应至少备份两份，由气瓶制造单位或相关方分开保存。保存期不少于 8 年。相应的原始记录和检测报告也应备份同期保存。

3）在有效保存期内，检测图像和原始图像数据不得发生丢失、更改或发生数据无法读取等状况，相关方应定期检查并采取有效措施确保图像存储良好。

（2）存储环境　数字存储媒体应防磁、防潮、防尘、防挤压、防划伤。

7.5　超声波检测

7.5.1　超声波检测的基本原理

超声波是频率大于 20000Hz 的机械振动在弹性介质中传播产生的一种机械波，具有良好的指向性，从一种介质射到另一种介质时，经过异质界面将发生以下几种情况。

1）当超声波从一种介质垂直射入到第二种介质时，其能量一部分反射，形成与入射波方向相反的反射波，其余能量则透过界面，产生与入射波方向相同的透射波。

2）当界面尺寸很小时，声波将绕过其边缘继续前进，产生波的绕射。超声波检测中能检测到的最小缺欠为 $\lambda/2$，要想能探测到更小的缺欠，就必须提高超声波的频率。

3）若超声波由一种介质倾斜入射到另一种介质时，在异质界面上会产生波的反射和折射，并产生波形转换。

如果介质中既存在纵波又存在横波时，很难应用到无损检测之中。

如果介质中只存在横波，就具备了横波检测的基本条件。这是常用的斜探头的设计原则和依据。

如果介质中既无纵波也无横波，这时在介质表面形成表面波，可用于表面检测。

超声波在大多数介质中，尤其在金属材料中传播时，传输损失小，传播距离大，穿透能力强。因此，超声波检测能检测较大厚度的试样。

7.5.2 超声波检测设备

1. 超声波检测仪

脉冲反射法是超声波检测中应用最广的方法。其基本原理是将一定频率间断发射的超声波（称脉冲波）通过一定介质（称耦合剂）的耦合传入工件，当遇到异质界面（缺欠或工件底面）时，超声波将产生反射，回波（即反射波）被仪器接收并以电脉冲信号在示波屏上显示出来，由此判断是否存在缺欠，以及对缺欠进行定位、定量评定。

超声波检测仪按回波的表示方法可分为 A 型检测仪、B 型检测仪、C 型检测仪和 3D 检测仪等。

A 型检测仪是目前最常见、最普通的一种超声波检测仪，可根据示波管荧光屏里时间扫描基线上的信号，判断工件内部是否存在缺欠及存在的情况。A 型检测仪原理图如 7-62 所示。A 型检测仪的显示特点是示波屏上纵坐标代表反射波的幅度，横坐标代表超声波的传播时间。它虽不能实现缺欠成像的目的，但却是脉冲回波超声波成像的基础。

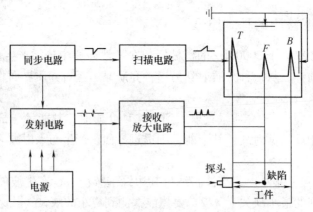

图 7-62　A 型检测仪原理图

B 型超声波是脉冲回波超声波平面成像的一种，它是以亮点显示接收信号，以示波屏面代表由探头移动和声束决定的截面。纵坐标代表声波的传播时间，横坐标代表探头的水平位置，可以显示出缺欠在横截面上的二维特征。C 型超声波是以亮点或暗点显示接收信号，示波屏面所表示的是被检测对象某一定深度上不同位置的缺欠。B 型和 C 型显示的不足之处是对于缺欠的深度和空间分布不能一次记录成像。3D 显示技术则能把二者显示相结合，产生一个准三维的投影图像，同时能表示出缺欠的空间特征。

为适应不同检测要求和检测对象的各种脉冲及反射式超声波检测仪，设有多种检测频率、检测方式和探头。常用的检测频率有 0.25MHz、0.5MHz、0.8MHz、

1.0MHz、1.5MHz、5MHz、10MHz 等。

2. 探头

探头可分为直探头和斜探头两种。直探头的晶片直径为 $\phi 10mm$ 和 $\phi 24mm$，斜探头的晶片直径为 $\phi 10mm$ 和 $\phi 24mm$，角度为 30°、40°、50°。有时为了满足特殊要求，还有可调角度的活动探头和表面波探头，晶片也可以根据需要制成特殊尺寸。

7.5.3　超声波检测方法

超声波检测方法一般包括纵波检测和横波检测等。

1. 纵波检测

纵波检测是利用超声波的纵波进行检测，其使用的是直探头，故又称为直探头检测，如图 7-63 所示。使用 A 型检测仪时，当直探头在被检测工件上移动时，经过无缺欠处检测仪的荧光屏上只有始波 T 和底波 B（见图 7-63a）；若探头移到有缺欠处，且缺欠的反射面比声束小，则荧光屏上出现始波 T，缺欠波 F 和底波 B（见图 7-63b）；若探头移到大尺寸缺欠处（缺欠比声束大），则荧光屏上只出现始波 T 和缺欠波 F（见图 7-63c）。

纵波检测适用于厚钢板、轴类、轮系等几何形状简单的工件，它能发现与检测表面平行或近似平行的缺欠。

2. 横波检测

横波检测是利用横波进行检测的方法。它采用斜探头，故又称为斜探头检测或斜角法检测，可以用来发现与探测表面成一定角度的缺欠（见图 7-64）。

检测时，探头放在探测工件表面上，通过耦合剂，声波进入工件中。若工件内没有缺欠，由于声束倾斜而产生反射，没有底波出现，荧光屏上只有始波 T（见图 7-64a）；当工件存在缺欠时，缺欠与声束垂直或倾斜角度很小，声束会被反射回来，在荧光屏上出现缺欠 F（见图 7-64b）；当

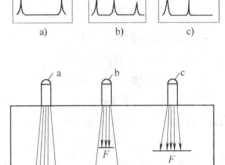

图 7-63　纵波检测

a）无缺欠　b）小缺欠　c）大缺欠

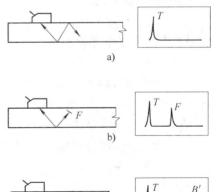

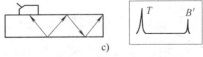

图 7-64　横波检测

a）无缺欠　b）有缺欠　c）板端

探头接近板端则出现板端角反射波 B'（见图 7-64c）。

7.5.4 超声波检测技术等级

1. 超声波检测技术等级选择

超声波检测技术等级分为 A、B、C 三个检测级别。超声波检测技术等级选择应符合制造、安装、在用等有关规范、标准及设计图样规定。

2. 不同检测技术等级的要求

（1）A 级检测　A 级适用于母材厚度为 8～46mm 的对接焊接接头。可用一种 K 值探头，采用直射波法和一次反射波法在对接焊接接头的单面单侧进行检测，一般不要求进行横向缺欠的检测。

（2）B 级检测　B 级检测分为以下四种不同情况：

1）母材厚度为 8～46mm 时，一般用一种 K 值探头，采用直射波法和一次反射波法在对接焊接接头的单面双侧进行检测。

2）母材厚度为 46～120mm 时，一般用一种 K 值探头，采用直射波法在焊接接头的双面双侧进行检测。如果受几何条件限制，也可在焊接接头的双面单侧或单面双侧采用两种 K 值探头进行检测。

3）母材厚度为 120～400mm 时，一般用两种 K 值探头，采用直射波法在焊接接头的双面双侧进行检测，两种探头折射角相差应不小于 10°。

4）必须进行横向缺欠的检测。检测时，可在焊接接头两侧边缘，使探头与焊接接头中心线成 10°～20°，做两个方向的斜平行扫查。如果焊接接头余高磨平，探头应在焊接接头及热影响区上做两个方向的平行扫查。

（3）C 级检测　采用 C 级检测时应将焊接接头的余高磨平，对焊接接头两侧斜探头扫查经过的母材区要用直探头进行检测。

1）母材厚度为 8～46mm 时，一般用两种 K 值探头，采用直射波法和一次反射波法在焊接接头的单面双侧进行检测。两种探头折射角相差应不小于 10°，其中一个折射角应为 45°。

2）母材厚度为 46～400mm 时，一般用两种 K 值探头，采用直射波法在焊接接头的双面双侧进行检测。两种探头折射角相差应不小于 10°，对于单侧坡口角度小于 5°的窄间隙焊缝，易产生与坡口表面平行的缺欠，应适当增加检测次数。

3）必须进行横向缺欠的检测。检测时，探头应在焊接接头及热影响区上做两个方向的平行扫查。

7.5.5 超声波检测缺欠的定位、定性和定量

超声波检测中缺欠的定位、判断缺欠的性质（定性）和判断缺欠的大小（定量），称为缺欠的"三定"。

1. 缺欠定位

（1）纵波计算法　纵波检测一般采用直探头，探头发射的超声脉冲垂直于工件，透过界面在底部或缺欠处反射仍然被探头接收而放大显示。探头压电晶片表面平行于工件表面，如图 7-65 所示。T_0、T 可以从荧光屏上测出，则缺欠的深度 l 可以通过计算得出。

（2）横波三角块比较法　超声横波是由倾斜入射的超声纵波经界面时发生波形转换产生的。当入射角等于或大于第一临界角时，将产生纯横波。选择一相应的直角三角试块，其材料与被检测工件相同。如果采用入射角为 50° 斜探头时，则三角试块的两锐角分别为 69° 和 21°，使用时根据声程大小（超声波传播距离）来确定缺欠位置。

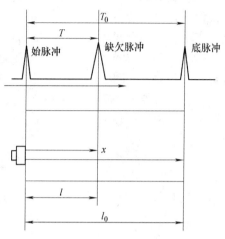

图 7-65　纵波检测缺欠定位示意图

检测时，将荧光屏上发现的缺欠位置标好，然后将探头置于三角试块斜边并逐步移动，如图 7-66 所示。由于三角试块一锐角（69°）恰好等于声波折射角，故声束将平行底边而垂直对边。从垂直于声束的对边上将反射一脉冲，并在荧光屏上与探头做相应的移动。当反射脉冲与缺欠脉冲位置重合时，记下探头中心位置，并量出图示的 h 和 l 值，就可以算出缺欠的实际位置。

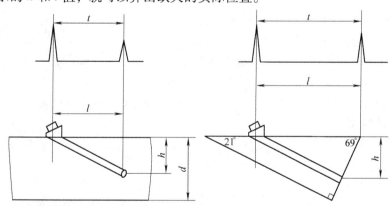

图 7-66　横波检测缺欠定位示意图

（3）表面波的检测定位　表面波探测工件表面缺欠时，其缺欠定位方法比纵波检测定位更为简单直观。由于表面波的波动是在工件表面或近表面传播的，所以移动探头观察脉冲在扫描线上的游离位置，就可以知道有无缺欠及缺欠的位置。探头接近缺欠时，缺欠脉冲与始脉冲距离减小。

2. 缺欠定性

各种缺欠的反射波形有所不同，可以从波形上大致判断缺欠的性质。

（1）气孔　气孔一般是球形，反射面较小，对超声波反射不大。因此，在荧光屏上单独出现一个尖波，波形也比较单纯。当探头绕缺欠转动时，缺欠波高度不变，但探头原地转动时，单个气孔的反射波迅速消失；而链状气孔则不断出现缺欠波，密集气孔则出现数个此起彼伏的缺欠波。单个气孔的波形如图 7-67 所示。

（2）裂纹　裂纹的反射面积和平面度大，用斜探头检测时荧光屏上往往出现锯齿较多的波，如图 7-68 所示。若探头沿缺欠长度平行移动时，波形中锯齿变化很大，波高也发生变化。探头平移一段距离后，波高才逐渐减低直至消失；但当探头绕缺欠转动时，缺欠波迅速消失。

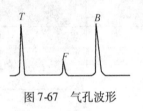

图 7-67　气孔波形

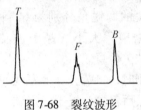

图 7-68　裂纹波形

（3）夹渣　夹渣本身形状不规则，表面粗糙，其波形是由一串高低不同的小波合并而成的，波根部较宽，如图 7-69 所示。当探头沿缺欠平行移动时，条状夹渣的波形会连续出现，转动探头时，波形迅速降低；而块状夹渣在较大的范围内都有缺欠波，且在不同方向探测时，能获得不同形状的缺欠波。

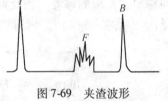

图 7-69　夹渣波形

（4）未焊透　未焊透的波形基本上和裂纹波形相似，当未焊透伴随夹渣时，与裂纹区别才比较显著，因为这时兼有夹渣的波形。当斜探头沿缺欠平移时，在较大的范围内存在缺欠波。当探头垂直焊缝移动时，缺欠波消失的快慢取决于未焊透的深度。

（5）未熔合　未熔合多出现在母材与焊缝的交界处，其波形基本上与未焊透相似，但缺欠范围没有未焊透大。

3. 缺欠定量

缺欠的大小是指缺欠对声束反射的面积，根据缺欠大小与缺欠在同深度下声束截面的不同，可以确定缺欠的大小。当量高度法适用于缺欠反射面小于声束截面的情况，脉冲半高度法适用于缺欠反射面大于声束截面的情况。

（1）当量高度法　测定缺欠之前，先做一批试块，在试块内做不同大小和深度的人为缺欠（平底孔），然后测出同一深度下不同大小的人为缺欠的反射波高，以及同样缺欠大小而深度不同的反射波高；再制作出人为缺欠直径-缺欠波高度曲线以及埋藏深度-缺欠波高度曲线，如图 7-70 所示。检测时，发现工件有缺欠，应立即调整检测条件与所作曲线时的条件相同，然后根据荧光屏上的缺欠波高度及其与始波的距离，即可由图 7-70 中的曲线查出相应的缺欠面积和缺欠埋藏深度。

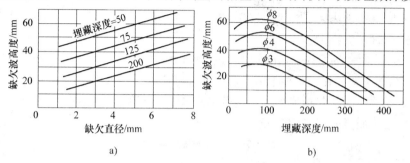

a)　　　　　　　　　　　　　　b)

图 7-70　缺欠当量曲线

a）人为缺欠面积-缺欠波高度曲线　b）埋藏深度-缺欠波高度曲线

（2）半波高度法　超声脉冲在缺欠边缘反射时，反射脉冲能量减为原来的 1/2。无论是纵波检测还是横波检测，应先找出其最大反射脉冲幅度 A，再向四周继续移动探头进行检测，直到声束中心恰到缺欠边缘时，使脉冲幅度降为 $A/2$ 时，记下探头中心位置。脉冲幅度为 $A/2$ 的相距最大两点的距离，就是缺欠的实际大小，如图 7-71 所示。

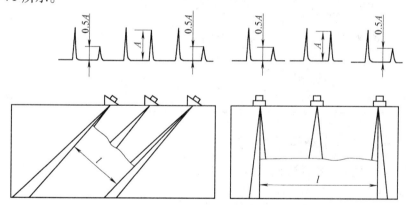

图 7-71　半波高度法示意图

由于缺欠埋藏深度不一，以及探头扩散角等影响，检测值与实际缺欠值有一定误差。因此，这种方法只适合缺欠反射界面较规则、距检测面不太深且缺欠尺寸较大时使用。对于分散性缺欠，很难检测出来。

测量缺欠大小的方法除以上两种方法外，还有脉冲消失法、底波百分比法、声压比法和指定灵敏度法等。

7.5.6 超声波检测缺欠等级评定

1）超过评定线的信号，应注意其是否具有裂纹等危害性缺欠特征。如有怀疑时，应采取改变探头 K 值、增加检测面、观察动态波形等方法，并结合工件的焊接工艺做综合判定。

2）缺欠指示长度小于 10mm 时，按 5mm 计。

3）相邻两缺欠在一直线上时，其间距小于其中较小的缺欠长度时，应作为一条缺欠处理，以两缺欠长度之和作为其指示长度（间距不计入缺欠长度）。

焊接接头质量分级按表 7-55 的规定进行。

表 7-55　焊接接头质量分级

等级	板厚 T/mm	反射波幅（所在区域）	单个缺欠指示长度 L_0/mm	多个缺欠指示长度 L_1/mm
	6～400	I	非裂纹类缺欠	
I	6～120	II	$L_0 = T/3$，最小为 10，最大不超过 30	在任意 $9T$ 焊缝长度范围内，L_1 不超过 T
	>120～400	II	$L_0 = 2T/3$，最小为 12，最大不超过 40	
II	6～120	II	$L_0 = 2T/3$，最小为 12，最大不超过 40	在任意 $4.5T$ 焊缝长度范围内，L_1 不超过 T
	>120～400		最大不超过 75	
III		II	超过 II 级者	超过 II 级者
	6～400	III	所有缺欠	
		I、II、III	裂纹等危害性缺欠	

7.5.7 焊缝超声无损检测

焊缝超声无损检测方法按照 GB/T 11345—2013《焊缝无损检测　超声检测技术、检测等级和评定》进行。

1. 人员

检测人员应取得超声检测相关工业门类的资格等级证书，并对其进行职位专业培训和操作授权。从事焊缝检测人员应掌握焊缝超声检测通用知识，具有足够的焊缝超声检测经验，并掌握一定的材料和焊接基础知识。

2. 设备

（1）仪器性能测试（性能验证）　超声检测仪应定期进行性能测试。仪器性能测试应按 JB/T 9712 推荐的方法进行。除另有约定外，超声检测仪应符合下列要求。

1）温度的稳定性：环境温度变化 5℃，信号的幅度变化不大于全屏高度的

±2%，位置变化不大于全屏宽度的±1%。

2）显示的稳定性：频率增加约1Hz，信号幅度变化不大于全屏高度的±2%，信号位置变化不大于全屏宽度的±1%。

3）水平线性的偏差不大于全屏宽度的±2%。

4）垂直线性的测试值与理论值的偏差不大于±3%。

5）出具仪器性能测试报告的机构应是具有资质的，报告的有效期不宜大于12个月。

（2）系统性能测试　至少在每次检测前，应按JB/T 9214推荐的方法，对超声检测系统工作性能进行测试。除另有约定外，系统性能应符合下列要求。

1）用于缺欠定位的斜探头入射点的测试值与标称值的偏差不大于±1mm。

2）用于缺欠定位的斜探头折射角的测试值与标称值的偏差不大于±2°。

3）灵敏度余量、分辨力和盲区，视实际应用需要而定。

4）系统性能的测试项目、时机、周期及其性能要求，应在书面检测工艺规程中予以详细规定。

3. 探头参数

（1）检测频率　检测频率应为2～5MHz，同时应遵照验收等级要求选择合适的频率。当被检对象的衰减系数高于材料的平均衰减系数时，可选择1 MHz左右的检测频率。

（2）折射角　当检测采用横波且所用技术需要超声从底面反射时，应注意保证声束与底面反射面法线的夹角在35°～70°。当使用多个斜探头进行检测时，其中一个探头应符合上述要求，且应保证一个探头的声束尽可能与焊缝熔合面垂直。多个探头间的折射角度差应不小于10°。

当探测面为曲面时，工件中横波实际折射角和底面反射角可由焊缝截面图确定。

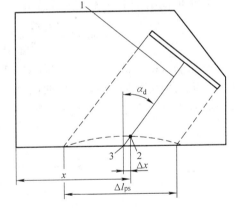

图7-72　纵向曲面磨弧探头入射点变化的测定
1—探头主声束轴线　2—修整后的探头入射点
3—修整前的探头入射点

1）纵向曲面磨弧探头。探头的入射角度（α_d）可从已测量的声束折射角（α）与一条线之间来计算，一条线可从探头入射点与平行于入射声束来得到，并将线在探头一侧做记号，如图7-72所示。

入射角度可从下式来得出：

$$\alpha_d = \arcsin\left(\frac{c_d}{c_t}\sin\alpha\right)$$

式中 c_d——探头斜楔纵波声速（通常有机玻璃纵波声速为2730m/s）；

c_t——被检工件横波声速（一般钢横波声速为3255m/s±15m/s）。

修整后的探头入射点将会沿着标记线移动，并且它的新位置可以用手工方法直接在探头外壳上测定。

探头折射角可通过满足要求的横孔最大回波来测定，也可在工件、参考试块或者是在比例图样上直接测定，如图7-73所示。

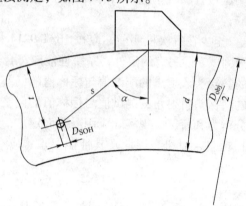

图7-73　纵向磨弧探头折射角 α 的测定

折射角可以用手工方法在参考试块上测量的声程长度，使用下式来计算：

$$\alpha = \arccos\left\{\frac{\left[(D_{SDH}/2)^2 + s^2 - t^2 + sD_{SDH} + tD_{obj}\right]}{D_{obj}\left[s + (D_{SDH}/2)\right]}\right\}$$

校准所用表面的曲率半径与被检工件相比，误差应控制在±10%之内。

2）横向曲面磨弧探头。横向曲面磨弧探头修整后，探头入射点位置的变化量（Δx）如图7-74所示，其计算公式为

$$\Delta x = g\tan(\alpha_d)$$

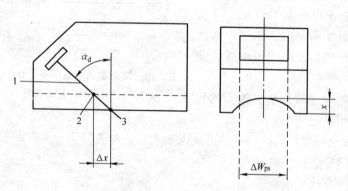

图7-74　横向曲面磨弧探头入射点变化的测定

1—探头主声束轴线　2—修整后的探头入射点　3—修整前的探头入射点

有机玻璃斜楔（$c_d = 2\,730\text{m/s}$），非合金钢被检件（$c_t = 3255\text{m/s}$），探头入射点位置的变化量（Δx），三个最常用的声束角度和修正深度（g）可从图 7-75 中读出。

修正时不能改变声束角度。如果声束角度变化是未知的，或者修正深度沿着探头长度的有任何变化时，应在块合适的修整后的参考试块上利用横孔来测定。声束角度 α 由以下决定：①在比例图样上，在横孔与探头入射点之间画一条直线；②按图 7-76 和下式来进行计算：

$$\alpha = \arctan\left(\frac{A' + x - q}{t}\right)$$

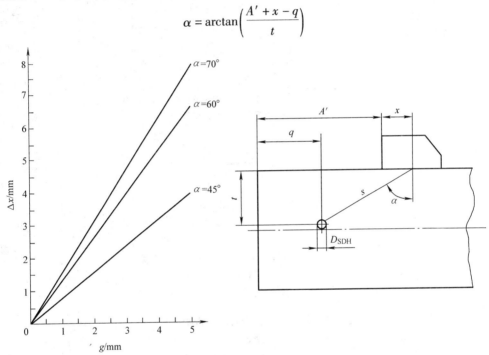

图 7-75　探头入射点的变化量 Δx
　　　　　及修正深度

图 7-76　横孔测定声束折射角度

3）折射角变化规律。如图 7-77 所示，它是曲面工件声束实际折射角度变化诺模图。

4）从外圆面扫查时的声程。

①对于全跨度，总声程 s_t 用图 7-78 和下式计算：

$$s_t = \left[1 - \left(\frac{t}{2d}\right)\right]\left[(D_{obj}\cos\alpha) - \sqrt{(D_{obj}\cos\alpha)^2 - 4d(D_{obj} - d)}\right]$$

②对于半跨度，总声程 s_t 用图 7-79 和下式计算：

$$s_t = \left(\frac{t}{2d}\right)\left[(D_{obj}\cos\alpha) - \sqrt{(D_{obj}\cos\alpha)^2 - 4d(D_{obj} - d)}\right]$$

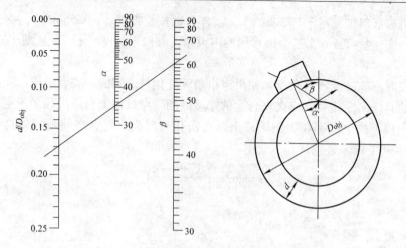

图 7-77 曲面工件声束实际折射角度变化诺模图

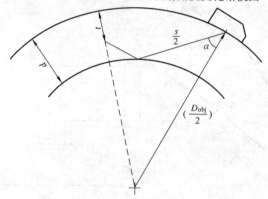

图 7-78 从外圆面扫查时的全跨距声程距离

s—声程 D_{obj}—被检件的外径或扫查面的曲率 t—反射体的深度 d—厚度

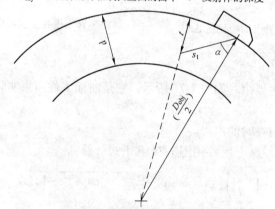

图 7-79 从外圆面扫查时的半跨距声程距离

s_t—总声程 D_{obj}—被检件的外径或扫查面的曲率 t—反射体的深度 d—厚度

5）从内圆面扫查时的声程。

①对于全跨度，总声程 s_t 用图 7-80 和下式计算：

$$s_t = -2\left[1 - \left(\frac{t}{2d}\right)\right]\left[\left(\frac{D_{obj}}{2} - d\right)\cos\alpha - \sqrt{\left(\left[\frac{D_{obj}}{2} - d\right]\cos\alpha\right)^2 + d(D_{obj} - d)}\right]$$

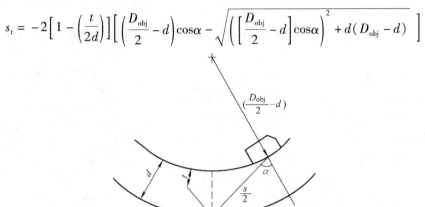

图 7-80　从内圆面扫查时的全跨距声程距离

s—声程　D_{obj}—被检件的外径或扫查面的曲率　t—反射体的深度　d—厚度

②对于半跨度，总声程 s_t 用图 7-81 和下式计算：

$$s_t = -\left(\frac{t}{d}\right)\left[\left(\frac{D_{obj}}{2} - d\right)\cos a - \sqrt{\left(\left[\frac{D_{obj}}{2} - d\right]\cos\alpha\right)^2 + d\,(D_{obj} - d)}\right]$$

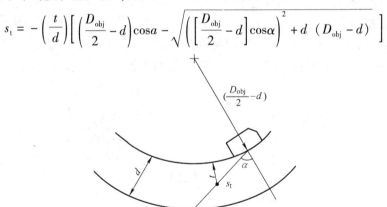

图 7-81　从内圆面扫查时的半跨距声程距离

s_t—总声程　D_{obj}—被检件的外径或扫查面的曲率　t—反射体的深度　d—厚度

（3）晶片尺寸　晶片尺寸选择应与频率和声程有关。在给定频率下，探头晶片尺寸越小，近场长度和宽度就越小，远场中声束扩散角就越大。晶片直径为 6 ~ 12mm（或等效面积的矩形晶片）的小探头，最适合短声程检测。对于长声程检测，比如单晶直探头检测大于 100mm 或斜探头检测大于 200mm 的声程，选择直径为 12 ~ 24mm（或等效面积的矩形晶片）的晶片更为合适。

（4）曲面扫查时的探头匹配　检测面与探头靴底面之间的间隙 g 应不大于

0.5mm。对于圆柱面或球面，上述要求可由下式检查：

$$g = \frac{a^2}{D}$$

式中　　a——探头接触面宽度，环缝检测时为探头宽度，纵缝检测为探头长度（见图 7-82）；

　　　　D——工件直径。

如果间隙 g 值大于 0.5mm，则探头靴底面应修磨至与曲面吻合，灵敏度和时基范围也应做相应调整。

（5）耦合剂　耦合剂应选用适当的液体或糊状物，应具有良好透声性和适宜流动性，不应对检测对象和检测人员有损伤作用，同时应便于检验后清理。典型的耦合剂为水、全损耗系统用油、甘油和糨糊，耦合剂中可加入适当的润湿剂或活性剂以改善耦合性能。时基范围调节、灵敏度设定和工件检测时应采用相同耦合剂。

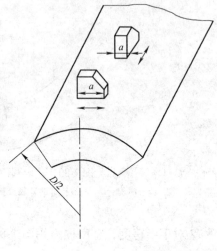

图 7-82　探头接触面宽度

4. 检测区域

检测区域（见图 7-83）是指焊缝和焊缝两侧至少 10mm 宽母材或热影响区宽度（取两者较大值）的内部区域。

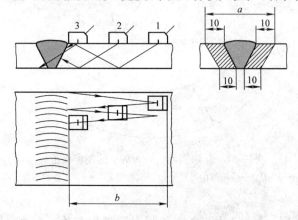

图 7-83　扫查纵向显示时检测区域示意图
1—位置 1　2—位置 2　3—位置 3　a—检测区域宽度　b—探头移动区宽度

5. 探头移动区

1）探头移动区应足够宽，以保证声束能覆盖整个检测区域。增加探测面，比如在焊接接头双面进行扫查，可缩短探头移动区宽度。

2）探头移动区表面应平滑，无焊接飞溅、铁屑、油垢及其他外部杂质。探头移动区表面的平整度，不应引起探头和工件的接触间隙超过0.5mm。如果间隙超标，应修整探头移动区表面。当焊缝表面局部变形导致探头与焊缝的间隙大于1mm，可在受影响位置用其他角度探头进行补充扫查。如果该扫查能弥补未扫查到的检测区域，此局部变形是允许的。

3）探头移动区和声束反射而应允许无干扰的耦合剂和反射物。

6. 母材检测

除非能证实（比如制造过程的预检）母材金属高衰减或缺欠的存在不影响横波检测，否则探头移动区的母材金属应在焊前或焊后进行纵波检测。

存在缺欠的母材部位，应对其是否影响横波检测效果进行评定。如有影响，调整焊缝超声检测技术，严重影响声束覆盖整个检测区域时则应考虑更换其他检测方法（比如射线检测）。

7. 时基线和灵敏度设定

（1）概述 使用脉冲波技术，应在示波屏上设置超声时基线。一束透射声束的声程距离、深度、水平距离或者扣除前沿的水平距离的坐标，如图7-84所示。除非另有注明，下述所提及设定时基线工艺是指声束传播的声程距离（一个回波等于两次的传播路径）。

时基线的设定应使用两个已知时间或距离的参考回波进行。根据预定的校准值，能得知各自的声程、深度、水平距离，或者扣除前沿的水平距离。该技术能够确保通过延时块（如探头楔块）的声束传播自动校准。假设参考试块声速可知，在该情况下设备的电子时基线通过一个回波就可以校准。在时基线范围内的两参考回波之间距离可等同于实际距离。运用时基线扫描控制旋钮将最高回波的波的前沿对应于屏幕上预定的水平刻度值。准确的校准可用一个检查信号来验证，检查信号不一定与之前校准设置的信号显示在示波屏的同一位置，但能显示在示波屏适当的位置。

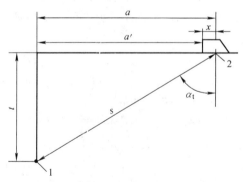

图7-84 声束坐标示意图
1--反射体 2—入射点

（2）参考试块和参考反射体 对于铁素体钢的检测，建议使用GB/T 19799.1中规定的1号校准试块或GB/T 19799.2中规定的2号校准试块。只要已知参考试块或被检工件本身的探测面至反射体的声程距离，就可以用其来校准时基线。参考试块与被检工件的声速误差应在±5%之内，否则应进行修正。

（3）直探头调节技术

1）单反射体调节。参考试块的厚度不得超过时基线设定范围。合适的底面回波，可从 2 号校准试块的 12.5mm 处或从 1 号校准试块厚度为 25mm 或 100mm 处得到。也可选择已知厚度的被检工件，试块与工件应有相同的平表面或曲面，且试块与工件的声速应相同。

2）多反射体调节。要求参考试块（或组合试块）应有不同声程的两个反射体（如横孔）。重复地不断移动探头位置，找到每个反射体各自的最高回波；再通过调节时基线扫描控制旋钮，将相邻两个反射体的回波设置到准确的位置来进行时基线校准。

（4）斜探头调节技术

1）试块圆弧面调节。用 1 号校准试块或 2 号校准试块的圆弧面来设定时基线。

2）纵波探头调节转换。横波探头时基线可通过纵波探头在 1 号校准试块的 91mm 厚度处设置相对于在钢中 50mm 的横波声程。完成时基线设定之后，通过检测时所用的探头和已知声程距离的反射体，仅用零点校准旋钮就可以来进行时基线的设置。

3）参考试块调节。这与针对直探头的调节原理相似，然而要达到足够精确，就必须找到最高回波，在试块表面标出声束入射点，然后用手工方法测量反射体与相应的标记之间的距离。对所有后面的时基线校准，探头应在这些标记重新定位。

（5）斜探头时基线的设置

1）平面。平面工件检测时，深度和水平距离主要取决于给定的声束角度，可参照比例图或以下公式：

深度（t）：$\qquad t = s\cos\alpha_t$

水平距离（a）：$\qquad a = s\sin\alpha_t$

扣除前沿的水平距离（a'）：$\qquad a' = s\sin\alpha_t - x$

2）曲面。上面阐述的时基线设置的原理在这里仍适用，但深度和水平距离不再是线性的。非线性标度比例的建立，可在声程距离比例图上通过一系列的位置来绘出，或由适当的公式计算出，或可从曲面试块上得到一系列反射体的最高回波来确定标度，中间值可通过插值法获得，如图 7-85 所示。

（6）灵敏度设定和回波高度评定

1）在校准完时基线之后，超声设备的灵敏度（增益调节）应按以下任一技术进行设定：①单反射体技术：当评定的回波与参考反射体回波的声程距离相同，即可利用单个参考反射体作为参考；②距离-波幅曲线（DAC）技术：DAC 曲线是通过得到参考试块上一系列不同声程的相同反射体（如横孔或平底孔）回波来绘制的；③DGS 技术：该技术是使用一系列理论上与声程、增益、与声束轴线垂直的平底孔尺寸相关的参数，导出距离-增益-尺寸曲线。

每次检测前应设定时基线和灵敏度，并考虑温度的影响。时基线和灵敏度设定时的温度与焊缝检测时的温度之差不应超过 15℃。

检测过程中至少每 4h 或检测结束时，应对时基线和灵敏度设定进行校验。当系统参数发生变化或等同设定变化受到质疑时，也应重新校验。

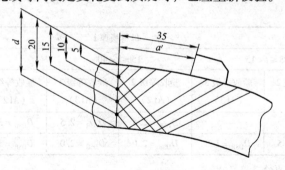

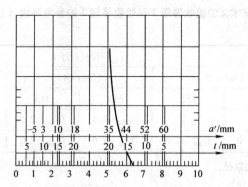

图 7-85　反射体回波位置的水平距离（去除前沿长度）和深度的时基线

注：$a_t = 51°$，$s_{max} = 100mm$。

如果在检测过程中发现偏离，应按表 7-56 要求进行修正。

表 7-56　灵敏度和时基线修正

	灵　敏　度	
1	偏离值≤4dB	继续检测前，应修正设定
2	灵敏度降低值 >4dB	应修正设定，同时该设备前次校验后检查的全部焊缝应重新检测
3	灵敏度增加值 >4dB	应修正设定，同时该设备前次校验后检查的全部已记录的显示应重新检测
	时　基　线	
1	时基线偏差值≤2%	继续检测前，应修正设定
2	时基线偏差值 >2%	应修正设定，同时该设备前次校验后检查的全部焊缝应重新检测

2）设定参考灵敏度。应选用下列任一技术设定参考灵敏度。

①以直径为 3mm 横孔作为基准反射体，制作距离-波幅曲线（DAC）。

②以规定尺寸的平底孔（见表 7-57 和表 7-58）作为基准反射体，制作纵波/横波距离-增益-尺寸曲线（DGS）。

表7-57 技术②的验收等级2和验收等级3的参考等级（斜射波束横波检测）

（单位：mm）

标称探头频率/MHz	母材板厚 t					
	$8 \leqslant t < 15$		$15 \leqslant t < 40$		$40 \leqslant t < 100$	
	验收等级2（AL2）	验收等级3（AL3）	验收等级2（AL2）	验收等级3（AL3）	验收等级2（AL2）	验收等级3（AL3）
1.5~2.5	—	—	$D_{DSR}=2.5$	$D_{DSR}=2.5$	$D_{DSR}=3.0$	$D_{DSR}=3.0$
3.0~5.0	$D_{DSR}=1.5$	$D_{DSR}=1.5$	$D_{DSR}=2.0$	$D_{DSR}=2.0$	$D_{DSR}=3.0$	$D_{DSR}=3.0$

注：D_{DSR}为平底孔直径。

表7-58 技术②的验收等级2和验收等级3的参考等级（直射波束纵波检测）

（单位：mm）

标称探头频率/MHz	母材板厚 t					
	$8 \leqslant t < 15$		$15 \leqslant t < 40$		$40 \leqslant t < 100$	
	AL2	AL3	AL2	AL3	AL2	AL3
1.5~2.5	—	—	$D_{DSR}=2.5$	$D_{DSR}=2.5$	$D_{DSR}=3.0$	$D_{DSR}=3.0$
3.0~5.0	$D_{DSR}=2.0$	$D_{DSR}=2.0$	$D_{DSR}=2.0$	$D_{DSR}=2.0$	$D_{DSR}=3.0$	$D_{DSR}=3.0$

注：D_{DSR}为平底孔直径。

③应以宽度和深度均为1mm的矩形槽作为基准反射体。该技术仅应用于斜探头（折射角≥70°）检测厚度为8~15mm的焊缝。

④串列技术。以直径为6mm平底孔（所有厚度）作为基准反射体，垂直于探头移动区。该技术仅应用于斜探头（折射角为45°）检测厚度$t>15$mm的焊缝。横孔和矩形槽的长度应大于用20dB法测得的声束宽度。

串列检测使用两个折射角为45°的斜探头，一个探头用于发射超声波，一个探头用于接收超声波。

当焊缝厚度大于160mm时，可选用不同晶片尺寸的探头，以确保在检验区域内得到相同截面尺寸的声束。

受检测对象几何条件的限制，可使用折射角不为45°的斜探头，但要避免产生波形转换。

两个斜探头置于同一直线上，以保证前一探头发射的声束经底面反射后能斜入射检测区域的某一显示，该显示的反射声束能被后一探头接收。

斜探头间距（y）、声束轴线交叉点检测深度（t_m）和检测区域高度（t_z）之间的关系如图7-86所示。

当检测两平行端面的工件时，探头间距由下式决定：

$$y = 2\tan\alpha(d - t_m)$$

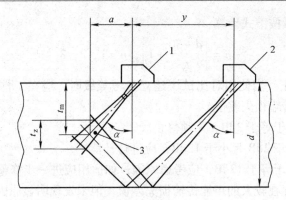

图 7-86　串列检测基本原理

1—探头 1　2—探头 2　3—检验区域　a—水平距离　d—材料厚度

t_m—检测深度　y—探头间距　t_z—检测区域高度

如果 $\alpha = 45°$，则 $y = 2(d - t_m)$。

　　可选用下列任一方法进行扫查：a. 两探头沿工件表面以固定探头间距移动，此方法一次只能检测一定深度的检测区域，需要调整探头间距，以覆盖整个深度截面的检测区域；b. 两探头同时移动，保持它们声轴平面交叉距离之和不变（声轴要垂直焊缝轴），从而在一个连续运动中扫查整个厚度范围。

　　划分相等的检验区域以确保灵敏度不降低。检验区域高度的计算：检验区边缘的灵敏度与声轴交叉处的灵敏度相比不低于 6dB，如图 7-87 所示。

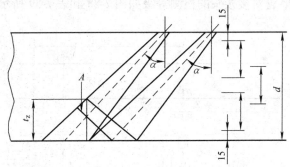

图 7-87　检测区域

A—声束有效直径　d—材料厚度　t_z—检测区域高度

　　检测区域高度（t_z）可用参考试块上不同深度反射体来测定，或用接近对面最大声程结合声束有效直径来计算：

$$t_z \approx \frac{\lambda\ (d - 15)}{\sin\alpha\cos\alpha D_{eff}}$$

式中　D_{eff}——晶片有效直径。

检测区域数量按下式计算：

$$n = \left| \frac{d-30}{t_z} + 1 \right|, \quad n = 1, \ 2, \ 3$$

（7）传输修正　当使用对比试块建立参考等级时，应在工件和试块有代表性的位置测量声能传输损失差值。

1）如差值小于等于 2dB，无须修正。

2）如差值大于 2dB 且小于 12dB，应进行补偿。

3）如差值大于等于 12dB，应考虑原因，如适用应进一步修整探头移动区。

当检测对象存在较大的声能传输损失差值，但未发现明显原因时，应测量检测对象不同位置的声能传输损失，并应采取修正措施。

（8）信噪比　焊缝检测过程中，噪声电平，不包括表面伪显示，应至少保持在评定等级 12dB 以下。可根据技术协议放宽信噪比要求。

8. 检测等级

焊接接头的质量要求，主要与材料、焊接工艺和服役状况有关。依据质量要求，规定了四个检测等级（A、B、C 和 D 级）。

从检测等级 A 到检测等级 C，增加检测覆盖范围（如增加扫查次数和探头移动区等），提高缺欠检出率。检测等级 D 适用于特殊应用，在制定书面检测工艺规程时应考虑本标准的通用要求。通常，检测等级与焊缝质量等级有关。相应检测等级可由焊缝检测标准、产品标准或其他文件规定。

1）板-板和管-管对接接头的检测等级如图 7-88 和表 7-59 所示。

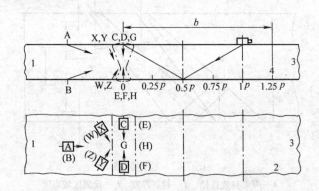

图 7-88　板-板和管-管对接接头典型结构

1—位置 1　2—位置 2　3—位置 3　4—位置 4

A、B、C、D、E、F、G、H、W、X、Y、Z—探头位置

b—与跨距（p）相关的探头移动区宽度（SZW）　p—全跨距

2）T 形接头的检测等级如图 7-89 和表 7-60 所示。

表 7-59　板-板和管-管对接接头检测等级

检测等级	母材厚度/mm	纵向显示						横向显示			
		数量要求				合计扫查次数	备注	数量要求		合计扫查次数	备注
		探头角度	探头位置	探头移动区宽度	探头位置			探头角度	探头位置		
		L-扫查			N-扫查			T-扫查			
A	$8 \leqslant t < 15$	1	A 或 B	$1.25p$	—	2	①	1	(X 和 Y) 或 (W 和 Z)	4	③
	$15 \leqslant t < 40$	1	A 或 B	$1.25p$	—	2	①	1	(X 和 Y) 或 (W 和 Z)	4	③
B	$8 \leqslant t < 15$	1	A 或 B	$1.25p$	—	2		1	(X 和 Y) 或 (W 和 Z)	4	③
	$15 \leqslant t < 40$	2⑥	A 或 B	$1.25p$	—	4	②⑤	1	(X 和 Y) 或 (W 和 Z)	4	③
	$40 \leqslant t < 60$	2	A 或 B	$1.25p$	—	4	②	2	(X 和 Y) 或 (W 和 Z)	8	③
	$60 \leqslant t < 100$	2	A 或 B	$1.25p$	—	4	②	2	(C 和 D) 或 (E 和 F)	4	③④
C	$8 \leqslant t < 15$	1	A 或 B	$1.25p$	G 或 H	3	④	1	(C 和 D) 或 (E 和 F)	2	④
	$15 \leqslant t < 40$	2	A 或 B	$1.25p$	G 或 H	5	②④	2	(C 和 D) 或 (E 和 F)	4	④
	>40	2	A 或 B	$1.25p$	G 或 H	5	②④	2	(C 和 D) 或 (E 和 F)	4	④

注：L-扫查—使用斜探头扫查纵向显示；N-扫查—使用直探头扫查；T-扫查—使用斜探头扫查横向显示；
p—全跨距。
① 可由检测合同限制为单面一次扫查。
② 附加串列检测技术由检测合同特别规定。
③ 仅由检测合同特别规定。
④ 焊缝表面应符合相关要求。焊缝表面可要求磨平，单面环焊缝只磨外表面即可。
⑤ 如果只进行单面扫查，应选用两个角度的探头。
⑥ 在 15mm $< t \leqslant$ 25mm 范围内，如果选用低于 3MHz 的频率，1 个角度的探头扫查即可。

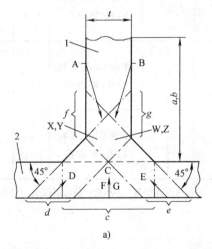

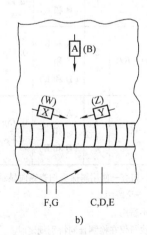

图 7-89　T 形接头典型结构
a）端视　b）俯视
1—部件 1　2—部件 2　A、B、C、D、E、F、G、W、X、Y、Z—探头位置
a、b、c、d、e、f、g—探头移动区宽度　t—厚度

表 7-60　T形接头检测分级

检测等级	母材厚度/mm	纵向显示 数量要求					合计扫查次数	横向显示 数量要求			合计扫查次数	备注
		探头角度	探头位置	探头移动区宽度	探头位置	探头移动区宽度		探头角度	探头位置	探头移动区宽度		
			L-扫查		N-扫查				T-扫查			
A	$8 \leqslant t < 15$	1	A 或 B	1.25p	C③	—	1	—	—	—	—	①
	$15 \leqslant t < 40$	1	A 或 B	1.25p	C③	c	2	—	—	—	—	①
B	$8 \leqslant t < 15$	1	A 或 B	1.25p	C③		2	1	F 和 G	c	2	②
	$15 \leqslant t < 50$	1	A 和 B	1.25p	C③	c	3	1	(F 和 G)或(X 和 Y)或(W 和 Z)	c $f+g$	2	②
	$40 \leqslant t < 100$	2	A 和 B	0.75p	C③	c	5	1	(F 和 G)或(X 和 Y)或(W 和 Z)	c $f+g$	2	②
C	$8 \leqslant t < 15$	1	A 和 B	1.25p	C③	c	3	2	F 和 G	c $f+g$	4	②
	$15 \leqslant t < 40$	2 1	(A 和 B)和 (D 和 E)	1.25p $d+e$	C③	c	7	1	(F 和 G)或(X 和 Y)或(W 和 Z)	c $f+g$	4	②
	$40 \leqslant t < 100$	2 1	(A 和 B)和 (D 和 E)	0.75p $d+e$	C③	c	7	2	(F 和 G)或(X 和 Y)或(W 和 Z)	c $f+g$	8	②
	$\geqslant 100$	3 1	(A 和 B)和 (D 和 E)	0.75p $d+e$	C③	c	9	2	(F 和 G)或(X 和 Y)或(W 和 Z)	c $f+g$	8	②

注：L-扫查—使用斜探头扫查纵向显示；N-扫查—使用直探头扫查；T-扫查—使用斜探头扫查横向显示；
　　p—全跨距。
①　不适用。
②　执行仅在检测合同特别规定时。
③　如果位置 C 不能扫查，可从位置 A 或位置 B 用串列检测技术代替。

3）插入式管座角接头的检测等级如图 7-90 和表 7-61 所示。

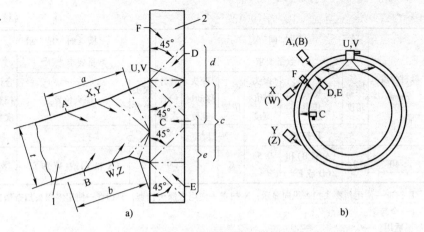

图 7-90　插入式管座角接头典型结构

a) 横截面　b) 俯视

1—部件1(筒体/平板)　2—部件2(接管)　A、B、C、D、E、F、U、V、W、
X、Y、Z—探头位置　a、b、c、d、e—探头移动区宽度　t—厚度

表7-61　插入式管座角接头检测分级

检测等级	母材厚度/mm	纵向显示 数量要求						横向显示 数量要求			备注
		探头角度	探头位置	探头移动区宽度	探头位置	探头移动区宽度	合计扫查次数	探头角度	探头位置	合计扫查次数	
		L-扫查			N-扫查			T-扫查			
A	8≤t<15	1	A	1.25p	C	c	1	—	—	—	①
	15≤t<40	1	A 或 F 或 D	1.25p d	C	c	2	—	—	—	①
B	8≤t<15	1	A 或 D	1.25p d+e	C	c	2	1	(U 和 V)或(X 和 Y)或(W 和 Z)	2	②
	15≤t<40	1	A 或 (D 和 E)	1.25p d+e	C	c	2 或 3	1	(U 和 V)或(X 和 Y)或(W 和 Z)	2	②
	40≤t<60	1	(A 或 B)和 (D 和 E)	1.25p d+e	C	c	4	1	(X 和 Y)和(W 和 Z)	4	②
	60≤t≤100	2 1	(A 和 B)和 (D 和 E)	0.5p d+e	C	c	7	2	(X 和 Y)和(W 和 Z)	8	②
C	8≤t≤15	1	(A 和 B)和 (D 和 E)	1.25p d 或 e	C	c	3	1	(U 和 V)和(X 和 Y) 和(W 和 Z)	2 或 4	②
	15≤t≤40	2	(A 和 B)和 (D 和 E)	0.5p d 或 e	C	c	5	2	(X 和 Y)和(W 和 Z)	8	②

（续）

检测等级	母材厚度/mm	纵 向 显 示					合计扫查次数	横 向 显 示		合计扫查次数	备注
		数量要求						数量要求			
		探头角度	探头位置	探头移动区宽度	探头位置	探头移动区宽度		探头角度	探头位置		
		L-扫查			N-扫查			T-扫查			
C	>40	2	（A 和 B）和（D 或 E）	0.5p d+e	C	c	9	2	（X 和 Y）或（W 和 Z）	8	②

注：L-扫查—使用斜探头扫查纵向显示；N-扫查—使用直探头扫查；T-扫查—使用斜探头扫查横向显示；p—全跨距。

① 不适用。

② 仅在检测合同特别规定时执行。

4）L 型接头的检测等级如图 7-91 和表 7-62 所示。

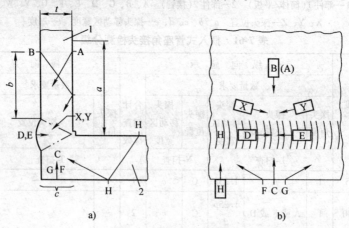

a) b)

图 7-91 L 形接头典型结构

a）横截面 b）俯视

1—部件 1（接件） 2—部件 2（主件） A、B、C、D、E、F、G、H、

X、Y—探头位置 a、b、c—探头移动区宽度 t—厚度

表 7-62 L 形接头检测分级

检测等级	母材厚度/mm	纵 向 显 示					合计扫查次数	横 向 显 示		合计扫查次数	备注
		数量要求						数量要求			
		探头角度	探头位置	探头移动区宽度	探头位置	探头移动区宽度		探头角度	探头位置		
		L-扫查			N-扫查			T-扫查			
A	8≤t<15	1	A 或 B 或 H	1.25p	C	c	1	—	—	—	①
	15≤t<40	1	A 或 B 或 H	1.25p	C	c	2	—	—	—	①

（续）

检测等级	母材厚度/mm	纵 向 显 示						横 向 显 示			备注
		数量要求					合计扫查次数	数量要求		合计扫查次数	
		探头角度	探头位置	探头移动区宽度	探头位置	探头移动区宽度		探头角度	探头位置		
		L-扫查			N-扫查			T-扫查			
B	$8 \leq t < 15$	1	A 或 B 或 H	$1.25p$	C	c	1	1	（F 和 G）或（X 和 Y）	2	②
	$15 \leq t < 40$	2	A 或 B 或 H	$1.25p$	C	c	3	2	（F 和 G）或（X 和 Y）	4	②
	$40 \leq t < 100$	2	（H 或 A）和 B	$0.75p$	C	c	5	2	D 和 E	4	②③
C	$8 \leq t < 15$	1	（H 或 A）和 B	$1.25p$	C	c	3	1	D 和 E	2	②③
	$15 \leq t < 40$	2	（H 或 A）和 B	$1.25p$	C	c	5	1	D 和 E	2	②③
	$40 \leq t < 100$	3	（H 或 A）和 B	$1.25p$	C	c	7	2	D 和 E	4	②③
	>100	3	（H 或 A）和 B	$0.5p$	C	c	7	2	D 和 E	4	②③

注：L-扫查—使用斜探头扫查纵向显示；N-扫查—使用直探头扫查；T-扫查—使用斜探头扫查横向显示；
p—全跨距。

① 不适用。

② 仅在检测合同特别规定时执行。

③ 焊缝表面应符合相关要求。焊缝表面可要求磨平。

5）骑坐式管座角接头的检测等级如图 7-92 和表 7-63 所示。

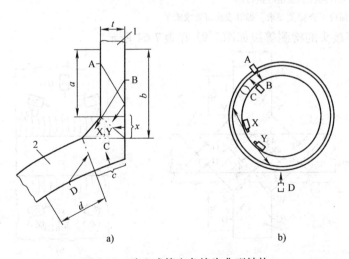

图 7-92　骑坐式管座角接头典型结构

a）横截面　b）俯视

1—部件 1（支管）　2—部件 2（主管）　A、B、C、D、X、Y—探头位置

a、b、c、d、x—探头移动区宽度　t—厚度

表 7-63　骑坐式管座角接头检测分级

检测等级	母材厚度/mm	纵向显示 数量要求					合计扫查次数	横向显示 数量要求		合计扫查次数	备注
		探头角度	探头位置	探头移动区宽度	探头位置	探头移动区宽度		探头角度	探头位置		
		L-扫查			N-扫查			T-扫查			
A	$8 \leqslant t < 15$	1	A 或 B	1.25p 0.50p	—	—	1	—	—	—	①
	$15 \leqslant t < 40$	1	A 或 B	1.25p 0.50p	C	c	2	—	—	—	①
B	$8 \leqslant t < 15$	2	A 或 B	1.25p 0.50p	—	—	2	1	X 和 Y	2	②③
	$15 \leqslant t < 40$	2	A 或 B	1.25p 0.50p	C	c	3	1	X 和 Y	2	②③
	$40 \leqslant t < 60$	2	A 和（B 或 D）	1.25p 0.50p	C	c	5	2	X 和 Y	4	②③
	$60 \leqslant t < 100$	2	A 或（B 或 D）	1.25p 0.50p	C	c	5	2	X 和 Y	4	②③
C	$8 \leqslant t < 15$	3	A 或 B	1.25p 0.50p	C	c	4	1	X 和 Y	2	②③
	$15 \leqslant t < 40$	3	A 或 B	1.25p 0.50p	C	c	4	1	X 和 Y	2	②③
	$40 \leqslant t < 60$	3	A 或 B	1.25p 0.50p	C	c	7	2	X 和 Y	4	②③
	$60 \leqslant t < 100$	3	A 或 B	1.25p 0.50p	C	c	7	2	X 和 Y	4	②③

注：L-扫查—使用斜探头扫查纵向显示；N-扫查—使用直探头扫查；T-扫查—使用斜探头扫查横向显示；
p—全跨距。

① 不适用。

② 仅在检测合同特别规定时执行。

③ 焊缝表面应符合相关要求。焊缝表面可要求磨平。

6）十字接头的检测等级如图 7-93 和表 7-64 所示。

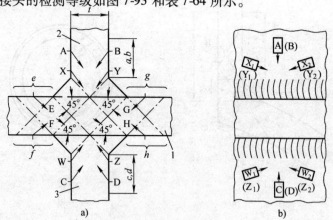

图 7-93　十字接头典型结构
a）端视　b）侧视

1—部件 1（支管）　2—部件 2　3—部件 3　A、B、C、D、E、F、G、H、W、W_1、W_2、Y、Y_1、Y_2、Z、Z_1、Z_2—探头位置　a、b、c、d、e、f、g、h—探头移动区宽度　t—厚度

表 7-64　十字接头检测分级

检测等级	母材厚度/mm	探头角度	探头位置	探头移动区宽度	合计扫查次数	备注	探头角度	探头位置	合计扫查次数	备注
		纵 向 显 示					横 向 显 示			
		数量要求					数量要求			
		L-扫查					T-扫查			
A	$8 \leq t < 15$	1	(A 和 C)或(B 和 D)	1.25p	2	—	—	—	—	①
	$15 \leq t < 40$	1	A 和 B 和 C 和 D	0.75p	4	③	—	—	—	①
	$40 \leq t < 100$	2	A 和 B 和 C 和 D	0.75p	8	③	—	—	—	
B	$8 \leq t < 15$	1	A 和 B 和 C 和 D	1.25p	4	—	1	(X_1 和 Y_1 和 W_1 和 Z_1)和(X_2 和 Y_2 和 W_2 和 Z_2)	8	②
	$15 \leq t < 40$	2	A 和 B 和 C 和 D	0.75p	8	③	1	(X_1 和 Y_1 和 W_1 和 Z_1)和(X_2 和 Y_2 和 W_2 和 Z_2)	8	②
	$40 \leq t < 100$	2 1	(A 和 B 和 C 和 D)和(E 和 F 和 G 和 H)	0.75p e-h	12	④ ④	2	(X_1 和 Y_1 和 W_1 和 Z_1)和(X_2 和 Y_2 和 W_2 和 Z_2)	16	②
C	$40 \leq t < 100$	2 1	(A 和 B)和(C 和 D)和(E 和 F)和(G 和 H)　和串列扫查(A 或 B)和(C 或 D)	0.75p e-h	14		2	(X_1 和 Y_1 和 W_1 和 Z_1)和(X_2 和 Y_2 和 W_2 和 Z_2)	16	②

注：L-扫查—使用斜探头扫查纵向显示；T-扫查—使用斜探头扫查横向显示；p—全跨距。

① 不适用。

② 仅在检测合同特别规定时执行。

③ 若要求更高的灵敏度等级，应使用串列检测技术。

④ 若要求更高的灵敏度等级，应使用串列检测技术。在此情况下，应略去位置 E，F，G，H 的扫查。

7) 管座相贯角接头的检测等级如图 7-94 和表 7-65 所示。

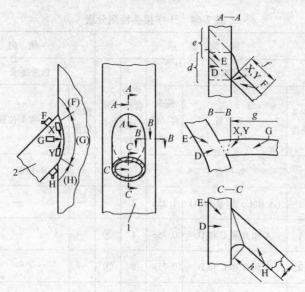

图 7-94 管座相贯角接头的典型结构

1—部件 1(主管) 2—部件 2(支管) A、B、C、D、E、F、G、H、X、Y—探头位置

d、e、f、g、h—探头移动区宽度

表 7-65 管座相贯角接头检测分级

检测等级	母材厚度 /mm	纵 向 显 示						横 向 显 示			备注
		数量要求					合计扫查次数	数量要求		合计扫查次数	
		探头角度	探头位置	探头移动区宽度	探头位置	探头移动区宽度		探头角度	探头位置		
		L-扫查			N-扫查			T-扫查			
A	8≤t<15	2	F 和 G 和 H	1.25p	—	—	6	—	—	—	①②
	15≤t<40	3	F 和 G 和 H	1.25p	—	—	9	—	—	—	①②
	40≤t≤100	3	F 和 G 和 H	1.25p	—	—	9	—	—	—	①②
B	8≤t<15	2	F 和 G 和 H	1.25p 0.50p	D	d	7	1	X 和 Y	2	①③
	15≤t<40	3	F 和 G 和 H	1.25p 0.50p	D	d	10	2	X 和 Y	4	①③
	40≤t<100	3 1	(F 和 G 和 H) 和 E	1.25p e	D	d	11	2	X 和 Y	4	①③
C		—									

注：L-扫查—使用斜探头扫查纵向显示；N-扫查—使用直探头扫查；T-扫查—使用斜探头扫查横向显示；

p—全跨距。

① 相贯接头检测通常应使用检测等级 D，由检测合同特别规定。

② 不适用。

③ 如果部件 1 内孔不可达（位置 D 和 E），则检测等级 B 不适用。

9. 显示位置

所有显示的位置，应参考一个坐标系定义，如图 7-95 所示。

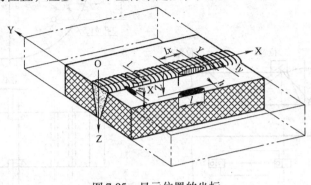

图 7-95 显示位置的坐标

应选择检测面的某一点作为测量原点。

当从多个面进行检测时，每个检测面都应确定参考点。在这种情况下，应当建立所有参考点之间的位置关系，以便所有显示的绝对位置可以从指定的参考点确定。

环形焊缝可在装配前确定内外圈的参考点。

7.5.8 管道焊接接头超声波检验法

管道焊接接头超声波检验方法可按 DL/ T820—2002《管道焊接接头超声波检验技术规程》进行。

1. 一般要求

（1）检验准备 检验前应了解管道名称、材质、规格、焊接工艺、热处理情况、坡口形式、内壁加工面情况，并进行焊接接头中心位置的标定。焊接接头外观质量及外形尺寸需经检验合格。对有影响检验结果评定的表面形状突变应做适当的修磨，并做圆滑过渡。内壁加工面应满足超声波检验的要求。检验面探头移动区应清除焊接飞溅、锈蚀、氧化物及油垢。必要时，表面应打磨平滑，打磨宽度至少为探头移动范围。

（2）检验区域 焊接接头检验区域的宽度应是焊缝本身再加上焊缝两侧各相当于母材厚度 30% 的一段区域，这个区域最小 10mm，最大 20mm，如图 7-96 所示。

（3）扫查速度 探头的扫查速度不应超过 150m/s，当采用自动报警装置扫查时不受此限制。

（4）检验覆盖率 探头的每次扫查覆盖率应大于探头直径的 10%。

2. 中厚壁管焊接接头的检验

（1）对比试块 现场检验时，为校验灵敏度和时基线性，可采用 SD-IV 试块，如图 7-97 所示。

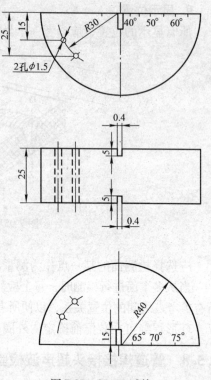

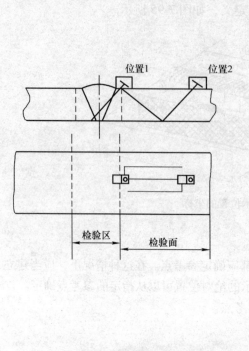

图 7-96　检验区域

图 7-97　SD-IV 试块

焊接接头根部未焊透的对比测定采用图 7-98 所示的 SD-Ⅲ月牙槽对比试块，该试块应用被检管材制作。

（2）检验等级

1）检验等级的分级。根据不同焊接接头质量要求，检验等级分为 A、B、C 三级，检验的完善程度 A 级最低，B 级一般，C 级最高。应按照工件的材质、结构、焊接方法、使用条件及承受载荷的不同，合理的选用检验级别。检验等级应按产品技术条件和有关规定选择或经订约双方协商选定。对于给出的三个检验等级的检验条件，为避免焊件的几何形状限制相应等级检验的有效性，设计、工艺人员应在

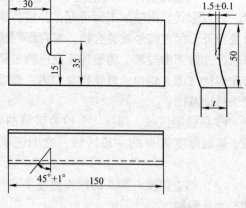

图 7-98　SD-Ⅲ月牙槽对比试块

t—管壁厚度（由被检验材料厚度确定）

考虑超声波检验可行性的基础上进行结构设计和工艺安排。检验时遇到非标准化的条件而不能满足相应等级检验的扫查要求时，应对扫查进行修正，使之至少达到等

效的覆盖水平，并在检验报告中注明。

2）检验等级的检验范围。A 级检验采用一种角度的探头在焊缝的单面单侧进行检验，只对允许扫查到的焊缝截面进行探测。一般不要求做横向缺陷的检验。母材厚度大于 50mm 时，不得采用 A 级检验。B 级检验原则上采用一种角度的探头在焊缝的单面双侧进行检验，对整个焊缝截面进行探测。对检测中出现异常现象，或有检验要求的焊缝两侧斜探头扫查经过的母材部分要用直探头做检查。条件允许（外径大于 250mm）时，应在焊缝两侧做横向缺陷检验的斜平行扫查。C 级检验至少要采用两种角度探头在焊缝的单面双侧进行检验。同时要将对接焊缝余高要磨平，做两个扫查方向和两种探头角度的横向缺陷检验的平行扫查。焊缝两侧斜探头扫查经过的母材部分要用直探头做检查。焊缝母材厚度大于等于 60mm 的 C 级检验，或 B 级检验有要求时，应增加串列式扫查或纵、横波串列式扫查。

（3）检验准备

1）检验面。按不同检验等级要求选择检验面，如图 7-99 和表 7-66 所示。

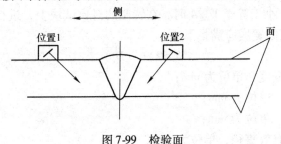

图 7-99　检验面

表 7-66　检验面及使用探头的折射角

管壁厚度 /mm	检验面			检验方法	使用探头的折射角 β
	A	B	C		
14 ~ 25	单面单侧	单面双侧（1 和 2）	单面双侧和焊缝表面	直射法及一次反射法	70°
> 25 ~ 50					70°或 60°
> 50 ~ 100	无 A 级			直射法	45°或 60°；45°或 60°，45 和 70°并用
> 100 ~ 160	无 A 级				45°和 60°或 45°和 70°并用

注：1. 在检验 B、C 级时，无法进行单面双侧扫查时，可采用两种以上折射角的探头在焊缝一侧进行探测。

2. 在检验 B、C 级时，探测焊缝根部缺陷时，不宜使用折射角为 60°左右的探头。

2）探头的选择。探头频率一般在 2 ~ 5MHz 范围内选择，斜探头的折射角 β 应依据管壁厚度、焊缝坡口形式及预期探测的主要缺陷种类来选择。横波串列式扫查，选用标称折射角均为 45°的两个探头，两个探头实际折射角相差不应超过 2°，探头前沿长度相差应小于 2mm。为了便于探测厚焊缝坡口边缘未熔合缺陷，可选用两个不同角度的探头，但两个探头角度均应为 35°~45°。纵横波串列式扫查，横波探头选用的标称折射角为 56°。

3）母材的检验。焊缝两侧的母材，检验前应测量管壁厚度，至少每隔 90°测量一点，并做好记录，以便检验时参考。采用 B 级、C 级检验时，斜探头扫查声束通过的母材区域应用直探头作检查，以便确定是否有影响斜角检验结果解释的分层性或其他种类缺陷存在。该项检查仅作记录，不属于对母材的验收检验。检查的要点如下：①接触式脉冲反射法，采用频率为 2~5MHz 的直探头；②将无缺陷处二次底波调节到荧光屏满刻度；③凡缺陷信号超过荧光屏满刻度 20% 的幅度部位，应在工作表面做出标记，并予以记录。

4）仪器调整。①时基线扫描的调节：时基线刻度可按比例调节为代表脉冲回波的水平距离、深度或声程，扫描比例依据管件厚度和选用的探头角度来确定，最大检验范围应调至时基线满刻度 60% 以上；②检验面曲率半径 R 大于 $W^2/4$ 时（W 为探头接触面宽度），应在标准试块或平面对比试块上，进行时基线扫描调节；③检验面曲率半径 R 小于等于 $W^2/4$ 时，在特制的对比试块上，进行时基线扫描调节同，特制对比试块的宽度应满足下式：

$$b \geqslant 2\lambda(S/D_e)$$

式中　b——试块宽度，单位为 mm；

　　　λ——波长，单位为 mm；

　　　S——声程，单位为 mm；

　　　D_e——声源有效直径，单位为 mm。

5）距离-波幅曲线（DAC）的测绘。距离-波幅曲线应以所用探伤仪和探头在对比试块上实测的数据绘制，DAC 曲线可绘制在坐标纸上，绘制步骤如下：

①将测试范围调整到检验使用的最大探测范围，并按深度、水平或声程法调整时基线扫描比例。

②根据工件厚度和曲率选择合适的对比试块，选取试块上孔深与检验深度相同或接近的横孔为第一基准孔，将探头置于试块检验面声束指向该孔，调节探头位置找到横孔的最高反射波。

③调节"增益"或"衰减器"使该反射波 10dB。

④调节衰减器，依次探测其他横孔，并找到最大反射波高，分别记录各反射波的相对波幅值（dB）。

⑤以波幅（dB）为纵坐标，以探测距离（声程、深度或水平距离）为横坐标，将③、④记录数值描绘在坐标纸上。

⑥将标记各点连成圆滑曲线，并延长到整个探测范围，最近探测点到探测距离 0 点间画水平线，该曲线即为 DAC 曲线的基准线。

⑦依据规定的各线灵敏度，在基准线下分别绘出判废线、定量线、评定线，标记波幅的分区。

⑧为便于现场检验校验灵敏度，在测试上述数据的同时，可对现场使用的便携试块上的某一参考反射体进行同样测量，记录其反射波位置和反射波幅（dB）并标记在 DAC 曲线图上。

绘制好的距离-波幅曲线如图 7-100 所示。该曲线由判废线 RL、定量线 SL 和评定线 EL 组成。EL 和 SL 之间称Ⅰ区、SL 和 RL 之间称Ⅱ区，RL 以上称Ⅲ区。

不同检验等级、管壁厚度的距离-波幅曲线各线灵敏度如表 7-67 所示。

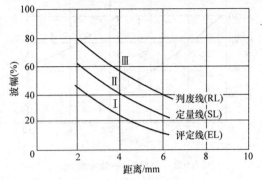

图 7-100　距离-波幅曲线

表 7-67　距离-波幅曲线各线灵敏度　　　　　　（单位：mm）

检验级别	A	B	C
管壁厚度	14 ~ 50	14 ~ 160	14 ~ 160
判废线 RL	$\phi 3 \times 40$	$\phi 3 \times 30$—4dB	$\phi 3 \times 40$—2dB
定量线 SL	$\phi 3 \times 40$—10dB	$\phi 3 \times 40$—10dB	$\phi 3 \times 40$—8dB
评定线 SL	$\phi 3 \times 40$—16dB	$\phi 3 \times 40$—16dB	$\phi 3 \times 40$—14dB

探测横向缺陷时，应将各线灵敏度均提高 6dB。在距离-波幅曲线整个检验范围内，曲线应处于荧光屏满刻度 20% 以上，如图 7-101 所示；否则，应采用分段绘制的方法，如图 7-102 所示。

（4）检验方法

1）一般要求。扫查灵敏度应不低于评定线（EL 线）灵敏度。

2）扫查方式。

①为了探测焊接接头的纵向缺陷，一般采用斜探头垂直于焊缝中心线放置在检验面上，沿焊接接头做矩形移动扫查，如图 7-103 所示。探头前后移动的距离

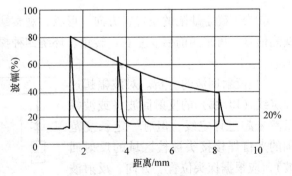

图 7-101　距离-波幅曲线的范围

应保证扫查到规定的焊接接头检验区域宽度全部范围。扫查时相邻两次探头移动间隔应保证至少有 10% 的重叠。在保持探头垂直焊缝中心线作前后移动的同时，根据曲率大小还应做 10° ~ 15° 的左右摆动。

②为探测焊接接头的横向缺陷，可采用平行或斜平行扫查。

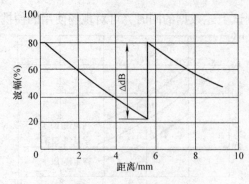

图 7-102　分段距离-波幅曲线

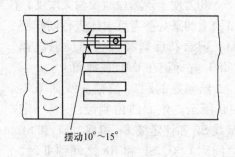

图 7-103　矩形移动扫查

③B 级检验时，当管外径大于 250mm 时，可在焊缝两侧边缘使探头与焊缝中心线呈 10°~20°做斜平行扫查，如图 7-104 所示。

④C 级检验时，可将探头放在焊缝上及其两侧边缘做平行扫查，如图 7-105 所示。管壁厚度超过 60mm 时，应采用两种角度探头（45°和 60°或 45°和 70°并用）做两个方向的平行扫查，也可用两个 45°探头做串列式平行扫查。

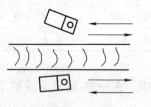

图 7-104　平行扫查

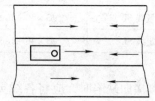

图 7-105　平行扫查

⑤为了确定缺陷的位置、方向、形状，观察缺陷动态波形或区分缺陷信号与非缺陷信号，可采用前后、左右、转角、环绕四种探头基本扫查方式，如图 7-106 所示。

3）反射回波的分析。对波幅超过评定线（EL 线）的反射回波（或波幅虽然未超过评定线，但有一定长度范围的来自焊接接头被检区域的反射回波），应根据探头位置、方向、反射波的位置及焊接接头的具体情况，进行分析判断其是否为缺陷。判断为缺陷的部位均应在焊接接头表面做出标记。

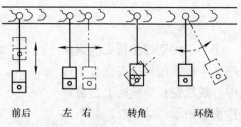

前　后　　左　右　　转角　　环绕

图 7-106　四种探头基本扫查方式

4）缺陷。对在焊接接头检验扫查过程中被标记的部位进行检验，将扫查灵敏度调节到评定线，对反射幅度超过定量线的缺陷，均应确定其具体位置、最大反射波幅度及其所在区域和指示长度。

①最大反射波幅度的测定：按规定的扫查方式移动探头至缺陷出现最大反射波信号的位置，测出最大反射回波幅度并与距离-波幅曲线比较，确定波幅所在区域。波幅测定的允许误差为 2dB。最大反射波幅度 A 与定量线 SL 的分贝差值记录为 SL ±（　）dB。

②位置参数的测定：缺陷位置以获得缺陷最大反射波信号的位置来表示，根据探头的相应位置和反射波在荧光屏上的位置来确定如下位置参数：缺陷沿焊接接头方向的位置、缺陷位置到检验面的垂直距离（即深度）、缺陷位置离开焊缝中心的距离。

③缺陷尺寸参数的测定：应根据缺陷最大反射波幅度确定缺陷当量值 ϕ 或测定缺陷指示长度 Δl。缺陷当量值中，用当量平底孔直径表示，主要用于直探头检验，可采用公式计算、DGS 曲线、试块对比或当量计算尺确定缺陷当量尺寸。缺陷指示长度 Δl 的测定可采用如下三种方法。

a. 当缺陷反射波信号只有一个高点时，用降低 6dB 相对灵敏度法测量缺陷的指示长度，如图 7-107 所示。

b. 在测长扫查过程中，当缺陷反射波信号起伏变化有多个高点，缺陷端部反射波幅度位于 SL 线或 II 区时，则以缺陷两端反射波极大值之间探头的移动距离确定为缺陷的指示长度，即端点峰值法，如图 7-108 所示。

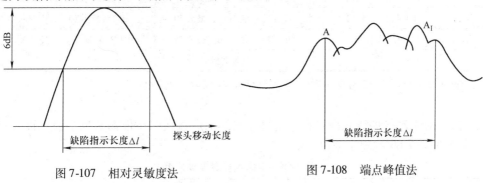

图 7-107　相对灵敏度法　　　　　图 7-108　端点峰值法

c. 当缺陷反射波峰位于 I 区，如认为有必要记录时，将探头左右移动，使波幅降到评定线，以此测定缺陷指示长度。

5）缺陷评定。

①对波幅超过评定线（EL 线）的反射波，或波幅虽然未超过评定线（EL 线），但有一定长度范围的来自焊接接头被检区域的反射回波，均应注意其是否具有裂纹等危害性缺陷的特征。可根据缺陷反射波信号的特征、部位，采用动态包络线波形分析法，改变探测方向或扫查方式，并结合焊接工艺等进行综合分析来推断缺陷性质。如无法准确判断时，应辅以其他检验做综合判定。

②最大反射波幅度位于 II 区的缺陷，其指示长度小于 10mm 时，按 5mm 计。

③相邻两缺陷各向间距小于 8mm 时，两缺陷指示长度之和作为单个缺陷的指示长度。

④对于允许存在一定尺寸根部未焊透焊接接头，应进行根部未焊透的测定。检验中发现的根部缺陷经综合分析确认为未焊透时，应采用选用高分辨率、折射角为 45°~50°、频率为 5MHz 的横波斜探头。用月牙槽对比试块上深 1.5mm 的月牙槽反射波幅调至荧光屏满刻度 50% 作为灵敏度，进行幅度对比测定。当缺陷反射波幅度小于月牙槽对比试块调节的灵敏度反射波幅度时，用端点 14dB 法测量其指示长度 L。

（5）检验结果的评级　检验结果根据缺陷的性质、幅度、指示长度分为四级。

1）最大反射波幅度位于 SL 线或 Ⅱ 区的缺陷，根据缺陷指示长度按表 7-68 的规定予以评级。

表 7-68　单个缺陷的等级分类　　　　（单位：mm）

评定 等级	检 验 级 别		
	A	B	C
	管 壁 厚 度		
	14~50	14~160	14~160
Ⅰ	$t(2/3)$；最小 12	$t/3$；最小 10，最大 30	$t/3$；最小 10，最大 20
Ⅱ	$t(3/4)$；最小 12	$t(2/3)$；最小 12，最大 50	$t/2$；最小 10，最大 30
Ⅲ	$<t$；最小 20	$t(3/4)$；最小 16，最大 75	$t(2/3)$；最小 12，最大 50
Ⅳ	超过Ⅲ级者		

注：t 为坡口加工侧管壁厚度，焊接接头两侧管壁厚度不等时，t 取薄壁管厚度。

2）对于对接焊缝允许存在一定尺寸根部未焊透缺陷，根据其反射波幅度及指示长度按表 7-69 的规定予以评级。

表 7-69　根部未焊透等级分类

评定等级	对比灵敏度	缺陷指示长度
Ⅱ	1.5	≤焊缝周长的 10%
Ⅲ	1.5 + 4dB	≤焊缝周长的 20%
Ⅳ	超过Ⅲ级者	

注：1. 当缺陷反射波幅大于或等于用 SD-Ⅲ 型试块调节对比灵敏度 1.5mm 深月牙槽的反射波幅时，以缺陷反射波幅评定。

　　2. 当缺陷反射波幅小于用 SD-Ⅲ 型试块调节对比灵敏度 1.5mm 深月牙槽的反射波幅时，以缺陷指示长度评定。

3. 中小径薄壁管焊接接头检验

（1）试块　采用小径管焊接接头超声波检验专用试块，如图 7-109 所示。试块一套共 5 块，其适用范围如表 7-70 所示。

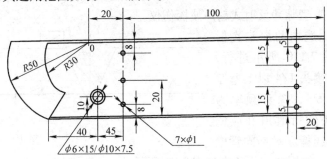

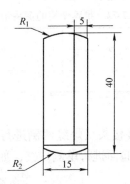

图 7-109　小径管焊接接头超声波检验专用试块

表 7-70　专用试块的适用范围 （单位：mm）

试块编号	R_1	适用管径的范围	R_2	适用管径的范围
1	16	32 ~ 35	17. 5	35 ~ 38
2	19	38 ~ 41	20. 5	41 ~ 44. 5
3	22. 5	44. 5 ~ 48	24	48 ~ 60
4	30	60 ~ 76	38	76 ~ 79
5	50	90 ~ 133	70	133 ~ 159

（2）检验准备

1）检验面。检验面打磨宽度应满足表 7-71 的要求。

表 7-71　打磨宽度 （单位：mm）

管子厚度	4 ~ 6	6 ~ 14
打磨宽度	50	100

2）焊缝的余高修磨。所检管件的焊缝余高过高、过宽或有不清晰回波信号产生的地方应进行修磨，使之满足检验的要求。

3）仪器。用于检验的仪器在运行中不得出现任何种类的临界值和阻塞情况，宜采用数字式 A 型脉冲反射式超声波探伤仪。

4）探头。选用的探头直射波扫查时按图 7-110 所示进行，应扫查到焊接接头 1/4 以上壁厚范围，即 $h \geqslant t/4$，探头频率为 5MHz，斜探头的折射角 β 应依据管壁厚度来选择。对不同管壁厚度焊接接头，使用的探头角度如表 7-72 所示。

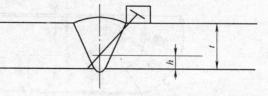

图 7-110　扫查示意图

表 7-72　推荐使用的探头角度

管壁厚度/mm	探头的折射角 β/（°）
4 ~ 8	73 ~ 70
8 ~ 14	70 ~ 63

（3）检验方法

1）扫查方式。对环向对接接头从焊缝两侧进行扫查，移动范围如图 7-111 所示，对角接接头以小径管为检验面进行单侧扫查，如图 7-112 和图 7-113 所示。

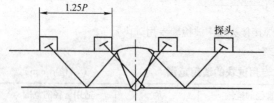

图 7-111　环向对接接头扫查方式

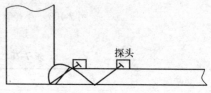

图 7-112　骑座式角接接头扫查方式

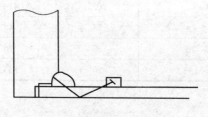

$t \leqslant 6mm$ 插入式角接接头

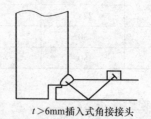

$t > 6mm$ 插入式角接接头

插入式角接接头

图 7-113　插入式角接接头扫查方式

2）检验。扫查灵敏度为 DAC 曲线增益 10dB。对波幅超过 DAC-10dB 的反射波（或波幅虽然未超过 DAC-10dB 的反射波，但有一定长度范围的来自焊接接头被检区域的反射回波），应根据探头位置、方向、反射波的位置及焊接接头的具体情况，参照图 7-114～图 7-123 进行分析判断其是否为缺陷，判断为缺陷的部位均应在焊接接头表面做出标记。

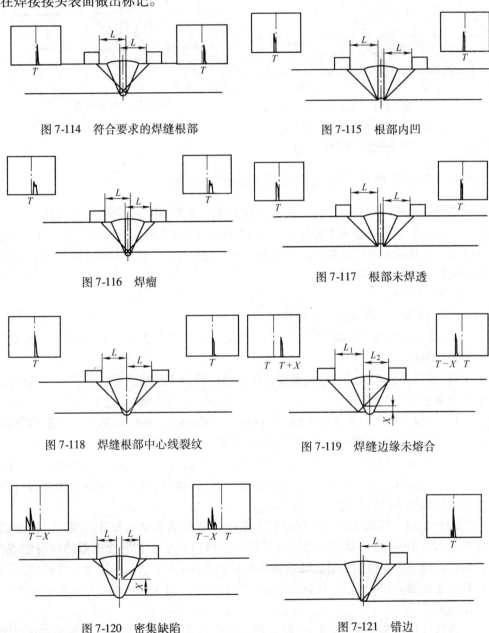

图 7-114　符合要求的焊缝根部　　　　　图 7-115　根部内凹

图 7-116　焊瘤　　　　　　　　　　　　图 7-117　根部未焊透

图 7-118　焊缝根部中心线裂纹　　　　　图 7-119　焊缝边缘未熔合

图 7-120　密集缺陷　　　　　　　　　　图 7-121　错边

注：探头前后左右移动时反射波交替上升。

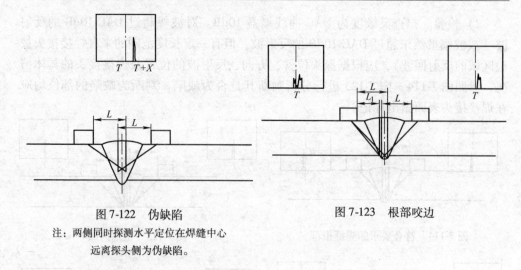

图 7-122 伪缺陷 图 7-123 根部咬边

注：两侧同时探测水平定位在焊缝中心
远离探头侧为伪缺陷。

7.5.9 钢制管道环向焊缝对接接头超声波检测

钢制管道环向对接焊接接头的超声波检测可参照 GB/T 15830—2008 进行。其检测方法和质量分级适用于壁厚为 15～120mm，标称直径大于或等于 159mm 的钢制承压管道环向对接焊接接头超声检测，不适用于铸钢、奥氏体型不锈钢的管道环向对接焊接接头超声检测。

1. 检测系统

（1）仪器 仪器应符合下列要求。

1）检测仪性能指标应按 JB/T 9214 规定的方法进行测试，其工作频率范围至少为 1～5MHz。

2）仪器和斜探头的组合灵敏度，在达到所检测工件最大检测声程处，有效灵敏度余量不小于 10dB。

3）组合分辨力：应能将 CSK-IA 试块上 ϕ50mm 与 ϕ44mm 两孔的反射信号分开，当两孔反射波福相同时，其波峰与波谷的差值不小于 6 dB。

（2）探头 探头性能应按规定进行测试。单斜探头声束轴线水平偏离角不应大于 2°，斜探头主声束在垂直方向不应有明显的双峰或多峰。仪器和探头的组合频率与公称频率误差不得大于 ±10%。

（3）试块 试块主要用于仪器探头系统性能校准和检测校准的测定。标准试块采用 CSK-IA 试块，对比试块采用与被检管材声学性能相同或近似的钢材制成，被检管材的曲率半径应为对比试块曲率半径的 0.9～1.5 倍。锯齿槽对比试块的形状和尺寸如图 7-124 所示。该试块用被探管材制作，用作对接焊接接头根部缺欠的对比测定。

被检管材曲率半径 $R \leqslant W^2/4$ 时（W 为探头宽度），采用与被检曲率相同的对比试块，反射孔的位置可参照对比试块确定，试块宽度 b 一般应满足：

$$b \geqslant 2\lambda s/D_0$$

式中　b——试块宽度，单位为 mm；

$\quad\quad\lambda$——超声波波长，单位为 mm；

$\quad\quad s$——声程，单位为 mm；

$\quad\quad D_0$——声源有效直径，单位为 mm。

2. 工艺要求及检测准备

1）检测前应了解焊件名称、材质、规格、焊接工艺、热处理情况、坡口形式（内坡口单侧长度不小于 $0.6T$，T 为管壁厚度），以及焊接接头中心位置。

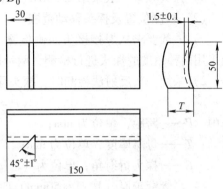

图 7-124　锯齿槽对比试块

2）被检测管道焊接接头应满足以下要求：①焊接接头表面质量及外形尺寸需经检查合格；②焊接接头两侧应清除飞溅、锈蚀、氧化物油垢及其他杂质，检测表面应平整，便于探头的扫查，其表面粗糙度 Ra 应小于等于 $6.3\mu m$，一般应进行打磨，打磨宽度至少为探头移动范围，如图 7-125 所示；③检测区的宽度应是焊缝本身，再加上焊缝两侧各相当于母材厚度 30% 的一段区域，这个区域最小为 5mm，最大为 10 mm；④去除余高的焊缝，应将余高打磨到与邻近母材平齐，保留余高的焊缝，如果焊缝表面有咬边、较大的隆起和凹陷等，也应进行适当的修磨，并做圆滑过渡以免影响检测结果的评定。

3）耦合剂应具有良好的润湿能力和透声性能，且无毒、无腐蚀性、易清除。常用的耦合剂为全损耗系统用油、甘油和糨糊。

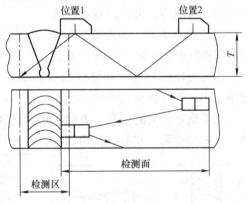

4）探头的工作面与管道外表面应紧密接触，必要时应进行修磨。修磨后的探头应重新测量入射点及折射角。

5）焊后需热处理的焊接接头，应在热处理后检测。

3. 检测

（1）探头选择

图 7-125　检测和探头移动区

1）斜探头折射角的选择以直射波声束中心线至少能扫查焊接接头厚度的 2/5 为原则，可参考表 7-73。检测根部缺欠时，不宜使用折射角为 60°的探头。

表 7-73　斜探头折射角的选择

管壁厚度/mm	探头折射角/（°）
15 ~ 46	70 或 60
>46 ~ 100	60 或 45；45 和 60、45 和 70 并用
>100 ~ 120	60 和 45 并用

2) 探头频率一般采用 2.5MHz。当管壁厚度较薄时，采用 5MHz 探头。

（2）检测位置及探头移动范围

1) 一般要求从焊接接头两侧检测。因条件限制只能从焊接接头一侧检测时，应采用两种角度的探头进行检测，两种探头的折射角相差应不小于 10°。

2) 采用一次反射法检测时，探头移动区大于或等于 1.25P：

$$P = 2T\tan\beta$$

式中　P——跨距，单位为 mm；

　　　T——母材厚度，单位为 mm；

　　　β——探头折射角，单位为（°）。

3) 当管壁较厚（壁厚 > 50mm）时，采用直射法检测，但还需增加一个折射角度大的探头检测，探头移动区应大于 0.75P。

4) 如需检测横向缺欠，一般应在去除余高的焊接接头上检测。

（3）母材的检查　斜探头扫查声束通过的母材区域应用直探头检查，以便确定是否有影响斜角检测结果解释的分层性或其他类型的缺欠存在。该项检查仅做记录，不属于对母材的验收检测。检查的要点如下：①接触式脉冲反射法，采用频率为 2~5MHz 的直探头，晶片直径 10~25mm；②将无缺欠处第二次底波调节到荧光屏满刻度；③凡缺欠信号超过荧光屏满刻度 20% 幅度的部位，应在工作表面做出标记，并记录；④检测管壁较薄的管材或近表面缺欠时，若单晶探头达不到所要求的近表面分辨力，可选用双晶探头。

（4）扫查方式　一般采用探头沿焊接接头做锯齿形的基本扫查方式。扫查时，为确保检测时超声波声束能扫查到工件的整个被检区域，探头的每次扫查覆盖率应大于探头直径的 15%。在保持探头移动方向与焊缝中心线垂直的同时，根据管径曲率大小，还要做小角度的摆动，如图 7-126 所示。

为了确定缺欠的位置、方向、形状、观察缺欠动态波形或区分缺欠信号与伪信号，可采用前后、左右、转角和环绕四种基本扫查方式，如图 7-127 所示。

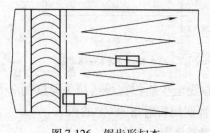

图 7-126　锯齿形扫查

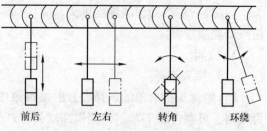

前后　　左右　　转角　　环绕

图 7-127　四种基本扫查方式

（5）距离-波幅曲线的绘制　距离-波幅曲线以所用检测仪和探头在对比试块上实测的数据绘制，也可根据实测数据在智能型检测仪上自绘。该曲线族图由评定线（EL）、定量线（SL）和判废线（RL）组成。评定线与定量线之间（包括评定线）

为Ⅰ区，定量线与判废线之间（包括定量线）为Ⅱ区，判废线及其以上区域为Ⅲ区，如图 7-128 所示。

不同管壁厚度的距离-波幅曲线灵敏度按表 7-74 规定。

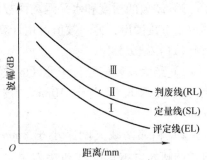

距离-波幅曲线的校验以所用检测仪和探头在对比试块上进行，检测应不少于两点。

（6）扫描速度的调节　扫描速度的调节可在标准试块或对比试块上进行，扫描速度比例依据工件厚度和选用探头角度来确定，探头移动速度应小于 150mm/s。

图 7-128　距离-波幅曲线示意图

（7）检测灵敏度　检测时，由于管件表面耦合损失、材料衰减以及内外曲率的影响，应对检测灵敏度进行综合补偿。综合补偿过必须计入距离-波幅曲线。检测灵敏度不得低于评定线，检测过程中应每隔 2h 对检测灵敏度进行校准一次。

表 7-74　距离-波幅曲线的灵敏度　　　　　　　　　　　　（单位：mm）

管壁厚度/mm	评定线（EL）	定量线（SL）	判废线（RL）
15 ~ 46	$\phi 3 \times 40$—20dB	$\phi 3 \times 40$—14dB	$\phi 3 \times 40$—6dB
>46 ~ 120	$\phi 3 \times 40$—16dB	$\phi 3 \times 40$—10dB	$\phi 3 \times 40$

（8）缺欠性质判断　焊接接头缺欠的性质，可根据缺欠反射信号的特征、部位、采用动态包络线波形分析法，改变探头角度或扫查方式，并结合焊接工艺等进行综合分析。

（9）缺欠的定量　出现在定量线或定量线以上的缺欠反射信号，应进行波幅和缺欠指示长度的测定。将探头移至缺欠出现最大反射信号的位置，根据波幅确定它在距离-波幅曲线图中的区域。

缺欠指示长度的测定：缺欠反射波只有一个高点，且位于定量线或定量线以上时，用 6dB 法测其指示长度，如图 7-129 所示。缺欠反射信号起伏变化有多个高点，且缺欠端部反射波幅位于定量线或定量线以上时，用端点 6dB 法测量其指示长度，如图 7-130 所示。当缺欠反射波峰位于评定线到定量线，如认为有必要记录时，将探头左右移动，将波幅降到评定线，以此测量缺欠指示长度。

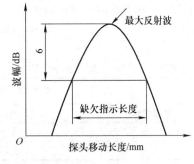

图 7-129　6dB 测长法

（10）缺欠定位

1）检测时发现缺欠反射波信号时，宜精确测量该处的管壁厚度。

2）缺欠位置以荧光屏上显示的缺欠最大反射信号的位置表示。根据探头的相应位置和反射信号在荧光屏上的位置，来确定缺欠沿焊接接头方向的位置。

3）缺欠的深度和水平距离两数值中的一个可由缺欠最大反射信号在荧光屏上的位置直接读出，另一数值可用计算法、曲线法、做图法求出。

（11）缺欠评定

1）最大反射信号位于Ⅱ区的缺欠，其指示长度小于 10mm，按 5mm 计。

2）相邻两缺欠间距小于 8mm 时，两缺欠指示长度之和作为单个缺欠的指示长度。

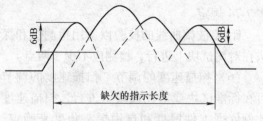

图 7-130　端点 6dB 测长法

3）根部未焊透的对比测定：检测时当发现根部缺欠，经综合分析确认为未焊透时，改用折射角为 45°～50°、频率为 5MHz 的斜探头，以锯齿槽对比试块上深 1.5mm 通槽的反射波幅调至荧光屏满刻度的 50% 作为对比灵敏度进行对比测定。

4. 质量分级

1）管道焊接接头质量以每个焊接接头为评定单位，其质量分为三级。

2）非裂纹类等缺欠反射波幅位于Ⅰ区时，评为Ⅰ级。

3）焊接接头中存在下列情况之一的缺欠时，该焊接接头评为Ⅲ级：①当缺欠反射波幅位于Ⅲ区时；②当缺欠反射波幅位于Ⅱ区时，且缺欠的指示长度（经修正后的圆周方向的弧长）超过表 7-75 中Ⅱ级的规定时；③当缺欠累计指示长度经修正后超过表 7-76 中Ⅱ级规定时；④当非氢弧焊打底的焊接接头根部未焊透缺欠幅度或长度超过表 7-77 中Ⅱ级的规定时。

表 7-75　允许存在的缺欠指示长度　　　　　　　　（单位：mm）

质量等级	Ⅰ级	Ⅱ级
缺欠指示长度 L	$L = T/3$，但最小可为 10，最大不超过 30	$L = 2T/3$，最小为 12，最大不超过 50

注：管壁厚度不等的焊接接头，T 取薄壁管厚度。

表 7-76　允许存在缺欠的累计指示长度

质量等级	Ⅰ级	Ⅱ级
修正后缺欠累计指示长度	在 10T 范围内，累计指示长度之和≤T	在 5T 范围内，累计指示长度之和≤T

表 7-77　根部未焊透缺欠的允许范围

质量等级	对比灵敏度	缺欠在根部的长度 l
Ⅰ级	1.5×20	≤焊缝周长的 10%
Ⅱ级	$1.5 \times 20 + 4$dB	≤焊缝周长的 15%

注：1. 当缺欠反射波幅≥用锯齿槽试块调节的对比灵敏度反射波幅时，应以缺欠反射波幅度评定。

2. 当缺欠反射波幅＜用锯齿槽试块调节的对比灵敏度反射波幅时，用端点 14dB 法测量缺欠指示长度 L，并按下式换算成未焊透在根部的长度 l，$l = L(D - 2T)/D$（D 为管道外径）。

3. 氢弧焊打底的焊接接头，不允许存在未焊透缺欠。

4. 表中焊缝周长以内径计算。

4）检测中如检测人员能判定缺欠性质为裂纹、未熔合等危险性缺欠时，不受3）的限制，该焊接接头应评为Ⅲ级。

5）不合格的焊缝应返修，返修部位及返修时受影响的部位均应复检。

7.6　磁粉检测

7.6.1　磁粉检测基本原理

磁粉检测用于检测铁磁性材料和工件（铁、钴、镍等）表面上或近表面的裂纹以及其他缺欠。磁粉检测对表面缺欠最灵敏，对表面以下的缺欠，随埋藏深度的增加，检测灵敏度迅速下降。采用磁粉检测方法检测磁性材料的表面缺欠，比采用超声波或射线检测的灵敏度高，操作方便，结果可靠，成本低。因此，它广泛用于磁性材料表面及近表面缺欠的检测。对于非磁性材料如非铁金属、非金属材料等不能采用磁粉检测方法，但当铁磁材料上的非磁性涂层厚度不超过 $50\mu m$ 时，对磁粉检测灵敏度影响很小。

磁粉检测的基本原理如下：当材料或工件被磁化后，若在工件表面及近表面存在裂纹、冷隔等缺欠，便会在该处形成一漏磁场。此漏磁场将吸引、聚集检测过程中施加的磁粉，而形成缺欠显示。因此，磁粉检测首先是对被检工件外加磁场进行磁化，外加磁场一般有两种方法：一是由可以产生大电流（几百或数万安培）的磁粉检测机，直接给被检工件通大电流而产生磁场；另一种是把被检工件放在螺旋管线圈产生的磁场中，或是放在点磁铁产生的磁场中使工件磁化。工件磁化后，在工件表面上均匀喷撒微颗粒（粒度为 $5\sim10\mu m$）的磁粉。

若被检工件没有缺欠，则磁粉在工件表面均匀分布。若工件上存在缺欠，由于缺欠（如裂纹、气孔、非金属夹杂物等）内含有空气或非金属，其磁导率远远小于工件的磁导率，在位于工件表面或近表面的缺欠处产生漏磁场，形成一个小磁极，如图 7-131 所示。磁粉将被小磁极吸引，缺欠处由于堆积比较多的磁粉而被显示出来，形成肉眼可以看到的缺欠图像。为了使磁粉图像便于观察，可以采用与被检工件表面有较大反差颜色的磁粉。常用的磁粉有黑色、红色和白色。为了提高检测灵敏度，还可以采用荧光磁粉，在紫外线照射下更容易观察到工件缺欠的存在。

磁粉检测中能否发现缺欠，首先决定于工件缺欠处漏磁场强度是否足够大。要提高磁粉检测灵敏度，就必须提高漏磁场的强度。缺欠处漏磁场强度主要与被检工件中磁感应强度有关，工件中磁感应强度越大，缺欠处漏磁场越大。

不同材料的磁导率不同，在同样的外磁场强度下，磁感应强度不同。铁磁性物质的磁导率比非铁磁性物质的磁导率大几个数量级，容易获得足够大的磁感应强度，而非铁磁性物质则不能获得足够大的磁感应强度，因而不能用磁粉检测方法来检测。不同铁磁性材料的磁导率也有差异，为了达到足够大的磁感应强度，应选用不同强度的外磁场进行磁化。不同的磁性材料，进行检测时，选用不同的磁化规范。

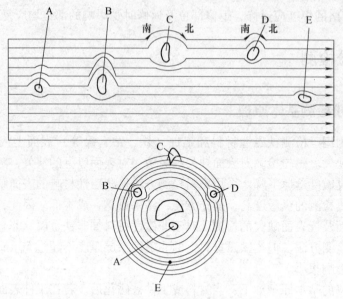

图 7-131　缺欠漏磁场的产生

A ~ E—缺欠

缺欠漏磁场的大小还取决于缺欠本身的状况（如缺欠的宽窄、深度与宽度之比、缺欠的埋藏深度、缺欠的倾角等），对于具有相同磁感应强度的被检工件，在不同缺欠处的漏磁场强度也有差异。

当缺欠接近或位于工件表面时，磁力线不但在工件内产生弯曲，而且还会穿过工件的表面形成一个局部的漏磁场。若缺欠埋藏的深度很深，即使磁力线弯曲很显著，也难以在工件的表面产生漏磁场。另外，球状缺欠的磁力线弯曲不显著，面状缺欠的延伸方向与磁力线方向垂直时，产生漏磁最大，平行时产生的漏磁很少。

磁粉检测的程序为：预处理→磁化→施加磁粉或磁悬液→磁痕的观察与记录→缺欠评级→退磁→后处理。

7.6.2　磁粉检测材料

磁粉检测材料一般包括磁粉、载体和磁悬液。

1. 磁粉

磁粉应具有高磁导率、低矫顽率和低剩磁，并应与被检工件表面颜色有较高的对比度，磁粉粒度和性能的其他要求应符合 JB/T 6063—2006 的规定。

2. 载体

若以水为载体时，应加入适当的防锈剂和表面活性剂，必要时添加消泡剂。油基载体的运动黏度在3.0mm²/s，使用湿度大于5.0mm²/s，闪点不低于94℃，且无荧光和无异味。

3. 磁悬液

磁悬液浓度应根据磁粉种类、粒度、施加方法和被检工件表面状态等因素来确定。一般情况下，磁悬液浓度范围应符合表7-78的规定，测定前应对磁悬液进行充分的搅拌。

表7-78　磁悬液浓度

磁粉类型	配制浓度/(g/L)	沉淀浓度(含固体量)/[mL/(100mL)]
非荧光磁粉	10 ~ 25	1.2 ~ 2.4
荧光磁粉	0.5 ~ 3.0	0.1 ~ 0.4

7.6.3　磁粉检测方法

根据不同的分类条件，磁粉检测方法的分类如表7-79所示。

表7-79　磁粉检测方法分类

分类条件	磁粉检测方法
施加磁粉的载体	干法（荧光、非荧光）、湿法（荧光、非荧光）
施加磁粉的时机	连续法、剩磁法
磁化方法	轴向通电法、触头法、线圈法、磁轭法、中心导体法、交叉磁轭法

1. 干法

干法用的磁粉和被检工件表面必须充分干燥，然后再施加磁粉，否则由于磁粉流动性差，不容易均匀分布而影响缺欠显示。干粉显示时，一般将磁粉喷雾于工件表面后，再将没有被吸附的剩余磁粉吹去，工件表面上所剩的是缺欠处被漏磁吸附形成的磁痕。

2. 湿法

湿粉显示法是先把磁粉配制成一定浓度的水磁悬浮液或油磁悬浮液，检测时将磁悬浮液均匀地喷洒在被检工件表面上，工件表面上缺欠处的漏磁将吸附磁粉，形成磁痕而显示出缺欠。磁悬液具有良好的流动性，因此能同时显示工件整个表面上的微小缺欠。湿法主要用于连续法和剩磁法检测。采用湿法时，应确认整个检测面被磁悬液充分湿润后，再施加磁悬液。

干法和湿法发现缺欠的能力各不相同，图7-132给出了不同磁粉检测灵敏度的差异情况。一般情况下，干法比湿法灵敏，直流比交流灵敏。

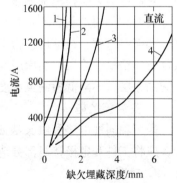

图 7-132　磁粉检测法的
灵敏度曲线

1—交流湿法　2—交流干法
3—直流湿法　4—直流干法

3. 连续法

采用连续法时，被检工件的磁化、施加磁粉的工艺以及观察磁痕显示都应在磁化通电时间内完成，通电时间为 1 ~ 3s，停施磁悬液至少 1s 后方可停止磁化，为保证磁化效果应至少反复磁化两次。

4. 剩磁法

1）剩磁法主要用于矫顽力在 1kA/m 以上，并能保持足够的剩磁场（剩磁在 0.8T 以上）的被检工件。

2）采用剩磁法时，磁粉应在通电结束后再施加，一般通电时间为 0.25 ~ 1s。施加磁粉或磁悬液之前，任何强磁性物体不得接触被检工件表面。

3）采用交流磁化法时，应配备断电相位控制器以确保工件的磁化效果。

5. 交叉磁轭法

使用交叉磁轭装置时，四个磁极端面与检测面之间应尽量贴合，最大间隙不超过 1.5mm。连续拖动检测时，检测速度应尽量均匀，一般不应大于 4m/min。

7.6.4 磁粉检测时机

焊接接头的磁粉检测应安排在焊接工序完成之后进行。对于有延迟裂纹倾向的材料，磁粉检测应根据要求在焊接完成至少 24h 后进行。磁粉检测一般安排在最终热处理之后进行。

7.6.5 磁粉检测条件

1. 工件表面

被检工件表面不得有油脂、松散铁锈、氧化皮、焊接飞溅或其他粘附磁粉的物质，它们可能影响检测灵敏度。表面质量的要求取决于被检工件缺欠的尺寸和方向，表面的不规则状态不得影响检测结果的正确性和完整性，否则应做适当的修理。如需要打磨，打磨后被检工件的表面粗糙度值 $Ra \leqslant 25\mu m$。如果被检工件表面残留有非铁磁性涂层，当涂层厚度不超过 0.05mm 且均匀时，如无破裂、紧密粘附着的油漆层，不降低检测灵敏度，不影响检测结果时，可以带涂层进行磁粉检测。

2. 安装接触垫

采用轴向通电法和触头法磁化时，为了防止电弧烧伤工件表面和提高导电性能，应将工件和电极接触部分清除干净，必要时应在电极上安装接触垫。

3. 封堵

若工件有不通孔和内腔时，应加以封堵。

4. 反差增强剂

为了增强显示与被检表面之间的视觉反差，可施加一层薄而均匀的反差增强剂。

7.6.6　磁化和退磁

1. 磁化的方式和方法

在磁粉检测中，通过磁场使工件带有磁性的过程称为工件的磁化。

（1）直流电磁化法和交流电磁化法　直流电磁化时，采用低电压、大电流直流电源。直流电源产生的磁力线稳定，穿透力强，能发现离工件表面较深的缺欠；但直流电磁化设备较复杂，成本较高；另外，被磁化的工件有很大的剩磁，检测后必须进行退磁。这种方法应用得较少。交流电磁化是采用低电压、大电流的交流电源，产生的磁力线不如直流电产生的磁力线稳定，而且交流电在工件中产生趋肤效应，穿透力较浅，只能发现离工件表面较近的缺欠。但由于交流电方便，设备简单，所以应用较广泛。

（2）直接通电磁化和间接通电磁化　直接通电磁化又称直接励磁法，即在工件上直接通电流以产生磁力线进行检测。此种方法设备十分简单，但工件表面接电源时，要求接触良好，否则会将工件表面烧伤，同时直流电流使工件发热，如果掌握不好，会使工件性能发生变化。间接通电磁化又称间接励磁法，即工件磁化是利用检测仪产生的磁场磁化工件的，这样可以避免直接通电磁化时产生的弊病，同时间接磁化的检测仪是用线圈产生磁场，可用改变线圈的匝数来获得较强的磁场，调节方便，使用广泛。

（3）纵向磁化、周向磁化和联合磁化　工件磁化后，磁力线在工件中的方向与工件或焊缝的轴向平行，称为纵向磁化。纵向磁化可用来发现与工件或焊缝纵向轴线垂直的横向缺欠。纵向磁化常用的有铁轭磁化、线圈开端磁化和线圈闭端磁化等几种形式，如图 7-133 所示。铁轭磁化时，在铁轭的开端放上工件，线圈通电后，磁力线通过工件并与铁轭形成磁回路。此种方法用于检测小工件，优点是无需将磁化线圈绕到工件上，但要求铁轭与工件有良好接触。线圈开端磁化法是在工件上绕上线圈或用预先绕好的线圈套在工件上，然后将线圈通电使工件磁化。其优点是设备轻便，在电流足够时，只要在工件上绕上数匝线圈就可以使工件磁化。其缺点是磁力线由两极出来后经空气构成回路，磁场不如铁轭磁化法强。线圈闭端法和

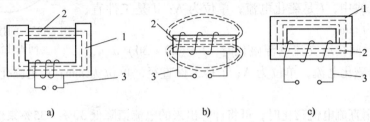

图 7-133　纵向磁化法

a）铁轭磁化　b）开端磁化　c）闭端磁化

1—铁轭　2—工件　3—线圈

线圈开端法基本上相同，所不同的是外加一铁轭，利用铁轭来加强磁感应和改良工件两端的磁化情况，因此其灵敏度比线圈开端磁化法高。

工件磁化后，磁力线在工件的分布是环绕工件轴线成很多的同心圆，这样的磁化称为周向磁化。它用来发现与工件（或纵向焊缝）轴线平行的纵向缺欠。周向磁化有直接通电磁化和间接通电磁化两种类型。直接通电周向磁化是在被检的工件上局部或整个通以低电压大电流，产生周向或横向磁力线来发现缺欠，可以检测平面状工件上的缺欠，如图 7-134 所示。间接通电磁化用于检测管类和带孔工件中的缺欠，如图 7-135 所示。

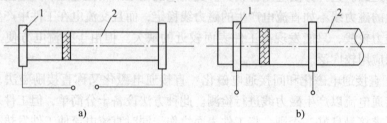

图 7-134　直接通电周向磁化法
a）整体磁化　b）局部磁化
1—电极接头　2—工件

联合磁化法是将纵向和周向磁化同时作用在工件上，使工件得到由两个互相垂直的磁力线作用而产生的合成磁场，通过改变纵向或周向的磁化强度可取得不同倾角的合成磁场，就可发现与工件轴线不同倾角的缺欠，以检查各种不同倾斜方向的缺欠。

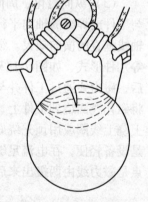

（4）磁化电流的确定　磁粉检测磁化电流的确定与工件材料的磁导率、工件的尺寸、电流的性质以及磁化方法等因素有关。为了避免复杂的计算，一般采用简单的经验公式来选取。

圆柱体工件，当工件直接通交流电源磁化时，$I = (6 \sim 18) d$，式中，I 是磁化电流，单位为 A；d 是工件直径，单位为 mm。

图 7-135　间接通电周向磁化法

当工件间接通交流电源磁化时，$I = (20 \sim 30) d/n$，式中，I 是磁化电流，单位为 A；d 是工件直径，单位为 mm；n 是磁化线圈的匝数。

当改用直流电流磁化时，可将计算出来的电流值降低 30% ~ 35% 来使用。

2. 退磁

经磁粉检测的工件都会有剩磁，这些剩磁会带来很多不利的影响，必须进行退磁。

退磁时可采用一个恰好能克服该工件剩磁的反向磁场磁化工件,可以得到一个剩磁强度低于原剩磁的新剩磁,这样多次换向、减弱磁场,达到退磁的目的。

(1)退磁一般要求 规定检测后加热至700℃以上进行热处理的工件,一般可不进行退磁。有些场合,磁粉检测前必须进行退磁。这是因为初始剩磁引起的铁屑吸附、反向磁场或虚假显示可能会限制检测的有效性。在下列情况下工件应进行退磁。

1)当检测需要多次磁化时,如认定上一次磁化将会给下一次磁化带来不良影响。

2)工件的剩磁会对以后的机械加工产生不良影响。

3)工件的剩磁会对测试或计量装置产生不良影响。

4)工件的剩磁会对焊接产生不良影响。

(2)退磁方法 退磁要求采用交变磁场,其强度由大于等于磁化强度的初始场强开始逐渐变小。退磁可分为交流退磁法和直流退磁法两种。

1)交流退磁法是指将需退磁的工件从通电的磁化线圈中缓慢抽出,直至工件离开线圈1m以上时,再切断电源;或将工件放入通电的磁化线圈内,将线圈中的电流逐渐减小至零;或将交流电直接通过工件并逐步将电流减到零。

2)直流退磁法是指将需退磁的工件放入直流电磁场中,不断改变电流方向,并逐渐减小电流至零。当工件采用直流技术磁化时,完全退磁通常很难达到,应采用低频或反向的直流电。

3)大型工件可使用交流电磁轭进行局部退磁,或采用缠绕电缆线圈分段退磁。

(3)剩磁测定 工件的退磁效果一般可用剩磁检查仪或磁场强度计测定,剩磁应不大于0.3mT。

7.6.7 磁粉显示的分类和记录

1. 磁痕的分类和处理

1)磁痕显示分为相关显示、非相关显示和伪显示。

2)长度与宽度之比大于3的缺欠磁痕,按条状磁痕处理;长度与宽度之比不大于3的磁痕,按圆形磁痕处理。

3)长度小于0.5mm的磁痕不计。

4)两条或两条以上缺欠磁痕在同一直线上且间距不大于2mm时,按一条磁痕处理,其长度为两条磁痕之和加间距长度。

5)缺欠磁痕长轴方向与工件(轴类或管类)轴线或母线的夹角大于或等于30°时,按横向缺欠处理,其他按纵向缺欠处理。

2. 缺欠磁痕的观察

1)缺欠磁痕的观察应在磁痕形成后立即进行。

2）非荧光磁粉检测时，缺欠磁痕的评定应在可见光下进行，通常工件被检表面可见光照度应大于或等于1000lx。当采用便携式设备现场检测时，由于条件所限无法满足时，可见光照度可以适当降低，但不得低于500lx。

荧光磁粉检测时，所用黑光灯在工件表面的辐照度大于或等于 $1000\mu W/cm^2$，黑光波长应为 $320\sim400nm$，缺欠磁痕显示的评定应在暗室或暗处进行，暗室或暗处可见光照度应不大于20lx。检测人员进入暗区，至少经过3min的暗室适应后，才能进行荧光磁粉检测。

3）除能确认磁痕是由于工件材料局部磁性不均或操作不当造成之外，其他磁痕显示均应作为缺欠处理。当辨认细小磁痕时，应用2~10倍放大镜进行观察。

4）缺欠磁痕的显示记录可采用照相、录像和可剥性塑料薄膜等方式记录，同时应用草图标示。

7.6.8 磁粉检测质量分级

1. 不允许存在的缺欠

1）不允许存在任何裂纹和白点。

2）含轴类零件的焊接件不允许任何横向缺欠显示。

2. 磁粉检测质量分级

焊接接头的磁粉检测质量分级见表7-80。

表7-80 焊接接头的磁粉检测质量分级

等级	线性缺欠磁痕	圆形缺欠磁痕（评定框尺寸为35mm×100mm）
I	不允许	$d\le1.5mm$，且在评定框内不大于1个
II	不允许	$d\le3.0mm$，且在评定框内不大于2个
III	$L\le3.0mm$	$d\le4.5mm$，且在评定框内不大于4个
IV	大于III级	

注：L表示线性缺欠磁痕长度（单位为mm），d表示圆形缺欠磁痕长径（单位为mm）。

3. 综合评级

在圆形缺欠评定区内同时存在多种缺欠时，应进行综合评级。对各类缺欠分别评定级别，将最低级别作为综合评级的级别；当各类缺欠的级别相同时，则降低一级作为综合评级的级别。

7.6.9 焊接件的磁粉检测

良好的焊接接头是焊接件质量的重要保证。焊接过程中的局部加热过程、焊接冶金过程、焊接材料及工艺等都有可能使焊接接头存在焊接缺陷，焊接缺陷主要有裂纹、未焊透、未熔合、气孔和夹渣等，当这些缺陷存在于焊件表层或近表层时，采用磁粉检测是最有效的方法之一。根据焊接件在不同的工艺阶段可能产生的缺陷，焊接接头的磁粉检测主要对坡口、焊接过程及焊缝质量以及焊接过程中的机械损伤进行检查。

1. 焊接结构生产中各工序缺陷特征和检测范围

（1）坡口磁粉检测　坡口磁粉检测的范围是坡口和钝边部位。坡口可能出现的缺陷有分层和裂纹。分层是轧制缺陷，它平行于钢板表面，一般分布在板厚中心附近。裂纹有两种，一种是分层端部开裂的裂纹，方向大多平行于板面；另一种是火焰切割裂纹。

（2）焊接过程中磁粉检测　焊接过程中的磁粉检测主要应用于多层钢板的包扎焊接或大厚度钢板的多层焊接。

1）层间检测在焊接的中间过程中进行，每焊一层用磁粉检测进行一次检测，检测范围是焊缝金属及临近的坡口，发现缺陷后将其除掉。中间过程检查时，由于工件温度较高，不能采用湿法，应该采用高温磁粉干法进行。磁化电流最好采用半波整流电。

2）碳弧气刨面检测的目的是检查碳弧气刨造成表面增碳导致产生的裂纹。检测范围应包括碳弧气刨面和临近的坡口。

（3）焊缝表面质量磁粉检测　焊缝表面质量检测的目的主要是检测焊接裂纹等焊接缺陷。检测范围应包括焊缝金属及母材热影响区，热影响区的宽度大约为焊缝宽度的一半。因此，要求检测的宽度应为两倍焊缝宽度。

（4）机械损伤部位的检测　焊接结构在组装过程中，往往需要在焊接部件的某些位置焊上临时性的吊耳和夹具，施焊完毕后要割掉，这些部位有可能产生裂纹，需要检测。

2. 检测方法的选择

通常焊接结构的尺寸、重量都较大，无法用固定式设备，而只能用便携式设备分段检测，常用的磁化方法为：触头法、磁轭法和交叉磁轭法。

（1）触头法　触头法是单方向磁化的方法。它的优点是电极间距可以调节，可根据被检测部位情况及灵敏度要求确定电极间距和电流大小。使用触头法时，应注意触头电极位置的放置和间距。焊缝检测触头位置布置如图 7-136 所示。

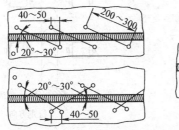
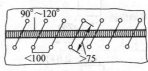

图 7-136　焊缝检测触头位置布置

（2）磁轭法　磁轭法设备简单，操作方便，在焊缝检测中应用较为广泛，但由于磁轭法只能单方向磁化工件，所以为了避免漏检，必须在同一部位至少进行两次相垂直的检测。

每个受检段的覆盖应在 10mm，同时行走速度要均匀，以 2~3m/min 为宜。磁悬液喷洒要在移动方向的前方中间部位，防止冲坏已形成的缺陷磁痕。图 7-137 和图 7-138 所示为角焊缝磁化和管板焊缝磁化。磁极间距 L_1、$L_2 \geqslant 75mm$，两磁轭间距 b_1、$b_2 > 75mm$，$b_1 \leqslant L_1/2$，$b_2 \leqslant L_2/2$。

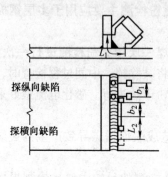

图 7-137　角焊缝磁化

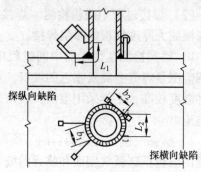

图 7-138　管板焊缝磁化

（3）交叉磁轭法　交叉磁轭法具有灵敏度及检测效率高的优点，采用这种方法对焊缝表面裂纹进行检测可以得到良好的效果。使用交叉磁轭法进行检测时要注意以下问题。

1）磁极端面与工件的间隙不宜过大，防止因间隙磁阻增大影响焊道上的磁通量，一般应控制在 1.5mm 以下。

2）交叉磁轭的行走速度也要适宜。与其他方法不同，使用交叉磁轭时，通常是连续行走检测。

3）磁悬液喷洒是为了避免磁悬液的流动而冲刷掉缺陷上已经形成的磁痕，并使磁粉有足够时间聚集到缺陷处。喷洒磁悬液的原则是：在检测球罐环缝时，磁悬液应喷洒在行走方向的前上方，如图 7-139 所示。在检测球罐纵缝时，磁悬液应喷洒在行走方向的正前方，如图 7-140 所示。

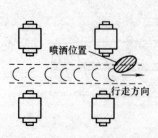

图 7-139　检测球罐环缝磁悬液喷洒位置

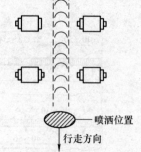

图 7-140　检测球罐纵缝磁悬液喷洒位置

4）在磁轭通过后，应尽快观察磁痕。用交叉磁轭检测时，通常是在交叉磁轭通过检测部位之后尽快观察辨认有无缺陷磁痕，以免磁痕显示被破坏。

3. 检测实例

（1）球形压力容器的检查　球形压力容器是用于储存气体或液体的受压容器，它由多块钢板拼焊而成，按照国家有关部门的规定，新建或使用一定时期的球罐均应进行检查，检查部位为球罐内、外壁所有焊缝。

磁粉检测的主要程序如下：

1）检查前，应将球罐检查部位分区并注上编号，并标注在球罐展开图上。

2）预处理时，将焊缝表面的焊接波纹及热影响区表面上的飞溅物用砂轮打磨平整，不允许有凹凸不平和浮锈。

3）磁化方法采用交叉磁轭旋转磁场法进行磁化。检测时注意磁极端面与工件表面之间应保持一定间隙但不宜过大，以使磁轭能在工件上移动行走又不会产生较大的漏磁场。

4）磁悬液的施加。采用水磁悬液，浓度为 $15g/L$，其他添加剂按规定比例均匀混合。磁悬液在通入磁化电流时同时施加，停施磁悬液至少 1s 后才可停止磁化。

5）对磁痕进行分析、评定，按照相关标准的规定及按照验收技术文件进行记录和发放检测报告。

（2）带摇臂轴的检查　带摇臂轴是飞机上的重要受力件，如图 7-141 所示，材料为 30CrMnSiNi2A，焊接后进行热处理。

磁粉检测的主要程序如下：

1）焊接前，对摇臂和轴分别进行通电法周向磁化和线圈法纵向磁化，合格后再焊接。

2）焊接后，在固定式检测机上进行两次通电法周向磁化，并用湿连续法检测焊缝及热影响区。

3）工件热处理后，在固定式检测机上进行两次通电法周向磁化，并在线圈内进行两次纵向磁化，用湿剩磁法检测焊缝及整个工件表面。

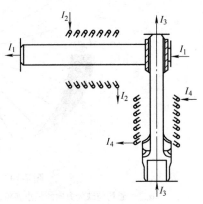

图 7-141　带摇臂轴

4）根据磁痕显示，对焊缝质量进行等级评定。

5）检测合格后，对工件退磁、标志、记录。

（3）坡口检测　利用触头法沿坡口纵长方向磁化，是检查坡口表面与电流方向平行的分层和裂纹最有效的方法，操作方便，检测灵敏度高。检测时，在触头上应垫上铅垫或包上铜编织网，以防打火烧伤工件表面。

（4）碳弧气刨面的检测　检测时，把交叉磁轭跨在碳弧气刨沟槽中间，如图

7-142 所示，沿沟槽方向连续行走；并应根据构件位置采用喷洒或刷涂磁悬液的方法，原则是交叉磁轭通过后不得使磁悬液残留在气刨沟槽内，否则将无法观察磁痕显示。

7.6.10 焊缝的磁粉检测

焊缝的磁粉检测可参照 GB/T 26951—2011《焊缝无损检测 磁粉检测》进行。

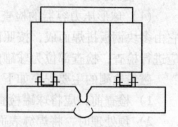

图 7-142 交叉磁轭检验碳弧气刨面

1. 表面状况和准备

被检区域应无氧化皮、全损耗系统用油、油脂、焊接飞溅、机加工刀痕、污物、厚实或松散的油漆和任何能影响检测灵敏度的外来杂物。

必要时，可用砂纸或局部打磨来改善表面状况，以便准确解释显示。

任何清理或表面准备都不应影响磁粉显示的形成。

2. 磁场方向和检测区域

缺欠的可探测性取决于其主轴线相对于磁场方向的夹角。图 7-143 说明了一个磁化的方向。

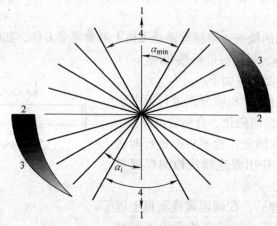

图 7-143 可检测出的缺欠方向

α_{min}—磁场与缺欠方向的最小夹角，$\alpha_{min} = 30°$　α_i—磁场与缺欠方向的一个夹角示例

1—磁场方向　2—最佳灵敏度　3—灵敏度降低　4—灵敏度不足

为确保检测出所有方位上的缺欠，焊缝应在最大偏差角为 30° 的两个近似互相垂直的方向上进行磁化。使用一种或多种磁化能实现这一要求。

当使用磁轭或触头时，由于超强的磁场强度，在靠近每个极头或尖部的工件部位存在不可检测区，应确保如图 7-144 和图 7-145 所示的检测区域的足够覆盖（或重叠）。

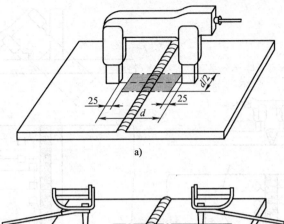

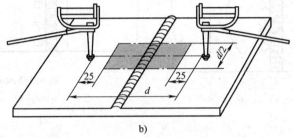

图 7-144　磁轭和触头磁化的有效检测区域（阴影）示例

a）磁轭磁化　b）触头磁化

d—磁轭或触头的间距

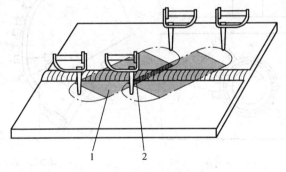

图 7-145　有效区域的重叠

1—有效区域　2—重叠

3. 典型的磁粉检测技术

常用焊接接头形式的磁粉检测技术如图 7-146 ~ 图 7-148 所示。检测其他焊缝结构时，宜使用相同的磁化方向及磁场覆盖。极间距 d 应大于或等于焊缝及热影响区再加上 50mm 的宽度，且在任何情况下，焊缝及热影响区应处于有效区域内。应规定相对于焊缝方位的磁化方向。

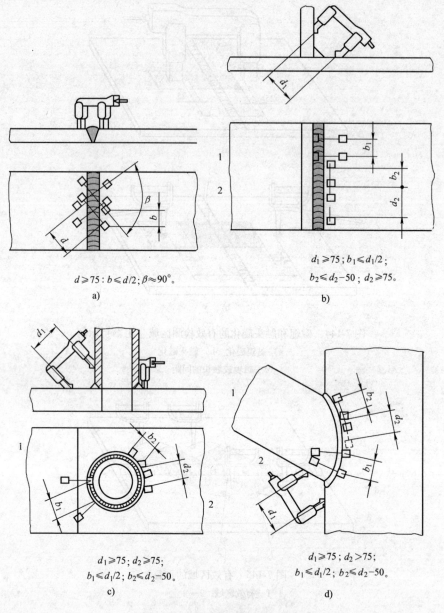

$d \geqslant 75 : b \leqslant d/2 ; \beta \approx 90°。$

a)

$d_1 \geqslant 75 ; b_1 \leqslant d_1/2 ;$
$b_2 \leqslant d_2-50 ; d_2 \geqslant 75。$

b)

$d_1 \geqslant 75 ; d_2 \geqslant 75 ;$
$b_1 \leqslant d_1/2 ; b_2 \leqslant d_2-50。$

c)

$d_1 \geqslant 75 ; d_2 > 75 ;$
$b_1 \leqslant d_1/2 ; b_2 \leqslant d_2-50。$

d)

图 7-146　磁轭的典型磁化技术
a) Ⅰ类　b) Ⅱ类　c) Ⅲ类　d) Ⅳ类
1—纵向裂纹　2—横向裂纹

4. 综合性能测试

1) 工件做好检测准备后，在磁化前和磁化的同时立即通过喷、浇或洒施加检测介质。随之，磁化时间应使得显示在磁场移离前形成。

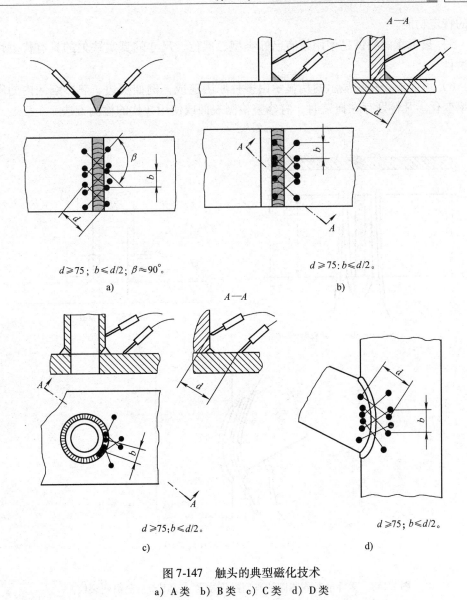

图 7-147　触头的典型磁化技术

a) A类　b) B类　c) C类　d) D类

2) 用磁悬液时, 应在工件上保持磁场直至大多数磁悬液从工件表面流走。这样可防止显示被冲走。

3) 视被检材料及其表面状态和磁导率, 即使磁场移离, 由于工件的剩磁, 显示通常仍将保留在表面上。不能擅自推测剩磁的存在, 仅在保留显示的工件的综合性能测试已经被证实, 才允许采用移离初始磁场源后的评定技术。

4) 有规定时, 应在现场对每个工艺规程的系统灵敏度进行综合性能测试。性能测试用于确保包括设备、磁场强度和方向、表面特性、检测介质和照明等系列参数的特定功能。

5）最可靠的测试是使用带有已知类型、部位、尺寸的真实缺欠的具有代表性的试件。

6）可能掩盖相关显示的伪显示由多种原因造成，例如咬边、热影响区内的磁导率变化。凡怀疑存在掩盖时，宜修整检测表面或使用替代的检测方法。

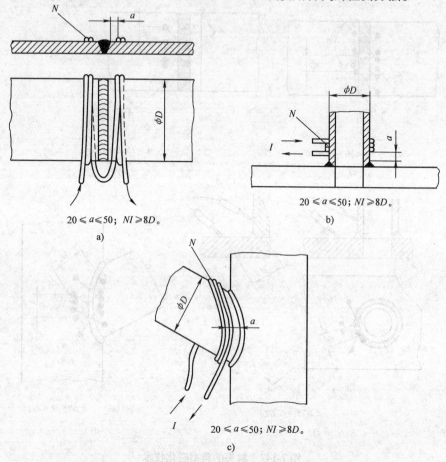

图 7-148　柔性电缆或线圈的典型磁化技术（适用于检测纵向裂纹）

a）X 类　b）Y 类　c）Z 类

N—匝数　I—电流（有效值）　a—焊缝与线圈或电缆之间的距离

7.7　渗透检测

7.7.1　渗透检测基本原理

渗透检测的基本原理是在被检材料或工件表面上浸涂某些渗透力比较强的液

体，利用液体对微细空隙的渗透作用，将液体渗入孔隙中，然后用水和清洗液清洗工件表面的剩余渗透液，保留渗透到表面缺欠中的渗透液，最后再用显示材料喷涂在被检工件表面，经毛细管作用，将孔隙中的渗透液吸出来并加以显示。因此，渗透检测应用范围广，可用于多种材料的表面检测，而且基本上不受工件几何形状和尺寸大小的限制，缺欠的显示不受缺欠的方向限制，一次检测可同时探测不同方向的表面缺欠。

7.7.2　渗透检测材料

渗透检测材料是根据被检材料或工件及其表面条件，以及所实施检测的条件等情况进行配制或选择的。渗透检测的材料（包括渗透剂、去除剂、显像剂）不应对被检材料或工件产生有害的影响。

渗透剂一般有荧光渗透剂、着色渗透剂、两用（荧光/着色）渗透剂、特殊用途渗透剂等类型。去除剂一般有水、亲油性或亲水性乳化剂、液体状溶剂等类型。显像剂一般有干粉显像剂、水溶解显像剂、水悬浮显像剂、溶剂悬浮显像剂等类型。

渗透系统按检测方法不同分为荧光渗透检测、着色渗透检测、两用（荧光/着色）渗透检测；按渗透剂的类型不同分为水洗型、后乳化型、溶剂去除型。

7.7.3　渗透检测方法

渗透检测方法的选用，首先应满足检测缺欠类型和灵敏度的要求。在此基础上，可根据被检测工件的表面粗糙度、检测批量大小、检测现场的水源和电源等条件来决定。

对于表面光洁且检测灵敏度要求高的工件，宜采用后乳化型着色法或后乳化型荧光法，也可采用溶剂去除型荧光法；对于表面粗糙且检测灵敏度要求低的工件，宜采用水洗型着色法或水洗型荧光法；对现场无水源、电源的检测，宜采用溶剂去除型着色法；对于批量大的工件，宜采用水洗型着色法或水洗型荧光法；对于大工件的局部检测，宜采用溶剂去除型着色法或溶剂去除型荧光法。

渗透检测方法的选择见表 7-81。

表 7-81　渗透检测方法的选择

对象或条件		渗透剂	显示剂
要检测的缺欠	浅而宽的缺欠，细微缺欠	FB	S
	深度为 30 及 30μm 以上的缺欠	FA(VA)、FC(VC)	W、S、D
	靠近或聚集缺欠以及观察缺欠表面形状	FA、FB	D
被检工件	批量连续检测	FA、FB	W、D
	不定期检测及局部检测	FC、VC	S

（续）

	对象或条件	渗透剂	显示剂
工件的表面状态	表面粗糙的铸、锻件	FA、VA	D、W、N
	中等粗糙的精铸件	FA、FB	D
	车削加工表面	FA(VA)、FB、VC	S、D、W
	磨削加工表面	FB、VC	S
	螺纹、键槽等拐角处	FA、VA	D
	焊缝及其他缓慢起伏的凹凸面	FA、VA、FC、VC	D、S
设备条件	有场地、水、电、气、暗室	FA、FB	D、W
	无水、电、现场检测	VC	S
其他	要求重复检测（最多5~6次）	VC、FB	S、D
	泄漏检测	FA、FB	N、D、S

7.7.4 渗透检测时机

焊接接头的渗透检测应在焊接完工后或焊接工序完成后进行。对有延迟裂纹倾向的材料，应在焊接完成至少24h后进行焊接接头的渗透检测。

7.7.5 渗透检测条件

1. 材料的相容性

各种渗透检测材料应与被检材料相容，还要考虑长期腐蚀等问题。渗透检测材料要远离燃料、润滑油、水压液体等污染物，因此要特别注意检测后的清洗操作。

2. 预清洗和表面准备

清洗材料及其工序与渗透检测材料以及被检材料等都应相容。为了去除防护性的涂层，宜采用化学方法进行处理，以避免装饰物进入到表面的不连续处中。表面的不连续处应清洗，使其没有污染物。表面的整洁和粗糙情况应符合规定要求。

3. 清除油污

施加渗透剂前，被检表面应进行油污清除，并且所用的除油剂不存在不相容现象。清除油污后，应作短时检测，以确认温度与相关规定是否一致，然后再施加渗透液。

4. 干燥

被检表面经清洗后，必须彻底地干燥，以免水或溶剂滞留而阻碍渗透剂的渗入。为减少干燥时间，可缓慢地在其上面局部区域加热，如用暖空气吹的方法等。

7.7.6 渗透检测工艺流程

一般的检测工艺流程是：施加渗透剂→施加乳化剂→去除多余渗透剂→干燥→

施加显像剂→检测观察，如图 7-149 所示。

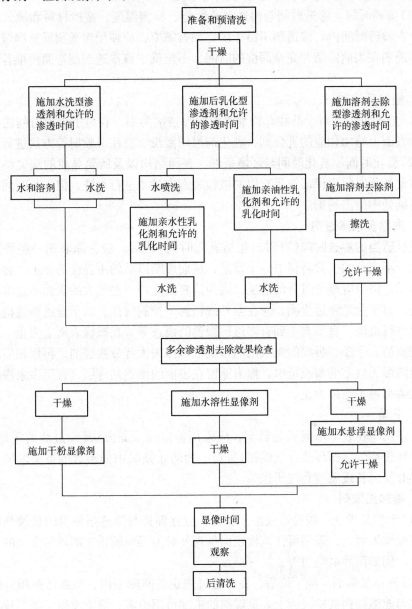

图 7-149　渗透检测工艺流程

1. 施加渗透剂

（1）施加温度　被检表面和渗透检测材料的温度不应超过所使用的这组材料说明书中所标明的范围。

（2）施加方法　渗透剂应彻底并均匀地润湿被检表面，可以用刷、喷雾或用静电喷射、浇注、浸没等方法进行施加。

(3)渗透时间　渗透时间与渗透剂的性能、检测温度、被检材料和缺欠特性等有关。在渗透时间内，渗透剂不需干燥，如有需要，应使用渗透剂反复润湿被检表面。渗透剂在表面停留并完全润湿的时间，不应低于该渗透剂制造商所推荐的渗透时间。

2. 施加乳化剂

(1)施加方法　对于某些有特别要求的渗透剂类型，在过了渗透时间之后，应在被检表面上施加相应的乳化剂，乳化剂可用浸没、浇注或喷射等方法进行施加。

(2)乳化时间　乳化时间与环境条件、表面结构以及所要寻找的缺欠类型等有关。通常乳化时间应保证充足，以便被检表面有效地进行水洗，但太长时间会乳化掉不连续处中的渗透剂。

3. 去除多余渗透剂

经过适当的渗透时间(有时也包括乳化时间)之后，应去除表面一层渗透剂和乳化剂。不充分的去除将留下一个背景，从而影响以后的不连续的显示，容易产生错误显示。但也应避免过分的清洗，因为这将去除掉一些较大的表面不连续处中的渗透剂。对于荧光渗透检测，应在紫外线辐射下控制清洗。对于着色渗透检测，应持续地进行清洗，直至看不到有渗透剂颜色的痕迹滞留在被检表面上为止。

用清洁、干燥、吸湿的无绒毛的布或纸巾擦去大部分渗透剂，再用相应的溶剂略微地沾湿无绒毛的布或纸巾，擦去滞留在表面的渗透剂薄层，直至多余渗透剂的滞留痕迹都被去除掉为止。

4. 干燥

若使用干粉或非水湿式显像剂，应采用特定的干燥方法(经过滤的压缩空气、强制循环暖空气、循环热空气烘箱)进行。为防止缺欠中的渗透剂被蒸发掉，应避免干燥时间过长或温度和气压过高。

5. 施加显像剂

(1)干粉显像剂　被检表面经干燥后，应立即把与渗透剂相容的显像剂均匀地施加到被检表面上，采用可使被检表面呈现外观为无成团粉末的均匀薄层的方法进行施加，例如用静电喷射等。

(2)液体显像剂　经干燥后，在不超过规定的间隔期内，与渗透剂相容的显像剂应均匀地施加到被检表面上。显像剂的施加可用喷雾、静电喷射、飘浮技术或浸没等方法。使用前，应剧烈地摇动液体显像剂，以确保载液中的固体粉末均匀分散，避免液体显像剂形成淤积和厚层，否则可能会掩盖显示。

6. 检测观察

(1)检测条件　当使用荧光渗透剂时，检测室或现场应布置得较暗，可以用一盏亮度较暗的灯照明。被检表面的检测应在 320 ~ 400nm 波长之间的紫外线辐射下进行。检测之前，应确认紫外线灯能得到极其明亮的荧光。检测前，至少应有

5min 时间让眼睛适应变化的光线环境。检测时被检表面上的紫外线辐射强度不应低于 GB/T 5097—2005 中的要求。

当使用着色渗透剂时，检测现场要使用照度不低于 500lx 的日光或灯光进行照明，以便能够准确地评定被检表面所呈现出来的显示。

（2）观察 显像时间过了之后，一般使用由钠玻璃透镜制成的放大和反差眼镜检测被检表面。它使荧光渗透剂产生一个增强反差，还可遮挡对人不利的紫外线或蓝色光线，特别适用于检测具有高反射率表面的工件。

如果有背景不利于显示的解释，该被检表面应全部重新检测。有显示的位置应作标记，对有关的缺欠应按约定的验收等级进行评定。

7.7.7 渗透显示的分类和记录

1. 渗透显示的分类

显示分为相关显示、非相关显示和虚假显示，非相关显示和虚假显示不必记录和评定。

2. 渗透显示的记录

小于 0.5mm 的显示不计，除确认显示是由外界因素或操作不当造成之外，其他任何显示均应作为缺欠处理。缺欠显示在长轴方向与工件轴线或母线的夹角大于或等于 30°时，按横向缺欠处理，其他按纵向缺欠处理。长度与宽度之比大于 3 的缺欠显示，按线性缺欠处理，长度与宽度之比小于或等于 3 的缺欠显示，按圆形缺欠处理。两条或两条以上缺欠线性显示在同一条直线上，且间距不大于 2mm 时，按一条缺欠显示处理，其长度为两条缺欠显示之和加间距。

7.7.8 渗透检测质量评定分级

质量评定分级时，不允许有任何裂纹和白点，含轴类焊接件不允许有任何横向缺欠显示。根据焊接缺欠渗透检测迹痕的类型、长度、间距以及缺欠性质，可将焊缝分为 Ⅰ、Ⅱ、Ⅲ、Ⅳ 四个等级。

焊接接头和坡口的质量分级按表 7-82 进行。其他部件的质量分级见表 7-83。

表 7-82 焊接接头和坡口的质量分级

等级	线性缺欠	圆形缺欠（评定框尺寸 35mm × 100mm）
Ⅰ	不允许	$d \leq 1.5$mm，且在评定框内少于或等于 1 个
Ⅱ	不允许	$d \leq 4.5$mm，且在评定框内少于或等于 4 个
Ⅲ	$L \leq 4$mm	$d \leq 8$mm，且在评定框内少于或等于 6 个
Ⅳ		大于Ⅲ级

注：L 为线性缺欠长度（单位为 mm）；d 为圆形缺欠在任何方向上的最大尺寸（单位为 mm）。

表 7-83 其他部件的质量分级

等级	线性缺欠	圆形缺欠(评定框尺寸 2500mm², 其中一条矩形边的最大长度为 150mm)
Ⅰ	不允许	$d \leqslant 1.5$mm, 且在评定框内少于或等于 1 个
Ⅱ	$L \leqslant 4$mm	$d \leqslant 4.5$mm, 且在评定框内少于或等于 4 个
Ⅲ	$L \leqslant 8$mm	$d \leqslant 8$mm, 且在评定框内少于或等于 6 个
Ⅳ	大于Ⅲ级	

注:L 为线性缺欠长度(单位为 mm);d 为圆形缺欠在任何方向上的最大尺寸(单位为 mm)。

附　　录

附录 A　金属熔焊接头缺欠的代号、分类及说明
（GB/T 6417.1—2005）

代号	名称及说明	示　意　图
	第 1 类　裂纹	
100	**裂纹** 一种在固态下由局部断裂产生的缺欠，它可能源于冷却或应力效果	
1001	**微观裂纹** 在显微镜下才能观察到的裂纹	
101 1011 1012 1013 1014	**纵向裂纹** 基本与焊缝轴线相平行的裂纹。它可能位于 ——焊缝金属 ——熔合线 ——热影响区 ——母材	
102 1021 1023 1024	**横向裂纹** 基本与焊缝轴线相垂直的裂纹。它可能位于 ——焊缝金属 ——热影响区 ——母材	
103 1031 1033 1034	**放射状裂纹** 具有某一公共点的放射状裂纹。它可能位于 ——焊缝金属 ——热影响区 ——母材 注：这种类型的小裂纹被称为"星形裂纹"	

（续）

代号	名称及说明	示 意 图
104 1045 1046 1047	弧坑裂纹 在焊缝弧坑处的裂纹，可能是 ——纵向的 ——横向的 ——放射状的（星形裂纹）	
105 1051 1053 1054	间断裂纹群 一群在任意方向间断分布的裂纹，可能位于 ——焊缝金属 ——热影响区 ——母材	
106 1061 1063 1064	枝状裂纹 源于同一裂纹并连在一起的裂纹群，它和间断裂纹群（105）及放射状裂纹（103）明显不同。枝状裂纹可能位于 ——焊缝金属 ——热影响区 ——母材	
	第2类 孔穴	
200	孔穴	
201	气孔 残留气体形成的孔穴	
2011	球形气孔 近似球形的孔穴	
2012	均布气孔 均匀分布在整个焊缝金属中的一些气孔；有别于链状气孔（2014）和局部密集气孔（2013）	

（续）

代号	名称及说明	示　意　图
2013	局部密集气孔 呈任意几何分布的一群气孔	
2014	链状气孔 与焊缝轴线平行的一串气孔	
2015	条形气孔 长度与焊缝轴线平行的非球形长气孔	
2016	虫形气孔 因气体逸出而在焊缝金属中产生的一种管状气孔穴。其形状和位置由凝固方式和气体的来源所决定。通常这种气孔成串聚集并呈鲱骨形状。有些虫形气孔可能暴露在焊缝表面上	
2017	表面气孔 暴露在焊缝表面的气孔	
202	缩孔 由于凝固时收缩造成的孔穴	
2021	结晶缩孔 冷却过程中在树枝晶之间形成的长形收缩孔，可能残留有气体。这种缺欠通常可在焊缝表面的垂直处发现	

（续）

代号	名称及说明	示 意 图
2024	弧坑缩孔 焊道末端的凹陷孔穴，未被后续焊道消除	
2025	末端弧坑缩孔 减少焊缝横截面的外露缩孔	
203	微型缩孔 仅在显微镜下可以观察到的缩孔	
2031	微型结晶缩孔 冷却过程中沿晶界在树枝晶之间形成的长形缩孔	
2032	微型穿晶缩孔 凝固时穿过晶界形成的长形缩孔	
	第 3 类　固体夹杂	
300	固体夹杂 在焊缝金属中残留的固体杂物	
301 3011 3012 3014	夹渣 残留在焊缝金属中的熔渣。根据其形成的情况，这些夹渣可能是 ——线状的 ——孤立的 ——成簇的	
302 3021 3022 3024	焊剂夹渣 残留在焊缝金属中的焊剂渣。根据其形成的情况，这些夹渣可能是 ——线状的 ——孤立的 ——成簇的	参见 3011 ~ 3014

（续）

代号	名称及说明	示　意　图
303 3031 3032 3033	氧化物夹杂 　凝固时残留在焊缝金属中的金属氧化物。这种夹杂可能是 　　——线状的 　　——孤立的 　　——成簇的	参见 3011～3014
3034	皱褶 　在某些情况下，特别是铝合金焊接时，因焊接熔池保护不善和紊流的双重影响而产生大量的氧化膜	
304 3041 3042 3043	金属夹杂 　残留在焊缝金属中的外来金属颗粒。其可能是 　　——钨 　　——铜 　　——其他金属	

第 4 类　未熔合及未焊透

| 401

4011
4012
4013 | 未熔合
　焊缝金属和母材或焊缝金属各焊层之间未结合的部分，可能是如下某种形式
　　——侧壁未熔合
　　——焊道间未熔合
　　——根部未熔合 |
4011
4012
4012
4012
4013
4013 |

（续）

代号	名称及说明	示　意　图
402	未焊透 实际熔深与公称熔深之间的差异	 a—实际熔深　b—公称熔深
4021	根部未焊透 根部的一个或两个熔合面未熔化	
403	钉尖 电子束或激光焊接时产生的极不均匀的熔透，呈锯齿状。这种缺欠可能包括孔穴、裂纹、缩孔等	
第 5 类　形状和尺寸不良		
500	形状不良 焊缝的外表面形状或接头的几何形状不良	

（续）

代号	名称及说明	示　意　图
501	咬边 母材（或前一道熔敷金属）在焊趾处因焊接而产生的不规则缺口	
5011	连续咬边 具有一定长度，且无间断的咬边	
5012	间断咬边 沿着焊缝间断、长度较短的咬边	
5013	缩沟 在根部焊道的每侧都可观察到的沟槽	
5014	焊道间咬边 焊道之间纵向的咬边	
5015	局部交错咬边 在焊道侧边或表面上，呈不规则间断的、长度较短的咬边	
502	焊缝超高 对接焊缝表面上焊缝金属过高	 a—公称尺寸

（续）

代号	名称及说明	示 意 图
503	凸度过大 角焊缝表面上焊缝金属过高	 a—公称尺寸
504 5041 5042 5043	下塌 过多的焊缝金属伸出到了焊缝的根部。下塌可能是 ——局部下塌 ——连续下塌 ——熔穿	
505	焊缝形面不良 母材金属表面与靠近焊趾处焊缝表面的切面之间的夹角 α 过小	 a—公称尺寸
506 5061 5062	焊瘤 覆盖在母材金属表面，但未与其熔合的过多焊缝金属。焊瘤可能是 ——焊趾焊瘤，在焊趾处的焊瘤 ——根部焊瘤，在焊缝根部的焊瘤	
507 5071 5072	错边 两个焊件表面应平行对齐时，未达到规定的平行对齐要求而产生的偏差。错边可能是 ——板材的错边，焊件为板材 ——管材错边，焊件为管子	

（续）

代号	名称及说明	示　意　图
508	角度偏差 两个焊件未平行（或未按规定角度对齐）而产生的偏差	
509 5091 5092 5093 5094	下垂 由于重力而导致焊缝金属塌落。下垂可能是 ——水平下垂 ——在平面位置或过热位置下垂 ——角焊缝下垂 ——焊缝边缘熔化下垂	
510	烧穿 焊接熔池塌落导致焊缝内的孔洞	
511	未焊满 因焊接填充金属堆敷不充分，在焊缝表面产生纵向连续或间断的沟槽	
512	焊脚不对称 勿需说明	 a—正常形状　b—实际形状
513	焊缝宽度不齐 焊缝宽度变化过大	
514	表面不规则 表面粗糙过度	
515	根部收缩 由于对接焊缝根部收缩产生的浅沟槽（也可参见5013）	

（续）

代号	名称及说明	示意图
516	根部气孔 在凝固瞬间焊缝金属析出气体而在焊缝根部形成的多孔状孔穴	
517 5171 5172	焊缝接头不良 焊缝再引弧处局部表面不规则。它可能发生在 ——盖面焊道 ——打底焊道	
520	变形过大 由于焊接收缩和变形导致尺寸偏差超标	
521	焊缝尺寸不正确 与预先规定的焊缝尺寸产生偏差	
5211	焊缝厚度过大 焊缝厚度超过规定尺寸	
5212	焊缝宽度过大 焊缝宽度超过规定尺寸	*a*—公称厚度　*b*—公称宽度
5213	焊缝有效厚度不足 角焊缝的实际有效厚度过小	 *a*—公称厚度　*b*—实际厚度
5214	焊缝有效厚度过大 角焊缝的实际有效厚度过大	 *a*—公称厚度　*b*—实际厚度

（续）

代号	名称及说明	示　意　图
	第6类　其他缺欠	
600	其他缺欠 从第1类~第5类未包含的所有其他缺欠	
601	电弧擦伤 由于在坡口外引弧或起弧而造成焊缝邻近母材表面处局部损伤	
602	飞溅 焊接（或焊缝金属凝固）时，焊缝金属或填充材料崩溅出的颗粒	
6021	钨飞溅 从钨电极过渡到母材表面或凝固焊缝金属的钨颗粒	
603	表面撕裂 拆除临时焊接附件时造成的表面损坏	
604	磨痕 研磨造成的局部损坏	
605	凿痕 使用扁铲或其他工具造成的局部损坏	
606	打磨过量 过度打磨造成工件厚度不足	
607 6071 6072	定位焊缺欠 定位焊不当造成的缺欠，如 ——焊道破裂或未熔合 ——定位未达到要求就施焊	
608	双面焊道错开 在接头两面施焊的焊道中心线错开	

（续）

代号	名称及说明	示　意　图
610	回火色（可观察到氧化膜） 在不锈钢焊接区产生的轻微氧化表面	
613	表面鳞片 焊接区严重的氧化表面	
614	焊剂残留物 焊剂残留物未从表面完全消除	
615	残渣 残渣未从焊缝表面完全消除	
617	角焊缝的根部间隙不良 被焊工件之间的间隙过大或不足	
618	膨胀 凝固阶段保温时间加长使轻金属接头发热而造成的缺欠	

附录 B　金属压焊接头缺欠的代号、分类及说明
（GB/T 6417.2—2005）

代号	名称及说明	示　意　图
	第 1 类　裂纹	
P100	裂纹 一种在固态下由局部断裂产生的缺欠，通常源于冷却或应力	
P1001	微观裂纹 在显微镜下才能观察到的裂纹	

（续）

代号	名称及说明	示　意　图
P101 P1011 P1013 P1014	纵向裂纹 基本与焊缝轴线相平行的裂纹。它可能位于 ——焊缝 ——热影响区 ——未受影响的母材	HAZ P1014　P1011 P1013
P102 P1021 P1023 P1024	横向裂纹 基本与焊缝轴线相垂直的裂纹。它可能位于 ——焊缝 ——热影响区 ——未受影响的母材	P1024 P1023　P1021
P1100	星形裂纹 从某一公共中心点辐射的多个裂纹，通常位于熔核内	P1100
P1200	熔核边缘裂纹 通常呈逗号形状并延伸至热影响区内	P1200
P1300	结合面裂纹 通常指向熔核边缘的裂纹	P1300
P1400	热影响区裂纹	P1400

（续）

代号	名称及说明	示 意 图
P1500	（未受影响的）母材裂纹	
P1600	表面裂纹 在焊缝区表面裂开的裂纹	
P1700	"钩状"裂纹 飞边区域内的裂纹，通常始于夹杂物	

第 2 类 　孔穴

代号	名称及说明	示 意 图
P200	孔穴	
P201	气孔 熔核、焊缝或热影响区残留气体形成的孔穴	
P2011	球形气孔 近似球形的孔穴	
P2012	均布气孔 均匀分布在整个焊缝金属中的一些气孔	
P2013	局部密集气孔 均匀分布的一群气孔	

（续）

代号	名称及说明	示 意 图
P2016	**虫形气孔** 因气体逸出而在焊缝金属中产生的一种管状气孔穴。通常这种气孔成串聚集并呈鲱骨形状	
P202	**缩孔** 凝固时在焊缝金属中产生的孔穴	
P203	**锻孔** 在结合面上环口未封闭形成的孔穴；主要是由于收缩的原因	
	第3类 固体夹杂	
P300	**固体夹杂** 在焊缝金属中残留的固体外来物	
P301	**夹渣** 残留在焊缝中的非金属夹杂物（孤立的或成簇的）	
P303	**氧化物夹杂** 焊缝中细小的金属氧化物夹杂（孤立的或成簇的）	
P304	**金属夹杂** 卷入焊缝金属中的外来金属颗粒	

（续）

代号	名称及说明	示　意　图
P306	铸造金属夹杂 残留在接头中的固体金属，包括杂质	P306
第 4 类　未熔合		
P400	未熔合 接头未完全熔合	
P401	未焊上 贴合面未连接上	
P403	熔合不足 贴合面仅部分连接或连接不足	P403
P404	箔片未焊合 工件和箔片之间熔合不足	P404
第 5 类　形状和尺寸不良		
P500	形状缺欠 与要求的接头形状有偏差	
P501	咬边 焊接在表面形成的沟槽	P501
P502	飞边超限 飞边超过了规定值	P502
P503	组对不良 在压平缝焊时因组对不良而使焊缝 处的厚度超标	P503

（续）

代号	名称及说明	示 意 图
P507	错边 两个焊件表面应平行时，未达到平行要求而产生的偏差	
P508	角度偏差 两个焊件未平行（或未按规定角度对齐）而产生的偏差	
P520	变形 焊接工件偏离了要求的尺寸和形状	
P521	熔核或焊缝尺寸缺欠 熔核或焊缝尺寸偏离要求的限值	
P5211	熔核或飞边厚度不足 熔核熔深或焊接飞边太小	
P5212	熔核厚度过大 熔核比要求的限值大	
P5213	熔核直径太小 熔核直径小于要求的限值	
P5214	熔核直径太大 熔核直径大于要求的限值	

（续）

代号	名称及说明	示 意 图
P5215	熔核或焊缝飞边不对称 熔核或飞边量的形状和/或位置不对称	
P5216	熔核熔深不足 从被焊工件的连接面测得的熔深不足	
P522	单面烧穿 熔化金属飞进导致在焊点处的盲点	
P523	熔核或焊缝烧穿 熔化金属飞进导致在焊点处的完全穿透的孔	
P524	热影响区过大 热影响区大于要求的范围	
P525	薄板间隙过大 焊件之间的间隙大于允许的上限值	
P526	表面缺欠 工件表面在焊后状态呈现不合要求的偏差	
P5261	凹坑 在电极实压区焊件表面的局部塌坑	
P5263	粘附电极材料 电极材料粘附在焊件表面	

（续）

代号	名称及说明	示　意　图
P5264	电极压痕不良 电极压痕尺寸偏离规定要求	
P52641	压痕过大 压痕直径或宽度大于规定值	
P52642	压痕深度过大 压痕深度超过规定值	
P52643	压痕不均匀 压痕深度和/或直径或宽度不规则	
P5265	箔片表面熔化	
P5266	夹具导致的局部熔化 工件表面导电接触区熔化	
P5267	夹痕 夹具导致工件表面的机械损伤	
P5268	涂层损坏	
P527	熔核不连续 焊点未充分搭接形成连续的缝焊缝	P527
P528	焊缝错位	要求的位置 P528
P529	箔片错位 两侧箔片相互错开	P529
P530	弯曲接头（"钟形"） 焊管在焊缝区产生变形	P530
第6类　其他缺欠		
P600	其他缺欠 所有上述5类未包含的缺欠	

（续）

代号	名称及说明	示意图
P602	飞溅 附着在被焊工件表面的金属颗粒	
P6011	回火色（可观察到氧化膜） 点焊或缝焊区域的氧化表面	
P612	材料挤出物（焊接喷溅） 从焊接区域挤出的熔化金属（包括飞溅或焊接喷溅）	P612

附录 C　金属钎焊接头缺欠的代号、分类及说明
［ISO 18279：2003（E）］

标记	描述	注　释	示　意　图
I 裂纹			
1AAAA①		材料的有限分离，主要是二维扩展。裂纹可以是纵向的或横向的。	1AAAB　　1AAAD　1AAAE 1AAAC
	裂纹	它存在于下列的一个或多个	
1AAAB①		在钎缝金属	
1AAAC①		在界面和扩散区	
1AAAD①		在热影响区	
1AAAE①		在未受影响的母材区	
II 气孔			
2AAAA	空穴		
2BAAA	气穴	充气的空穴	2BAAA
2BGAA		球状气孔夹杂 它可以下列形式发生	
2BGGA	气孔	均匀分布的气孔	
2BGMA		局部（群集）气孔	
2BGHA		线条状气孔	

（续）

标记	描述	注 释	示 意 图
2LIAA	大气窝	大气孔可以是狭长形接头的宽度	
2BALF[②]	表面气孔	切断表面的气孔	
2MGAF[②]	表面气泡	近表面气孔引起膨胀	
4JAAA	填充缺欠	填充缝隙不完全	4JAAA
4CAAA	未焊透	钎焊金属未能流过要求的接头长度	箭头指示的是流过接头的方向
Ⅲ固体夹杂物			
3AAAA 3DAAA 3FAAA 3CAAA	固体夹杂	钎焊金属中的外部金属或非金属颗粒大体可分成 氧化物夹杂 金属夹杂 钎剂夹杂	3AAAA
Ⅳ熔合缺欠			
4BAAA	熔合缺欠	钎缝金属与母材之间未熔合或未足够熔合	
Ⅴ缺欠的性状和尺寸			
6BAAA	钎焊金属过多	钎焊金属溢出到母材表面，以焊珠或致密层的形式凝固	6BAAA

（续）

标记	描述	注　释	示　意　图
5AAAA	形状缺欠	与钎焊接头规定形状的偏差	
5EIAA	线性偏差（线性偏移）	试件是平行的，但有偏移	
5EJAA	角偏差	试件与预期值偏离了一个角度	
5BAAA	变形	在钎焊装配形状中不希望的改变	
5FABA	局部熔化（或熔穿）	钎焊接头处或相邻位置出现熔孔	
7NABD	母材表面熔化	接头区域钎焊装配件表面的熔化	
7OABP	填充金属溶蚀	钎焊装配件表面的溶蚀破坏	
6GAAA	凹形钎焊金属（凹形钎角）	钎焊接头处的钎焊金属表面低于要求的尺寸 钎焊金属表面已经凹陷，低于母材表面	
5HAAA	粗糙表面	不规则的凝固、熔析等	
6FAAA	钎角不足	钎角形状低于额定尺寸	
5GAAA	钎角不规则	出现多样钎角	

（续）

标记	描述	注　释	示　意　图
Ⅵ其他缺欠			
7AAAA	其他缺欠	不能归类到本表Ⅰ组～Ⅴ组类的缺欠	
4VAAA	钎剂渗漏	在表面气孔中出现的钎剂残余物	
7CAAA	飞溅	钎焊金属熔滴粘附在钎焊装配件的表面上	
7SAAA	变色/氧化	挥发性钎料或母材表面的氧化/钎剂作用/沉积	
7UAAC	母材和填充材料过合金化	与过热、超时和/或填充金属有关	
9FAAA	钎剂残余物	未能去除的钎剂	
7QAAA	过多钎焊金属流动	过多的钎焊金属流动	
9KAAA	蚀刻	钎剂在母材表面的反应	

① 对于晶间裂纹，将第二个符号"A"改为"F"。

② 这些缺欠经常一起出现。

参 考 文 献

[1] 龙伟民，刘胜新. 材料力学性能测试手册 [M]. 北京：机械工业出版社，2014.

[2] 陈永，刘仲毅. 实用无损检测手册 [M]. 北京：机械工业出版社，2015.

[3] 刘鹏. 焊接质量检验及缺陷分析实例 [M]. 北京：化学工业出版社，2015.

[4] 张应立，周玉华. 焊接试验与检验实用手册 [M]. 北京：中国石化出版社，2012.

[5] 罗茗华. 焊接检测技术 [M]. 北京：中国劳动社会保障出版社，2011.

[6] 李荣雪. 焊接检验 [M]. 北京：机械工业出版社，2011.

[7] 中国机械工程学会焊接学会. 焊接手册：第3卷 [M]. 3版. 北京：机械工业出版社，2008.

[8] 张佩良，张信林. 电力焊接技术管理 [M]. 北京：中国电力出版社，2006.

[9] 王国凡，张元彬，罗辉，等. 钢结构焊接制造 [M]. 北京：化学工业出版社，2004.

[10] 张建勋. 现代焊接生产与管理 [M]. 北京：机械工业出版社，2005.

[11] 邵泽波. 无损检测技术 [M]. 北京：化学工业出版社，2003.

[12] 李家伟. 无损检测手册 [M]. 北京：机械工业出版社，2002.

[13] 李亚江，刘强，王娟. 焊接质量控制与检验 [M]. 北京：化学工业出版社，2006.

[14] 赵熹华. 焊接检验 [M]. 北京：机械工业出版社，2006.

[15] 陈伯蠡. 焊接工程缺欠分析与对策 [M]. 北京：机械工业出版社，2006.

[16] 李亚江. 焊接组织性能与质量控制 [M]. 北京：化学工业出版社，2005.

[17] 陈祝年. 焊接工程师手册 [M]. 北京：机械工业出版社，2002.

[18] 李绍成. 焊接技术及质量检验 [M]. 南京：东南大学出版社，2001.

[19] 徐卫东. 焊接检验与质量管理 [M]. 北京：机械工业出版社，2008.

[20] 王蓬，王海舟. 金属中氢的分析技术进展 [J]. 冶金分析，2007，27 (3)：37-44.

[21] 薛洲，周瑾，叶力，等. 国内外标准中压力容器水压试验要求对比分析 [J]. 石油化工设备，2006，35 (6)：45-48.

[22] 卢昌福. 基于激光视觉传感的焊后检测技术研究 [D]. 哈尔滨：哈尔滨工业大学，2007.

[23] 于凤坤，赵晓顺，王希望，等. 无损检测在焊接裂纹检测中应用 [J]. 无损检测，2007，29 (6)：353-355.

[24] 陈孝国. 钛制压力容器的氦泄漏试验 [J]. 压力容器，2005，22 (11)：35-38.

[25] 杜建明，陈必阳，陆玮等. 压力容器制造质量控制监督检验 [J]. 石油化工设备，2008，11 (3)：67-71.

[26] 任恒昌. 声发射技术在锅炉监控检验中的应用 [J]. 电力安全技术，2000，2 (6)：23-25.

[27] 孙振强. 球罐定期检验的探讨 [J]. 石油化工安全技术，2005，21 (6)：37-38.

[28] 刘国权，刘胜新，黄启今，等. 金相学和材料显微组织定量分析技术 [J]. 中国体视学与图像分析，2002，7 (4)：248-251.

[29] 缪春生，曹建树，马歆，等. 压力容器安全管理与定期检验探讨 [J]. 压力容器，2008，25 (12)：5-9.

[30] 伏喜斌, 林三宝, 杨春利等. 基于激光视觉传感焊后检测技术研究 [J]. 焊接, 2007 (6): 24-27.

[31] 孙开磊, 孙新利. 真空氦质谱检漏原理与方法综述[J]. 真空电子技术, 2007(6): 62-65.

[32] 刘进益, 袁红霞, 张鸿. 熔化焊缝金相分析 [J]. 东方电机, 2007, 35 (3): 66-69.

[33] 梁宏宝, 王立勋, 刘磊. 压力容器无损检测技术的现状与发展 [J]. 石油机械, 2007, 35 (2): 54-57.

[34] 吴斌, 邓菲, 何存富. 超声波无损检测信号处理研究 [J]. 北京工业大学学报, 2007, 33 (10): 342-346.

[35] 王在峰. 压力容器无损检测新技术的原理和应用 [J]. 机械管理开发, 2007, 96 (3): 43-46.

[36] 梁驹. 探伤温度对超声波无损检测缺陷定位、探伤灵敏度的影响 [J]. 广东建材, 2007 (3): 110-112.

[37] 韩道永. 英国 BS 标准与中国 DL 标准对焊接缺陷的评定比较 [J]. 无损探伤, 2004, 28 (6): 25-27.

[38] 全国焊接标准化技术委员会. GB/T 11363—2008, 钎焊接头强度试验方法 [S]. 北京: 中国标准出版社, 2008.

[39] 全国气瓶标准化技术委员会. GB/T 12137—2002, 气瓶气密性试验方法 [S]. 北京: 中国标准出版社, 2004.

[40] 全国无损检测标准化技术委员会. GB/T 14693—2008, 无损检测 符号表示法 [S]. 北京: 中国标准出版社, 2008.

[41] 全国无损检测标准化技术委员会. GB/T 15823—2009, 无损检测 氦泄漏检验 [S]. 北京: 中国标准出版社, 2009.

[42] 全国无损检测标准化技术委员会. GB/T 15830—2008, 无损检测 钢制管道环向焊缝对接接头超声检测方法 [S]. 北京: 中国标准出版社, 2009.

[43] 全国锅炉压力容器标准化技术委员会. GB/T 19624—2004, 在用含缺陷压力容器安全评定 [S]. 北京: 中国标准出版社, 2005.

[44] 全国焊接标准化技术委员会. GB/T 2650—2008, 焊接接头冲击试验方法 [S]. 北京: 中国标准出版社, 2008.

[45] 全国焊接标准化技术委员会. GB/T 2651—2008, 焊接接头拉伸试验方法 [S]. 北京: 中国标准出版社, 2008.

[46] 全国焊接标准化技术委员会. GB/T 2652—2008, 焊缝及熔敷金属拉伸试验方法 [S]. 北京: 中国标准出版社, 2008.

[47] 全国焊接标准化技术委员会. GB/T 2654—2008, 焊接接头硬度试验方法 [S]. 北京: 中国标准出版社, 2008.

[48] 全国焊接标准化技术委员会. GB/T 3323—2005, 金属熔化焊焊接头射线照相 [S]. 北京: 中国标准出版社, 2005.

[49] 冶金工业部建筑研究总院. GB 50205—2001, 钢结构工程施工质量验收规范 [S]. 北京: 中国计划出版社, 2002.

[50] 全国焊接标准化技术委员会. GB/T 6417. 1—2005, 金属熔化焊接头缺欠分类及说明

[S]. 北京：中国标准出版社，2006.

[51] 全国焊接标准化技术委员会. GB/T 6417.2—2005，金属压力焊接头缺欠分类及说明 [S]. 北京：中国标准出版社，2006.

[52] 全国锅炉压力容器标准化技术委员会. NB/T 47014—2011，承压设备焊接工艺评定 [S]. 北京：原子能出版社，2011.

[53] 全国锅炉压力容器标准化技术委员会. NB/T 47016—2011，承压设备产品焊接试件的力学性能检验 [S]. 北京：原子能出版社，2011.

[54] 全国无损检测标准化技术委员会. JB/T 6061—2007，无损检测 焊缝磁粉检测 [S]. 北京：机械工业出版社，2008.

[55] 全国无损检测标准化技术委员会. JB/T 6062—2007，无损检测 焊缝渗透检测 [S]. 北京：机械工业出版社，2008.

[56] 国家质检总局特种设备安全监察局. TSG R0002—2005，超高压容器安全技术监察规程 [S]. 北京：中国计量出版社，2005.

[57] 国家质检总局特种设备安全监察局. TSG R0003—2007，简单压力容器安全技术监察规程 [S]. 北京：中国计量出版社，2007.

[58] 全国无损检测标准化技术委员会. GB/T 12605—2008，金属管道熔化焊环向对接接头射线照相检测方法 [S]. 北京：中国标准出版社，2008.

[59] 全国锅炉压力容器标准化技术委员会. GB/T 19293—2003，对接焊缝 X 射线实时成像检测法 [S]. 北京：中国标准出版社，2004.

[60] 电力行业电站焊接标准化技术委员会. DL/T 820—2002，管道焊接接头超声波检验技术规程 [S]. 北京：中国电力出版社，2002.

[61] 全国焊接标准化技术委员会. GB/T 3965—2012，熔敷金属中扩散氢测定方法 [S]. 北京：中国标准出版社，2013.

[62] 石油工程建设专业标准化委员会. SY/T 0480—2010，管道、储罐渗漏检测方法标准 [S]. 北京：石油工业出版社，2010.

[63] 全国气瓶标准化技术委员会. GB/T 17925—2011，气瓶对接焊缝 X 射线数字成像检测 [S]. 北京：中国标准出版社，2012.

[64] 全国焊接标准化技术委员会. GB/T 11345—2013，焊缝无损检测 超声检测技术、检测等级和评定 [S]. 北京：中国标准出版社，2014.

[65] 全国焊接标准化技术委员会. GB/T 26951—2011，焊缝无损检测 磁粉检测 [S]. 北京：中国标准出版社，2012.

[66] 全国焊接标准化技术委员会. GB/T 12467.1~4—2009，金属材料熔化焊质量要求 [S]. 北京：中国标准出版社，2010.

[67] 电力行业电站焊接标准化技术委员会. DL/T 869—2012，火力发电厂焊接技术规程 [S]. 北京：中国电力出版社，2012.

[68] 全国钢标准化技术委员会. GB/T 228.1—2010，金属材料 拉伸试验 第1部分：室温试验方法 [S]. 北京：中国标准出版社，2011.

[69] 全国压力容器标准化技术委员会. GB 150.4—2011，压力容器 第4部分：制造、检验和验收 [S]. 北京：中国标准出版社，2012.